普通高等院校计算机科学与技术"十二五"规划教材

辽宁省教学改革与创新成果奖

# C 语言程序设计

## （第 2 版）

葛日波　何　毅　刘丽艳　付　蓉 编著

北京邮电大学出版社

·北京·

## 内 容 简 介

本书是以 C 语言零起点读者作为主要对象的程序设计教程。2008 年 8 月出版了第 1 版,本次再版融入了新的教学与改革成果,更加突出了"教师方便教,学生容易学"的特点。

本书紧密结合技术和应用背景,按照"从问题中来——到问题中去"的思路进行精心策划,用大量的图表和程序实例将知识融入其中,大大降低了知识的抽象性和复杂性,符合读者的认知规律,很容易入门。每章后配有大量的习题,有助于读者巩固和提高。

本书结合作者多年的教学与改革实践编写而成,内容先进,体系合理,概念清晰,讲解透彻,图例丰富,分散难点,文字流畅,通俗易懂,是学习 C 语言程序设计的一本好教材。本书还配有《C 语言程序设计习题解答与上机指导(第 2 版)》、《C 语言程序设计习题与详解》两本辅助教材。

**图书在版编目(CIP)数据**

C 语言程序设计/葛日波等编著. --2 版. --北京:北京邮电大学出版社,2013.8 (2023.12 重印)
ISBN 978-7-5635-3551-4

Ⅰ.①C… Ⅱ.①葛… Ⅲ.①C 语言—程序设计 Ⅳ.①TP312

中国版本图书馆 CIP 数据核字(2013)第 154117 号

---

书　　　名:C 语言程序设计(第 2 版)
著作责任者:葛日波　何　毅　刘丽艳　付　蓉　编著
责 任 编 辑:毋燕燕
出 版 发 行:北京邮电大学出版社
社　　　址:北京市海淀区西土城路 10 号(邮编:100876)
发 　行　 部:电话:010-62282185　传真:010-62283578
E-mail:publish@bupt.edu.cn
经　　　销:各地新华书店
印　　　刷:保定市中画美凯印刷有限公司
开　　　本:787 mm×1 092 mm　1/16
印　　　张:23.25
字　　　数:559 千字
版　　　次:2008 年 8 月第 1 版　2013 年 8 月第 2 版　2023 年 12 月第 11 次印刷

---

ISBN 978-7-5635-3551-4　　　　　　　　　　　　　　　　　　　定　价:48.80 元

· 如有印装质量问题,请与北京邮电大学出版社发行部联系 ·

# 前　言

C 语言是目前国内外广泛使用的计算机语言,是高等院校普遍开设的程序设计课程。针对应用型人才培养要求,以零起点的读者作为主要对象,作者编写了《C 语言程序设计》一书,于 2008 年 8 月由北京邮电大学出版社出版。该书出版后受到了广大读者的欢迎,认为内容编排独特,组织形式新颖,概念清晰,叙述详尽,深入浅出,通俗易懂,很容易入门,被不少高校选做了教材。为了帮助读者学习,作者同时编写了《C 语言程序设计习题解答与上机指导》和《C 语言程序设计习题与详解》,并于 2009 年 8 月由北京邮电大学出版社出版。《C 语言程序设计习题解答与上机指导》包括三部分内容,第一部分是对《C 语言程序设计》一书中所有课后习题进行了解答,以方便读者学习时参考。第二部分是上机预备知识,介绍了自上而下程序设计的方法,使用 VC++ 6.0 环境上机编程的方法以及常见编译错误信息,为读者独立上机编程进行指导。第三部分是上机练习与编程,与《C 语言程序设计》一书的章节同步,编排了 9 次上机练习与编程任务,以方便读者选做,通过练习来巩固知识,提高能力。《C 语言程序设计习题与详解》与《C 语言程序设计》一书的章节一致,精编了 400 多道选择和填空题,并对每个题目进行了详细解析,以帮助读者更好地理解知识。三本教材相互补充、相互完善,形成了立体化体系。

作者一直从事程序设计类课程的教学与研究,先后主持多项课题——2010 年主持开发的“C 语言程序设计电子课件”获辽宁省第 11 届教育软件设计大赛三等奖;2012 年主持申报的“面向能力和素质协调发展的 C 语言程序设计课程教学改革与创新”获辽宁省教学成果三等奖。根据第 1 版的使用情况以及最新教改成果,在保持第 1 版内容框架和特色的基础上,对教材进行了全面修订,把新的教改成果融入了教材中。修订的主要内容有:

(1)对全书的文字部分进一步提炼,文字阐述更加精练、直白,使读者理解起来更容易。

(2)对书中所涉及前后有关联的内容,均给出了相关部分所在的准确页码,不仅方便读者快速查阅,还有利于读者掌握前后内容之间的联系。

(3)考虑到国内当前情况,书中的理论及程序全部修订为基于 32 位 Windows 操作系统以及 Visual C++ 6.0 编译环境,避免了因系统和环境不同而造成的混乱。

(4)每个程序实例的运行结果全部更换为真实运行情形的截图。这既保证了所有程序代码均经过调试完全正确,也方便读者在练习时通过比较运行结果来发现、分析和解决问题,加深对知识的理解,提高独立解决问题的能力。

(5)每个程序实例的后面增加了“程序分析”部分,详细解读程序实现的方法、技巧以及所用到的知识。这样就把知识融入了一个个看得见、摸得着的具体应用,以帮助读者更好地理解知识,掌握解决问题的方法和技巧。

(6)新增和调整了部分内容。

①第 1 章中增加了“1.2.3 C 程序风格”和“1.8 使用 VC++ 6.0 环境上机编程”两部

分。使读者在学习之初就明确编写程序需要遵循的一些基本原则,养成良好的编程习惯,掌握使用 VC++ 6.0开发环境上机编程的简单方法。

②第 2 章更改为"表达式和程序设计基础",原来的"2.6 标准库函数"、"2.7 简单程序设计"分别更改为"2.6 部分库函数"、"2.7 程序设计基础知识"。

在"2.7 程序设计基础知识"中增加了"程序与程序设计"、"算法及其描述"以及"一个完整的程序设计实例"三部分。读者通过这部分的学习可以了解程序设计的大致过程,明确算法设计的重要性、算法的三种基本结构以及使用流程图和 N-S 图描述算法的方法。最后通过一个例子介绍了"自上而下"进行算法设计的过程,使读者掌握算法设计的基本方法,提高程序设计能力。此外,新增加的内容使第 2 章到第 3 章、第 4 章的过渡更加自然。

③考虑到许多学校把本课程放在一年级学习,学生之前缺乏计算机方面的知识,对命令窗口等操作不熟悉,在学习"8.12 命令行参数"时比较困难。为此,增加了"附录 F 命令窗口",通过一个程序实例详细介绍了如何通过命令窗口实现向 C 程序传递参数的方法。

(7)同步修订了《C 语言程序设计习题解答与上机指导》。在原有第 1 版基础上增加了"第 4 部分 综合实训",提供了"学生成绩管理系统"的完整实现过程,读者通过学习可以进一步熟悉如何综合运用所学知识来设计和编写应用程序。同时编排了 20 个实训题目,以方便师生在实际教学中选做。该书将与本书一起同时由北京邮电大学出版社出版。

(8)提供了丰富的教学资料,可以协助教师进行课前准备、课堂教学、上机实验以及实训,尤其是对本课程零起点的教师,可以使其轻松上手。所有教学资料可以到 http://www.buptpress.com 下载专区下载。

根据作者的教学体会,给出使用本教材的几点建议:

本书内容比较丰富,建议采取课堂讲授与自学相结合的方式组织实施,讲授以 72~100 学时为宜。

(1)要善于设计和使用引言。利用引言把知识前后的脉络讲清楚,使学生明确已学的知识遇到了什么新问题? 新的问题需要如何去解决? 这样学生带着问题进入新知识的学习,可以激发他们的兴趣,使他们清楚新知识的来由以及前后知识之间的联系,便于他们更加系统地掌握和使用。本书在每一章的开始都加了引言,电子教案中每一讲的开始部分也设计了引言,大家可以参考。

(2)要注意选取有一定连续性的程序实例。讲授时采用"实例驱动"的方式,先从实例中引出问题,带着问题去讨论知识,然后再回到编程实现环节。这样抽象的知识就与一个个生动的实例结合在一起,不再是抽象的教条和生硬的语法。尽量采用现场编程的方式进行,不要拿提前准备好的代码来讲。通过边演示边讲解的方式介绍编程思路和算法实现,通过演示把关键点和需要注意的事项揭示出来,学生不仅可以很容易地接受知识,还可以掌握算法设计的方法以及上机编程与调试的技巧。

(3)要善于利用习题。本书各章包括不同类型、不同难度的习题 266 道,在《C 语言程序设计习题解答与上机指导(第 2 版)》一书中,提供了所有习题的参考解答和程序代码。这些是对教材中例题的拓展,希望读者能充分利用它。在练习时,尤其是编程题,建议先独立思考,实在解决不了就阅读参考解答,待问题搞清楚后,再选择类似的问题独立设计和完成编码,这样举一反三,就一定可以学好 C 语言。

此外,为了帮助读者上机练习以及检验学习效果,在《C 语言程序设计习题解答与上机指导(第 2 版)》一书中编排了 9 次上机与编程任务,给出了不同类型和难度的题目 67 个,这些题目没有给出参考答案,目的就是方便老师以作业形式布置给学生课后独立完成。

(4)有条件的院校最好安排一次课程实践。由于受学时的限制,只靠课堂上的时间就使学生学好 C 程序设计是十分困难的,如果条件允许,最好在学完本教材后安排一次课程实践,这个环节很重要,可以大大提高学生的编程能力。

本书由葛日波主编,何毅、付蓉、刘丽艳参与编写,朱志刚、张治海、闫会娟承担了部分工作。在编写本书的过程中,得到了杨元生教授的热情指导和帮助。

感谢广大读者给予我们的理解与厚爱,感谢北京邮电大学出版社的鼎力支持与密切合作。

由于作者水平有限,书中难免有缺点和不足,殷切期望专家和读者批评指正。

作者电子邮件地址:ececity@dlut.edu.cn

**作 者**

**2013 年 6 月**

# 目　　录

# 第1章 C语言初步

> C语言是一种功能很强的高级计算机语言。本章主要介绍C语言的发展背景、C程序的基本组成要素与C程序的结构、数据类型、常量、变量、数据的输入/输出等内容。

## 1.1 C语言的背景

C语言是目前国际上广为流行的一种通用的结构化程序设计语言（Programming Language），它不仅是开发系统软件（System Softwares）的程序设计语言，也是开发应用软件（Application Softwares）的理想工具。

C语言的发展根源可以追溯到ALGOL。1967年Martin Richards推出了BCPL（Basic Combined Programming Language）。1970年，美国贝尔实验室的Ken Thompson以BCPL语言为基础设计出了B语言，并用B语言编写了第一个UNIX操作系统（Operating System）。由于B语言过于简单，所以其功能有限。1972年，Dennis Ritchie在B语言的基础上开发出了C语言。C语言既保持了BCPL和B语言的优点，又克服了它们的缺点。C语言的发展过程如图1-1所示。

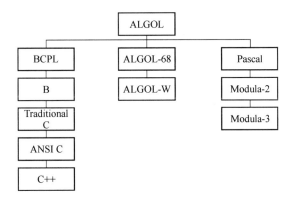

图1-1　C语言的发展过程

1978年，Brain W. Kernighan和Dennis Ritchie合著了 *The C Programming Language* 一书，被称为传统C语言。1983年美国国家标准化协会（American National Standard Institute)制定了 C 语言标准，称为 ANSI C，并在 1989 年通过认定。1990 年，国际标准化组织（International Standard Organization，ISO)接受了 ANSI C 标准。本书使用 ANSI C 标准。

# 1.2 C 程序结构

## 1.2.1 程序结构

每个 C 程序都由一个全局声明区（Global Declaration Section）和一个或多个函数（Functions)组成，其中必须有且只能有一个称作 main 的函数，图 1-2 是典型的 C 程序结构示意图，其中图 1-2(a)是只含有一个 main 函数的简单结构，图 1-2(b)是包含了两个函数的程序结构，一个是 main 函数，另一个是称作 fun 的函数。

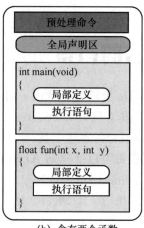

(a) 只有一个main函数    (b) 含有两个函数

图 1-2　典型 C 程序的结构

说明以下几点：

(1) 关于全局区。全局区也叫全局声明区，它是位于程序开头部分的区域，主要用来进行全局对象的声明。该区域中声明的对象所有程序代码都可以访问。

(2) 关于函数。

① 函数是具有独立功能的命名的代码段（Code Segment）。

② 函数是 C 程序的基本结构单位（Unit）。

③ 函数包括函数头（Function Header）和函数体（Function Body）两部分。

函数头包含了函数值类型、函数名和参数列表。函数体跟在函数头后，是用｛｝括起来的部分，包含了局部定义区（Local Definition Section）和可执行语句（Statement）两部分，局部定义在函数体的开始部分，主要用于定义函数内部要用到的变量（Variable）。语句部分在局部定义的后面，它是由若干条语句组成的。图 1-3 显示了函数的结构情况。

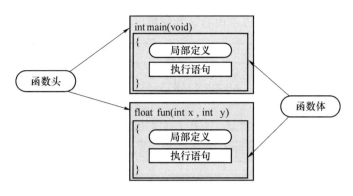

图 1-3　函数的结构

④ main 函数必须要有,它是整个程序的控制部分。

每个程序中,有且必须有一个称作 main 的函数。程序的执行是由 main 函数的开始而开始,由它的结束而结束。其他函数都是在开始执行 main 函数以后,通过函数调用(Function Call)而得以执行的。

⑤ 函数包括库函数(Library Function)和用户定义函数(User-Defined Function)。

库函数是由开发商提供的函数,可以直接使用;用户定义函数是用户根据需要自己编制的函数。

⑥ 函数间只存在调用(Calling)和被调用(Called)的关系。

main 函数只能由操作系统调用,它可以调用任何函数,其他函数之间可以相互调用。

(3) 关于语句(Statements)。

① 语句是 C 程序的最小功能单位。

一条语句经编译(Compile)转化为可执行的机器指令(Instruction)。

② C 语言中的语句以分号(Semicolon)结束。

③ C 语言中的语句包括表达式语句、空语句、复合语句和控制语句,详细内容参见第 59 页 2.5 节。

④ C 语言中允许一行写多条语句,也允许一条语句占多行,本书特别提倡一行一句的书写规范。

(4) 关于注释(Comments)。

① 注释是为了增强程序的可读性而在程序代码中加入的说明性信息,格式是:

**/ ∗ 注释的内容 ∗ /**

② 注释以 / ∗ 开始,由 ∗ /结束。

③ 可以在除一条可执行语句内部之外的任何地方加注释。

④ 注释可以跨多行。图 1-4 给出了几个注释的范例。

⑤ 注释部分在编译时被忽略。

根据这一特点,在调试程序时,若不想让某部分代码参加编译和运行,就可以把这部分代码的首尾用/ ∗ 和 ∗ /括起来,该部分代码就暂时被屏蔽了。

(5) 关于预编译命令(Precompiler Directives)。

① 预编译命令是由系统提供的命令格式。

之所以称作预编译命令,是因为这些命令在编译前实施相应处理。预编译命令包括文件包含、宏定义和条件编译三种，详细内容请参阅第 347 页附录 E。

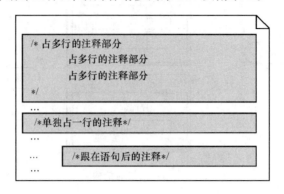

图 1-4　注释范例

② 所有的预编译命令都是以 ♯ 开头，末尾没有分号。

如：

♯ include ＜stdio.h＞　　　　　　　　　　　／＊文件包含命令＊／

♯ define PI 3.14159　　　　　　　　　　　／＊宏定义命令＊／

③ 预编译命令一般都放在程序最开始的位置。

> 运行效率、可读性和可维护性是衡量一个程序好坏的重要指标。一个好的程序就是力争做到有很高的运行效率，方便别人阅读、日后修改和升级。良好的书写格式、适当地添加注释都是增强程序可读性的有利手段。

### 1.2.2　两个程序例子

下面通过两个具体的程序来研究 C 程序的结构问题。

图 1-5 给出了一个非常简单的程序。程序中只有一个 main 函数，只包含了一条预编译命令，没有全局声明部分，且函数体中没有局部定义，只包含两条语句。功能是在屏幕上输出"Hello World!"。

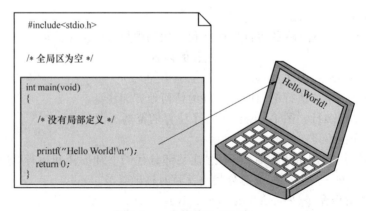

图 1-5　一个简单的 C 程序

程序开头是一条预包含命令：

♯ include　＜stdio.h＞

它的作用是把尖括号中名字为 stdio.h 的头文件包含到程序中，程序编译时系统将用 stdio.h 的内容替换这条语句。在 stdio.h 中包含了库函数 printf( )的相关信息。

在预包含命令后面是 main 函数的函数头：

int main( void )

其中，int 是函数的返回值类型，表示整型；main 是函数名；圆括号是函数的标识，括号中的 void 表示该函数是无参数的。注意：函数头末尾不能有分号。

在函数头后面用｛ ｝括起来的部分，是 main 函数的函数体，里面有两条语句，一条用来输出信息，一条用来结束程序。第一条语句"printf(…);"是调用库函数 printf 来输出信息，由函数名 printf 和括在一对圆括号中的参数组成。本例中的参数只有一个，是用双引号括起来的部分，是要输出的内容。"\n"是换行符，控制在输出"Hello World!"后换行。printf( )后的分号是语句结束符，C 语言中的每一个语句都以";"终止。第二条语句"return 0;"用来结束(Terminate)main 函数执行，把控制还给操作系统(Return the control to OS)。

图 1-6 给出了一个较复杂的 C 程序。程序包含两个函数——main 和 average。main 函数调用 average 函数，因此 main 函数称作调用函数(Calling Function)，average 函数称作被调用函数(Called Function)。

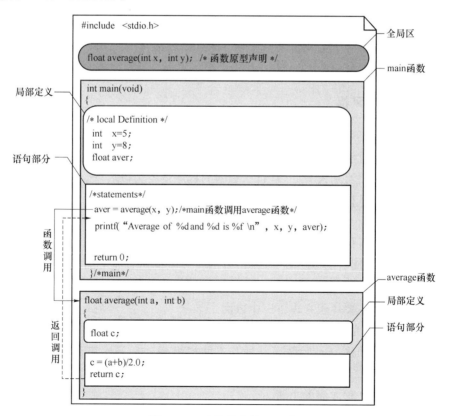

图 1-6　一个较复杂的 C 程序

average 函数的作用是接收两个整数，返回一个浮点型的平均值。在函数头中，float 用来指定返回值的类型，a 和 b 称作形式参数（Formal Parameters），用来接收调用函数传递来的数据，int 用来指定接收数据的类型。函数体中共有三条语句，第一条语句是局部变量定义语句，后面两条是执行语句。第一条语句的作用是申请了一个名字为 c 的用来存储 float 型数据的变量（Variable）。第二条语句的作用是求 a 和 b 的平均值，并把结果存储到 c 中。第三条语句的作用是把 c 的值传递给调用函数。

由于 main 函数要调用库函数 printf 输出数据，因此在程序开头同样有一条预包含命令。因为 main 函数要调用用户自定义函数 average，因此在全局区写了一条函数原型声明语句，以便调用的顺利进行，具体细节参阅第 224 页 8.3 节。

main 函数的函数体包含了六条语句，前面的三条是局部变量定义语句，分别用来定义整型的变量 x、y 和浮点型变量 aver，并给 x 和 y 分别赋了初始值 5 和 8。第四条语句是函数调用语句，把 x 和 y 的值传给函数 average，并把 average 函数的返回结果存储到变量 aver。在函数调用中，x 和 y 称作实参（Actual Parameters）。第五条语句也是函数调用语句，是调用库函数 printf 把 x、y 和 aver 中的数据输出到屏幕上。

> **特别说明一点：**
>
> 教材中的很多例子，作者在认为需要的地方都适当加了注释，用它来告诉大家一个信息、提示一个知识点、指出一个注意事项等，主要目的是便于大家更好地理解和掌握知识，这与实际开发程序时加的注释是完全不同的。

### 1.2.3 C程序风格

程序设计的最终产品是程序，但仅设计和编制出一个运行结果正确的程序是不够的，还应该养成良好的程序设计风格。作为一个称职的程序员，应该记住两个最基本的出发点：一是自己编制的程序还要给别人看；二是自己编制的程序还要为以后看。

良好的程序设计风格需要在编程实践中逐步养成，主要包括：

**1. 设计风格**

程序设计的根本目标是降低程序的复杂性和提高程序的可读性。程序的复杂性主要来自两个方面：一是问题固有的复杂性；二是不好的设计风格人为地增加了程序的复杂性。因此，良好的设计风格对于降低程序的复杂性是很重要的。

程序设计的风格主要体现在以下三个方面。

（1）结构要清晰。为了达到这个目标，要求程序是模块化结构的，并且是按层次组织的，每个模块内部都是由顺序、分支、循环三种基本结构组成。有关模块化的内容可以参阅第 220 页 8.1 节；有关顺序、分支、循环三种基本结构的内容可以参阅第 82 页 3.1 节，更多的知识大家可以查阅软件工程方面的书籍。

（2）思路要清晰。要求程序是模块化结构的，在设计的过程中要遵循自顶向下、逐步细化的原则，详细内容可参阅第 82 页 3.1 节。

（3）遵循"简短朴实"的原则，切忌卖弄技巧。

**2. 代码书写风格**

良好的代码书写风格可以极大地提高程序的可读性，主要体现在以下四个方面。

（1）写成锯齿形。程序代码的层次要分明，在各层次之间采用左缩进规则，使同一层次的语句从同一列开始，不同层次的语句向右错开一定距离。

（2）一行写一条语句。尽管C程序一行可以写多条语句，一条语句也可以写成几行，我们提倡一行一句的书写格式。

（3）标识符的命名要规范化，做到"常用取简，专用从繁，见其名知其意"。有关标识符的内容可参阅随后的1.3节。

（4）在程序中加必要的注释。注释是提高程序可读性的重要手段。

（5）在程序中合理地使用空格和空白行。C语言允许我们在需要的地方任意添加空格和空白行，合理地添加空格和空白行可以使程序文本更加清晰，进而大大提高程序的可读性。

**3. 输入/输出的风格**

输入和输出数据是程序运行的重要环节，输入/输出的风格主要体现在以下三个方面。

（1）对输出的数据应该加尽量详细的说明，使人们清楚地知道输出的结果究竟是什么。

（2）在输入数据时，应该给出必要的提示信息，使人们清楚地知道在输入数据时应该注意什么，比如输入什么类型的数据，数据的范围是什么，以什么符号分隔数据，输入的结束标志是什么等。

（3）以适当的方式对输入的数据进行检验，以确认其有效性。

# 1.3　标识符

程序中用来表示特殊意义的符号称作标识符（Identifiers）。根据来源不同，可以把标识符分为保留字（Reserved Words）、预定义标识符（Predefined Identifiers）和用户自定义标识符（User-Defined Identifiers）。

**1. C语言基本字符**

标识符是由基本字符组成的。C语言（ANSI C）中的基本字符如表1-1所示。

表 1-1　C语言中的基本字符

| 项　目 | 内　容 |
|---|---|
| 大小写字母各26个 | A～Z,a～z |
| 阿拉伯数字10个 | 0～9 |
| 特殊字符28个 | ＋ － ＊ ／ ％ ＿ ＝ ＜＞＆｜＾～（）［］空格．｛｝；？：'"！＃ |

**2. 保留字**

保留字又称关键字（Key Words），是由系统命名并为系统所专用的特殊标识符。如第4页图1-5中的int、return都是保留字，这些保留字用户只能按系统的规定来用，不可以作为他用。C 语言中共有这样的保留字 32 个。

| | | | | | | | |
|---|---|---|---|---|---|---|---|
| auto | break | case | char | const | continue | default | do |
| double | else | enum | extern | float | for | goto | if |
| int | long | register | return | short | signed | sizeof | static |
| struct | switch | typedef | union | unsigned void | | volatile | while |

记住：所有的保留字不允许做他用，且必须要用小写字母表示。

**3. 预定义标识符**

预定义标识符被用作库函数名和预编译命令。对于该类标识符，虽然允许程序设计者作其他使用，但为了避免混淆，增强程序的可读性，不提倡再作他用。本书提供了部分库函数，请参阅第 337 页附录 C，预编译命令请参阅第 347 页附录 E。

**4. 用户自定义标识符**

用户自定义标识符是用户按照一定规则命名的标识符，主要用来表示常量、变量、函数等的名字。标识符的构成规则如下：

（1）只能由字母、数字和下划线组成；

（2）必须以字母或下划线开头；

（3）长度不超过 31 个字符；

（4）不能和系统保留字同名。

表 1-2 中给出了一些用户自定义标识符的例子。

**表 1-2　用户自定义标识符**

| 合法标识符 | | 不合法标识符 | |
|---|---|---|---|
| | | 标识符 | 错误原因 |
| a | a1 | $ sum | $ 开头 |
| student_name | stntNm | 2name | 2 开头 |
| _aSystemName | _aSysNm | Student name | 有空格 |
| TRUE | FALSE | int | 与系统关键字同名 |

强调以下三点：

（1）要尽量使用有意义的英文单词，这样的程序更容易读。

（2）当用多个单词做标识符时，单词之间最好隔开。

有两种方法：一是单词间用下划线；二是除第一个单词外首字母大写。本书提倡使用后者，这是当前最流行的书写格式。如：

```
student_name          /*用下划线分隔*/
studentName           /*首字母用大写*/
```

（3）标识符不要太长，长了书写麻烦，还容易出错。

通常采用去掉元音字母部分的方法进行简化，有时也采用取前几个字符的办法，如可以把 studentName 简化为 stdntNm，也可以把 studentName 简化为 stuName。

# 1.4　数据类型

数据是程序处理的对象,数据是有类型的,在编程时必须明确指定参加处理数据所属的类型。数据类型(Data Type)定义了一个值的集合和基于该集合的一组操作。值的集合称作该类型的取值范围(Domain for the Type)。不同类型数据的取值范围不同,可以施加的运算也不同。例如,短整型(short)数据,其取值范围是-32 768~32 767 之间的整数,可对其施加算术运算。

C 语言中的数据类型分为标准数据类型(Standard Types)和复合数据类型(Derived Types)两大类。标准数据类型是原子型(Automic),不能再分解。复合数据类型是由标准数据类型按一定规则构造出的数据类型,其中包括指针(Pointer)、枚举类型(Enumerated Type)、共用体(Union)、数组(Array)和结构体(Structure)。本章主要介绍标准数据类型,其他数据类型将在以后的章节中逐步介绍。

C 语言包含四种标准数据类型:void、char(character 的缩写)、int(integer 的缩写)和 float(floating point 的缩写),如图 1-7 所示。

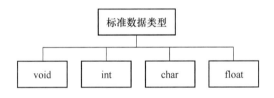

图 1-7　标准数据类型

**1. 空类型**

空类型没有值,只有赋值操作。看起来似乎有点不好理解,不过在后面的学习中大家就会明白它是非常有用的,因为空类型可以被看做是"智能型",可以用它来代表任何的数据类型,在第 6 章将做详细介绍。

**2. 整型**

整型数是没有小数部分的数据。C 语言支持三种不同的整数类型:短整型(short int)、整型(int)和长整型(long int)。短整型(short int)也可以表示为 short,长整型(long int)也可以表示为 long。每一种类型又存在有符号(signed)和无符号(unsigned)的区分,有符号整数可以表示正数和负数,而无符号整数不能表示负数。有符号数可以使用关键字 singed 指定,也可省略该关键字,无符号数必须使用 unsigned 指定。

不同类型的数据在内存中占用空间的大小因机器类型而有所不同,占用空间的大小决定了该类型数据的取值范围。表 1-3 给出了在字长为 32 位的微型计算机(Microcomputer)上三种类型数据的大小情况。

**表 1-3　三种整型数的表示及大小**

| 类　型 | 表示方法（关键字） | 字节数 | 取值范围 | |
|---|---|---|---|---|
| | | | 最小值 | 最大值 |
| 有符号短整型数 | signed short int | 2 | −32 768 | 32 767 |
| 无符号短整型数 | unsigned short int | 2 | 0 | 65 535 |
| 有符号整型数 | signed int | 4 | −2 147 483 648 | 2 147 483 647 |
| 无符号整型数 | unsigned int | 4 | 0 | 4 294 967 295 |
| 有符号长整型数 | signed long int | 4 | −2 147 483 648 | 2 147 483 647 |
| 无符号长整型数 | unsigned long int | 4 | 0 | 4 294 967 295 |
| 大小关系 | sizeof(short) <= sizeof(int) <= sizeof(long) | | | |

### 3. 字符型

字符型数据用来存储计算机可以识别的字符，如字母、标点符号等。为了把字符存储到计算机进行处理，就必须对字符进行统一编码，很多计算机系统都使用美国标准信息交换码（American Standard Code for Information Interchange），简称 ASCII 码，详情参阅第 335 页附录 A。

ASCII 码是用 8 位二进制数中的 7 位（最高位置 0）对字符进行连续编码，这样可以表示 128 个状态，对应着值 0～127，每个值对应一个字符。为了方便使用，在附录 A 中同时给出了十进制、八进制和十六进制格式的 ASCII 码。比如字母 a 和 x 的十进制 ASCII 值分别是 97 和 120，这就意味着字母 a 和 x 在内存中的存储形式分别是：0110 0001 和 0111 1000。因为字符的 ASCII 码值是 0～127 之间的整数，所以可以对其进行加、减等运算，具体应用请参阅第 56 页【程序 2-6】。

### 4. 浮点型

浮点型是包含小数的数据类型，如 43.35。C 语言支持两种不同取值范围的浮点型：float 和 double。不同类型的浮点数在内存中占用空间的大小不同，取值范围不同，能准确表示数据的位数也不同。表 1-4 给出了两种类型数据的有关情况。

**表 1-4　两种浮点型数的表示及大小**

| 类　型 | 表示方法（关键字） | 字节数 | 准确表示数据位 | 取值范围 |
|---|---|---|---|---|
| float 型 | float | 4 | 6～7 位 | $-3.4 \times 10^{-38} \sim 3.4 \times 10^{38}$ |
| double 型 | double | 8 | 15～16 位 | $-1.7 \times 10^{-308} \sim 1.7 \times 10^{308}$ |
| 大小关系 | sizeof(float) <= sizeof(double) | | | |

强调一点：

不同的类型数据不仅取值范围不同，而且在计算机内的组织方式也不同。在进行编程时，必须根据需要进行正确选择，这是研究数据类型的主要目的。选择类型时应重点考虑两个方面的问题：一个是类型问题，另一个是范围问题。举个例子说：若要存一个人的工资数据（含小数部分），就要选择浮点型数据，整型和字符型都不行；若要存一个人的名字（由字母或汉字组成），那就要选择字符型，其他类型则不可以。假如要计算 π 的值，从类型上看当然应该选择浮点型,那么究竟应该用 float 还是 double？答案是 double,因为 double 型具有最高的运算精度。

# 1.5　变　量

数据是程序处理的对象。编程时不管是要处理的原始数据,还是最终处理的结果都要存储到内存中,为了存储数据必须要申请内存空间。为了能有效地使用所申请的内存空间,就必须对它进行命名。变量(Variables)的概念也就由此而来,它是具有某种类型命名的内存空间(Named Memory Location)。

**1. 变量的定义**

内存空间的申请通过变量定义(Variable Definition)语句来实现。变量定义就是按照一定的格式为使用的内存区指定类型和名字,格式是：

数据类型　变量名列表；

其中,变量名列表是使用逗号隔开的多个变量名。

如：

```
short int maxItems;        /* 定义了用来存储短整数的变量 maxItems */
long nationl_debt;         /* 定义了用来存储长整数的变量 national_debt */
float payRate;             /* 定义了用来存储 float 型数据的变量 payRate */
double tax;                /* 定义了用来存储 double 型数据的变量 tax */
char code,kind;            /* 定义了两个 char 型的变量 code 和 kind */
int a,b;                   /* 定义了两个 int 型的变量 a 和 b */
```

说明以下几点：

(1) 定义变量的实质是为要存储的数据申请内存空间的过程；

(2) 在程序运行时,系统为定义的变量分配内存空间；

(3) 尽管可以使用一条语句定义同类型的多个变量,本书提倡一行定义一个的书写格式,因为这样的程序更容易阅读；

(4) 变量定义后,若不人为地给它存储数据,它里面的值是不确定的。

**2. 变量的初始化**

变量的初始化(Variable Initialization)是指在定义变量时,使用赋值操作(＝)为变量存储初始数据的过程。格式是：

数据类型　变量名 1＝值 1,变量名 2＝值 2,…,变量名 n＝值 n；

如：

```
int x = 5,y = -1;          /* 定义 x、y 的同时,为 x 分别存储了 5,为 y 存储了 -1 */
float m,n = 3.25;          /* 定义 m、n 的同时为 n 存储了 3.25,m 的值不确定 */
char c = 65;               /* 定义 c 的同时为其存储了 65 */
```

注意以下几点：

(1) 关于变量的值(Values)和变量的地址(Address)。

内存空间有内容(Contents)和地址(Address)之分。内存里的内容称作数据值(Values)；地址是操作系统(Operating System)以字节(Byte)为单位用十六进制整数对内存进行的编号。在图1-8中，每个方格代表一个二进制位，每行代表一个字节，最左边的数字是系统按字节进行的编号，它们是十六进制整数，称为内存地址。其中，地址为1000的单元的内容是二进制数00011000，对应的是十进制数24。

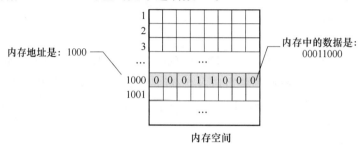

图1-8  内存中的数据和内存地址

变量定义后，变量名就是所占内存空间的一个别名，它代表的是内存中的值，也称变量的值。可以把变量名作为一个对象写在所需的任何地方，出现变量名的地方就叫引用了变量，引用变量就是引用了它的值。若有以下定义：

short int x = 5, y;

y = 10 * x;                /* 把10 * 5的值存储到变量y中 */

若要得到变量在内存中的地址，可以对变量实施取地址运算，即在变量名前加取地址运算符(&)。如 &x 就是对变量x取地址运算的式子，它的值是x在内存中的首字节地址，即x存储的开始位置。使用 %p 可以输出地址值。在图1-9中，左边是程序代码，在main函数中，第一条语句"short int x = 5;"定义了一个short int的变量x，并初始化为5；第二条语句"printf("%d\n",x);"是引用了变量x，作用是把x的值转换为十进制数输出到屏幕上并换行；第二条语句"printf("%p\n",&x);"是对x进行取地址运算，然后把该地址输出到屏幕上并换行。右边是假设程序运行时系统为x分配的内存的状态，从中可以看出：x占用了地址为1000和1001两个单元，其中与1000对应的叫低字节，与1001对应的叫高字节，它的内容为二进制数00000000 00000101，对应的十进制数为5，x的地址为低字节地址1000，因此程序运行的结果为：5换行，1000换行。

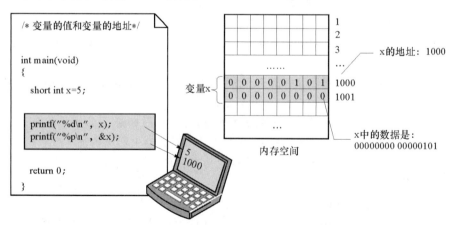

图1-9  变量的值和变量的地址

（2）可以通过赋值操作来改变变量的值。

通过赋值操作（＝）可以把数据存储到变量中，变量中原来的数据被覆盖（Overwrite），所以说变量是在程序执行过程中其值可以变化的量。

如：

```
int x;          /* 定义变量 x,x 中的值不确定 */
x = 10;         /* 引用变量 x,为其赋值,x 中的值是 10 */
…
x = -1;         /* 再次引用 x,为其重新赋值,x 中的值是 -1,把原来的 10 覆盖 */
```

【程序 1-1】　变量的定义和引用。

本例中用到了格式化输出函数 printf 和格式化输入函数 scanf,有关内容请参阅教材第 20 页 1.7 节。

```
 1   /* Demonstrate variables definition and reference.
 2       Written by:
 3       Date:
 4   */
 5   #include <stdio.h>
 6   int main (void)
 7   {
 8   /* Local Definfitions */
 9       int a;
10       int b;
11       int c;
12       int sum;
13   /* Statements */
14       printf ("Enter three numbers\n");
15       printf ("in the form: nnn nnn nnn <Enter>\n");
16
17       scanf("%d %d %d", &a, &b, &c);
18
19       sum = a + b + c;
20
21       printf ("The total is: %d\n\n", sum);
22
23       return 0;
24   } /* main */
```

| 运 行 结 果 | Enter three numbers<br>in the form: nnn nnn nnn \<Enter\><br>11 22 33<br>The total is: 66<br><br>Press any key to continue_ |

**程序 1-1 分析：**本例中第 6～24 行是 main 函数的代码，第 6 行之前的区域是全局区。第 1～4 行、第 8 行、第 13 行和第 24 行的末尾部分是注释内容。第 9～12 行是局部定义语句，定义了 4 个整型变量：a、b、c 和 sum。第 14～15 行是函数调用语句，作用是在屏幕上显示提示用户如何进行输入的相关信息。第 17 行是函数调用语句，作用是把用户从键盘上输入的数据转换成十进制整数分别存到变量 a、b、c 中。第 19 行是表达式语句，分别引用变量 a、b、c 的值，实施求和运算并把结果存储到了 sum 中。第 21 行又是函数调用语句，作用是把 sum 的值转换成十进制整数显示在"%d"的位置。第 23 行是结束 main 函数执行的语句，在所有的程序实例中都有这样的一条语句。

请大家注意：本例中第 16 行、第 18 行、第 20 行、第 22 行都是人为添加的空白行，在第 19 行各运算符号的两端都人为添加了空格，目的都是为了增强程序的可读性。教材中所有程序实例，都有类似的处理，这是好的编码风格，请大家仔细观察并注意习惯的养成。

# 1.6 常 量

## 1.6.1 常量的种类

常量（Constants）是在程序的执行过程中其值不发生变化的量。常量不需定义可以直接在程序中使用。在 C 语言中，常量包括整型常量（Integer Constants）、实型常量（Floating-point Constants）、字符常量（Character Constants）和字符串常量（String Constants）。

### 1. 整型常量

C 语言支持十进制、八进制和十六进制三种形式的整型常量，如表 1-5 所示。

表 1-5 整型常量的表示方法

| 类 型 | 组成要素 | 组成规则 | 举 例 | | |
|---|---|---|---|---|---|
| 十进制 | 数字 0～9 | 非 0 数字开头 | 12 | −1 345 | +16 |
| 八进制 | 数字 0～7 | 0 数字开头 | 012 | −076 | +016 |
| 十六进制 | 数字 0～9<br>字母 a～f(或 A～F) | 0x 或 0X 开头 | 0x10<br>0X10 | −0x1a<br>−0X1a | +0x16B<br>+0X16b |

说明以下几点：

（1）十六进制是以数字 0 开头，不是字母 o。

（2）常量前面的"＋"和"－"用来表示正、负。

（3）要注意区分不同进制数表示方式的不同以及它们各自所代表的具体值。如：

125 的值是十进制数 125

0125 的值是十进制数 85

0x125 的值是十进制数 293

（4）常量也有类型，整型常量默认是 int 型，即有符号整型。

可以在常量后加小写字母 u 或者大写字母 U 来指定无符号整数，加小写字母 l 或大写字母 L 来指定长整型数。如：

```
+ 123              /* int 型十进制常量 */
- 0377             /* int 型八进制常量 */
- 32271L           /* long int 型十进制常量 */
76542LU            /* unsigned long int 型十进制常量 */
```

（5）十进制整数与二进制数间的转换。

任何数据在计算机内都是以二进制形式存储，而人们在编程时常用十进制，因此需要了解它们相互间的转换关系。要把十进制数转换为二进制数，采用除二取余法。若要把二进制数转换为十进制数则采用按权展开法。比如要把十进制数 51 转换为二进制数，结果为 110011，若要把二进制数 10110100 转换为十进制数，结果为 180，转换的过程如图 1-10 所示。

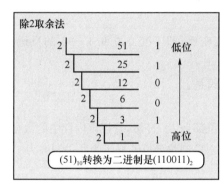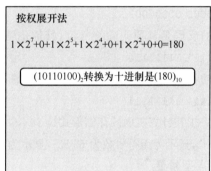

图 1-10　十进制与二进制互换

（6）八进制、十六进制与二进制间的互换。

由于 $2^3$ 是 8，$2^4$ 是 16，因此把二进制划分为八（或十六）进制的方法是，从右至左每 3（或 4）位为一组，不足时左边添 0，用每组按权展开得到的值组合成数字即可。把八（或十六）进制转换为二进制的过程正好相反，如图 1-11 所示。

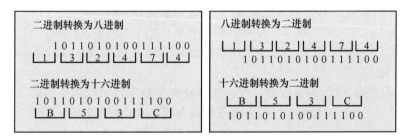

图 1-11　八进制、十六进制与二进制互换

（7）关于有符号整数和无符号整数问题。

一个整数的二进制形式，即在计算机内的存储形式，称作二进制码。无符号整数是指其二进制码中的每位数字都代表值，而有符号数是指其二进制码中的最高位（最左边的位）表示符号——用 1 表示负数，用 0 表示正数，用剩余的位表示数据的值。如二进制码 10110100，若表示为有符号数是 $-52$，表示为无符号数则是 180，计算过程如图 1-12 所示。

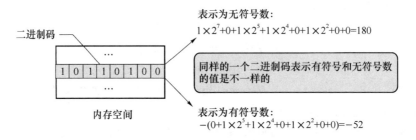

图 1-12　有符号整数和无符号整数

（8）负数在计算机内用补码的形式存储。

负数的原码是负数对应的二进制码。如 short 型整数（2 个字节的大小）$-1$ 的原码是：

10000000 00000001

负数的反码是其原码除符号位，其他位依次变反，即 1 变 0，0 变 1，$-1$ 的反码是：

11111111 11111110

负数的补码是在反码的低位加 1，$-1$ 的补码是：

11111111 11111111

因此，$-1$ 在计算机内的存储形式是 16 位，每位都是 1。显然，若把该内存中的数据显示为有符号数是 $-1$，显示为无符号数为 65 535，显示为十六进制数为 ffff，显示为八进制数为 177777。

**2. 浮点型常量**

浮点型常量只有十进制形式，全部是有符号数。在 C 语言中有两种表示形式：一般形式和指数形式。

（1）一般形式（Normal Format）

由整数部分、小数点和小数部分组成。如：

$-123.45$　　　$+1.33$　　　$-0.15$　　　$0.234$

（2）指数形式（Exponent Format）

由尾数、字母 e 或 E 和指数部分组成，它代表的值是：尾数 $\times 10^{\text{指数}}$。如：

```
0.25e+5                  /*代表的值是 0.25×10⁵,即 25 000*/
```
0.25e+5　　　　　　　　　　/\*代表的值是 $0.25 \times 10^5$，即 25 000 \*/

3.84E-2　　　　　　　　　　/\*代表的值是 $3.84 \times 10^{-2}$，即 0.038 4 \*/

注意以下几点：

（1）采用一般格式时，若整数部分或小数部分为 0，数字 0 可以不写。如：

.15　　　　　　　　　　　　/\*合法的浮点型常量，整数部分为 0 \*/

172.　　　　　　　　　　　 /\*合法的浮点型常量，小数部分为 0 \*/

（2）采用指数形式时，尾数必须要有，指数必须是整数。如：

e4　　　　　　　　　　　　 /\*不合法的浮点型常量，没有尾数 \*/

.e3　　　　　　　　　　　　/\*不合法的浮点型常量，没有尾数 \*/

8.7e3.9　　　　　　　　　　　/* 不合法的浮点型常量,指数不是整数 */

（3）实型常量的默认类型为 double,可以在常量后面加 f 或 F,指定为 float 型。如:

0.　　　　　　　　　　　　　/* double 型常量 0.0 */

3.146f　　　　　　　　　　　/* float 型常量 3.146 */

### 3. 字符型常量

字符型常量是使用一对单引号括起来的一个字符。如:

´?´´1´´A´

说明以下几点:

（1）字符常量的值是该字符的 ASCII 码值。关于字符的 ASCII 码值请查阅第 335 页附录 A。

（2）使用转义字符。仔细观察附录 A 中的 ASCII 码表就会发现,十进制 ASCII 码值在 0～32 之间的字符以及十进制 ASCII 码值为 127 的字符无法直接表示出来,因为字符常量应该是用单引号括起来的一个字符,而这些字符本身不是单个字符,而是两个或更多,比如十进制 ASCII 码值为 0 的字符,其符号是 null,本身含 4 个字符。为了表示这些无法直接表示的字符,C 语言中首先引入了转义字符,即用反斜扛(\)后跟一个可以表示的其他字符来表示一个无法直接表示的字符,如用´\0´表示 null 字符,用´\n´表示回车换行符 CR 等,C 语言中的转义字符见表 1-6。

表 1-6　C 语言中的转义字符

| 表示方法 | 代表的字符及含义 | 表示方法 | 代表的字符及含义 |
|---|---|---|---|
| \0 | null 字符 | \f | 换页 |
| \a | BEl 字符 | \r | 回行首 |
| \b | 退格字符 Backspace | \' | 单引号 |
| \t | 水平制表(Tab) | \" | 双引号 |
| \n | 回车换行 | \\ | 反斜杠 |
| \v | 垂直制表 | | |

说明一点:除表 1-6 中给出的字符外,反斜杠(\)后跟一个其他的字符,则代表该字符本身。如:

´\m´　　　　　　　　　　　/* 正确的字符常量,代表字符 m 本身 */

´\,´　　　　　　　　　　　/* 正确的字符常量,代表逗号本身 */

（3）通过表 1-6 可以发现转义字符只包含了无法直接表示字符中的一部分,为此 C 语言中又提供了另外两种方法,可以用来表示任何字符。

方法一:´\ddd´

其中,ddd 是字符的八进制 ASCII 码值。

如:

´\101´　　　　　　　　　　/* 正确的字符常量,代表的是字符 A */

´\61´　　　　　　　　　　　/* 正确的字符常量,代表字符 1 */

方法二:´\xdd´

其中,dd 是字符的十六进制 ASCII 码值。

如:

´\x41´　　　　　　　　　　/ * 正确的字符常量,代表的是字符 A * /

´\x31´　　　　　　　　　　/ * 正确的字符常量,代表字符 1 * /

（4）常用字符型常量进行字符间的比较。若 c 是个字符型的变量,则:

c > = ´a´&& c <= ´z´　　　　/ * 判断 c 中存储的是否为小写字母 * /

c > = ´A´&& c <= ´Z´　　　　/ * 判断 c 中存储的是否为大写字母 * /

有关应用案例请参阅第 204 页【程序 7-1】。

### 4. 字符串常量

字符串常量（String Constants）是用一对双引号括起来的 0 个或多个字符。如:

″20021200001″　　″Wangli″　　″F″　　″″

强调以下几点:

（1）字符串中字符的个数称作串长度。长度为 0 的字符串称作空串（Empty String）。

（2）长度为 $n$ 的字符串要占用 $n+1$ 个字节的内存空间。

C 语言中规定,一个字符串在内存中的存储方式是自左向右依次存放每个字符的 ASCII 码值,末尾以空字符（ASCII 码值为 0）结束。图 1-13 表示了字符串"Hello"在内存中的存储情况。

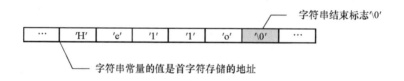

图 1-13　字符串存储结构

（3）字符串的值是第一个字符在内存中的地址。这个结论请大家一定要记住,第 7 章中要用到它。

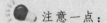

　　注意一点:

　　´A´和″A″是完全不同的两个量。前者是字符常量,后者是字符串常量。前者的值是字符 A 的 ASCII 值,即 65,后者的值是字符串中字符 A 在内存中存储的地址。前者在内存中占 1 个字节,后者占 2 个字节。

### 1.6.2　常量的用法

在编写程序时,程序员可以采用三种不同的方法来使用常量。

### 1. 直接书写

前一节中介绍的四种常量可以在需要时直接写到代码中。如:

int x = − 5;　　　　　　　　/ * 把整型常量 − 5 存储到变量 x 中 * /

```
float salary = 1999.98;        /* 把实型常量 1999.98 存储到变量 salary 中 */
char sex = ´F´;                /* 把字符型常量´F´存储到变量 sex 中 */
char str[ ] = ˝Hello˝;         /* 把字符串常量 Hello 存储到数组 str 中 */
```

上面的最后一行代码大家目前可能还不理解,不过没关系,这里所关心的是每条语句中等号后面的每个常量的写法。

**2. 定义常量**

在 C 语言中,可以使用预定义命令来定义一个符号常量。格式是:

♯**define　名字　符号**

如:

```
♯define M 100                  /* 定义了符号常量 M */
♯define PI 3.1415              /* 定义了符号常量 PI */
♯define PRT printf             /* 定义了符号常量 PRT */
```

说明以下几点:

(1) 定义符号常量又称宏定义,它是 C 语言中提供的预编译处理的一种,详细内容请参阅第 347 页附录 E。

(2) 名字又叫宏名,通常用大写字母表示。

(3) 有了宏定义后,就可以在程序中用名字来代替符号。如:有了前面的宏定义后,在实际编程时,凡是用到3.141 5 的地方就可以写成 PI 了。系统在进行编译前将进行宏替换,把所有的名字替换为定义中的符号。

(4)引入宏定义的目的有两个:一是提高编码效率,二是方便维护。

**3. 内存常量**

在 C 语言中,允许人们使用const关键字定义一个内存常量。格式是:

**const 数据类型　名字 = 值;**

如:

```
const float pi = 3.14159;      /* 定义了名字为 pi 值为 3.14159 的常量 */
```

【**程序 1-2**】 常量的用法。

```
 1    /* This program demonstrates three ways to use constants.
 2       Written by:
 3       Date:
 4    */
 5    ♯include  < stdio.h >
 6
 7    ♯define  PI    3.1415926536
 8    ♯define  PRT   printf
 9
10    int main (void)
11    {
```

| 12 | /* Local Definfitions */ |
|----|--------------------------|
| 13 | const double pi = 3.1415926536; |
| 14 | |
| 15 | /* Statements */ |
| 16 | PRT ("Defined constant PI: % f\n", PI); |
| 17 | PRT ("Memory constant pi:  % f\n", pi); |
| 18 | PRT ("Literial constant:   % f\n", 3.1415926536); |
| 19 | |
| 20 | return 0; |
| 21 | } /* main */ |
| 运行结果 | ```
Defined constant PI: 3.141593
Memory constant pi:  3.141593
Literial constant:   3.141593
Press any key to continue_
``` |

**程序 1-2 分析**：本例中第 10～21 行是 main 函数的代码，第 10 行以前的区域是全局区。程序中，第 1～4 行、第 12 行、第 15 行和第 21 行的末尾是注释部分。第 7 行和第 8 行是两条宏定义命令，分别定义了名字为 PI 和 PRT 的两个符号常量，它们所代表的内容分别是 3.1415926536 和 printf。第 13 行是内存常量定义语句，定义了一个名字为 pi，值为 3.1415926536 的内存常量。第 16～18 行使用了前面定义的各常量。请大家注意：本例中的第 6 行、第 9 行、第 14 行、第 19 行是人为添加的空白行。此外，在第 7～8 行、第 18 行还人为添加了部分空格，目的都是为了增强程序的可读性。

# 1.7  输入/输出

在实际编程中，一方面，经常需要把从键盘（Keyboard）上输入的数据存储到内存；另一方面，经常需要把内存中的数据输出到屏幕（Moniter）显示。在 C 语言中，数据的输入/输出用标准库函数来实现，为了方便本节的学习，首先对用到的几个符号进行如下说明：

□代表空格字符

→|代表 Tab 制表符

↵代表回车换行符

## 1.7.1  格式化输出

格式化输出（Formatted Output）由标准库函数 printf 完成，它的原型包含在头文件 stdio.h 中。该函数的功能是把内存中的数据按照指定格式输出到屏幕上，所以称作格式化输出函数。函数的调用格式是：

**printf(格式串,输出项列表);**

它有两个参数——格式串（Format String）和输出项列表（Data List）。其中，格式串用来指定输出的格式；输出项列表可以是 0 个、1 个或者是由逗号隔开的多个项的列表，用来指
```

定要输出的数据。若有以下定义：

int a = 22;

int b = −14;

若要把 a 和 b 中的数据分两行输出到屏幕上，可以用以下的语句：

printf("％d\n％d",a,b);

图 1-14 给出了函数调用的一个图形化示例。

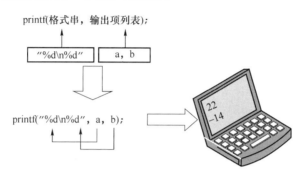

图 1-14　格式化输出函数 printf 的使用

**1. 格式串**

格式串（Format String）用来指定输出数据的格式及相关信息。它由两部分组成：格式转换说明域（Field Specification）和文本字符串（String Text）。格式转换说明域用来指定输出数据的格式，文本字符串一般用来显示相关信息，如图 1-15 所示。

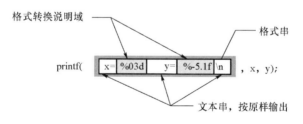

图 1-15　格式串

（1）格式转换说明域

一个格式转换说明域负责一个输出项的类型转换和格式的精确控制，它是由百分号（％）开始，以一个格式转换码（Conversion-Code）结束，之间可以带三个选项，格式是：

**％[宽度][精度][标志位]格式转换码**

① 格式转换码（Conversion-Code）。

格式转换码是一个小写字母，用来指定要输出的数据的类型，如表 1-7 所示。

表 1-7　格式转换码

| 转换码 | 作　用 |
|---|---|
| d | 输出有符号十进制整数 |
| x | 输出十六进制整数 |

续表

| 转换码 | 作　用 |
|:---:|:---|
| o | 输出八进制整数 |
| u | 输出无符号十进制整数 |
| c | 输出单个字符 |
| s | 输出字符串 |
| e | 输出指数形式的小数(7位输出精度)，默认为小数点后有6位小数 |
| f | 输出一般形式的小数(7位输出精度)，默认为小数点后有6位小数 |

若有以下定义：

short int x = - 1；

unsigned int y = 34567；

float f = - 134.56；

char c = ´A´；

则下面的语句：

printf("%d,%u,%f,%c",x,y,f,c)；　　　　　/ * 输出结果是：- 1,34567, - 134.560000,A */

printf("%d,%u,%x,%o",x,x,x,x)；　　　　　/ * 输出结果是：- 1,65535,ffff,177777 * /

printf("%s","Today is fine.")；　　　　　/ * 输出结果是：Today is fine. * /

printf("%e",y)；　　　　　　　　　　　　/ * 输出结果是：- 1.34560e + 02 * /

② 宽度修饰符（Width Modifier）。

宽度修饰符是指可以用一个整数 m 来指定输出数据占的列宽，若数字的位数大于指定列宽，按原样输出数字，否则左补空格。若有定义：

int x = 123；

则：

printf("%2d",x)；　　　　　　　　　　　/ * 输出结果是 123 * /

printf("%6d",x)；　　　　　　　　　　　/ * 输出结果是□□□123,□代表空格 * /

③ 精度修饰符（Precision Modifier）。

精度修饰符是指可以用一个小数.n 来指定输出数据的精度，可以用于浮点型数据和字符串。输出浮点型数据时用于指定输出的小数位数，输出字符串时用于指定要输出的字符个数。若有定义：

float x = 3.1415926；

则：

printf("%.2f",x)；　　　　　/ * 输出结果是 3.14,作用是小数点后保留两位小数 * /

printf("%.2s","MyBirthday")；/ * 输出结果是 My,作用是输出串的左边两个字符 * /

printf("%6.1f",x)；　　　　　/ * 输出结果是□□□3.1,既指定了宽度,又指定了精度 * /

④ 标志位修饰符（Flag Modifier）。

标志位修饰符有两个：一个是负号（－），用来指定数据的对齐方式是左对齐；另一个是数字 0,用来对整数左补 0 输出。若有定义：

```
float x = 3.1415926;
int n = 1234;
```

则：

```
printf("%5.2f",x);          /* 输出结果是□3.14,右对齐左补空格 */
printf("%-5.2f",x);         /* 输出结果是 3.14□,左对齐右补空格 */
printf("%6d",n);            /* 输出结果是□□1234,右对齐左补空格 */
printf("%06d",n);           /* 输出结果是 001234,右对齐左补 0 */
printf("%-6d",n);           /* 输出结果是 1234□□,左对齐右补空格 */
```

（2）文本字符串（String Text）

文本字符串是格式转换域以外的内容,一般用来显示相关信息,文本字符串按原样输出。若有定义：

```
float x = 3.1415926;
int n = 1234;
```

则：

```
printf("x = %.2f,n = %d\n",x,n);          /* 输出结果是 x = 3.14,n = 1234 */
```

**2. 输出项列表（Data List）**

输出项列表是要输出的 0 个或多个数据项,多个时要用逗号隔开。它们可以是常量、变量或表达式。有关表达式的内容将在第 2 章介绍。若有定义：

```
float x = 3.1415926;
int n = 1234;
```

则：

```
printf("Happy new year!");          /* 没有输出项 */
printf("%f,%d",1.55,100);           /* 两个输出项,它们是常量 */
printf("%f,%d",x,n);                /* 两个输出项,它们是变量 */
printf("%f,%d",x + 2,n * 3);        /* 两个输出项,它们是算式 */
```

**3. 注意事项**

（1）格式转换说明符与输出项在顺序和数据类型上必须一一对应,否则会输出错误的值。如：

```
float x = 3.1415926;
int n = 1234;
```

则：

```
printf("%f,%d",n,x);          /* 输出错误,类型不一致 */
```

（2）格式转换说明域的个数少于输出项时,多余的项不输出,反之多余的格式转换说明域输出不确定的值。如：

```
float x = 3.1415926;
int n = 1234;
```

则：

```
printf("%.1f,%d",x,n,1000);          /* 输出 3.1,1234,1000 不输出 */
```

printf("%.1f,%d,%d",x,n);          /* 输出 3.1,1234,不确定的值 */

### 1.7.2　格式化输入

格式化输入由标准库函数 scanf 完成，它的原型也包含在头文件 stdio.h 中。该函数的功能是把从键盘上输入的数据按照指定格式存储到内存变量中，所以称作格式化输入函数（Formatted Input）。函数的调用与 printf 类似，格式是：

scanf(格式串,输入项列表);

它也有两个参数——格式串（Format String）和输入项列表。其中，格式串用来指定输入数据的格式，和 printf 函数中的类似；输入项列表是由逗号隔开的地址项的列表，用来指定存储数据的变量的地址。若有以下定义：

int a;

int b;

则若要把从键盘输入的 12、25 分别存储到 a 和 b 中，可以用以下语句：

scanf("%d %d",&a,&b);

图 1-16 给出了函数调用的一个图形化示例。

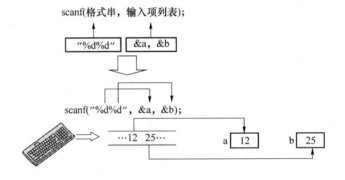

图 1-16　格式化输入函数 scanf 的使用

注意以下几个问题：

（1）格式转换说明符与输入项必须在顺序和类型上对应一致。

如：

int x;

float y;

scanf("%d%d",&x,&y);                /* 错误，%d 与 y 的类型不一致 */

（2）当函数有几个输入项或连续使用几个 scanf 函数输入多个数据时，在输入数据时可以用空格（用符号□表示）、制表符（用符号→|表示）和回车分隔（用符号↲表示）作为数据与数据之间的分隔。若有以下定义：

int x;

int y;

若要为 x,y 输入数据，可以使用以下的三种语句格式。

第一种:scanf("%d%d",&x,&y);        /* 使用一条 scanf 调用语句,%d 与 %d 连着写 */

第二种:scanf("%d  %d",&x,&y);  /*使用一条 scanf 调用语句,%d 与 %d 之间有空格 */

第三种:scanf("%d",&x);      /*使用两条 scanf 调用语句 */

　　　scanf("%d",&y);

程序运行时,若要把 12 和 15 分别存到 x 和 y,则可以使用以下格式输入数据:

① 12□15 ↙    ② 12 →|15 ↙    ③ 12 ↙15 ↙

(3)输入 int 型数据时必须输入整数,输入 float 型的数据可以输入整数,也可以输入小数。若有以下语句:

int x;

float y;

scanf("%d%f",&x,&y);

要给 x 存入 12,y 存入－15.0,则:

12□－15                    /* 正确的输入,x 存了 12,y 存了－15.0 */

12 →|－15.0 ↙              /* 正确的输入,x 存了 12,y 存了－15.0 */

12.5 →|－15.0 ↙            /* 错误的输入,x 存了 12,y 存了 0.5 */

(4)输入字符型数据时,不需要加单引号,连续输入几个 char 型的数据时,字符与字符之间必须连着输入,不能使用分隔符。若有以下语句:

char c1,c2;

scanf("%c%c",&c1,&c2);

假若要分别给 c1、c2 录入字符 a、b,则:

´a´b´↙                     /* 错误的输入,c1 存了字符´,c2 存了字符 a */

a□b                       /* 错误的输入,c1 存了字符 a,c2 存了字符□ */

(5)若格式控制串中使用了一般字符,输入时必须照原样输入。若有以下语句:

int x,y;

scanf("%d,%d",&x,&y);

则要把 12 和 15 分别存储到 x 和 y,只能使用以下格式输入数据:

12,15 ↙

(6)输入 double 型数据时必须使用%lf,否则就会出现录入错误。

(7)使用"%*字母"可以抑制输入对应类型的数据项。若有以下语句:

int x,y;

scanf("%d%*c%d",&x,&y);

则要把 12 和 15 分别存储到 x 和 y,可以使用以下格式输入数据:

12 任意合法字符 15 ↙

由于%*c 的作用是从输入的数据流中抑制掉一个字符,所以在程序运行后输入数据时,可以在 12 和 15 之间用一个任意的字符来分隔。

(8)使用%md 或%mf 可以控制读入数据的位数,m 是大于 0 的整数。若有以下语句:

int x;

float y;

char c;

scanf("%2d%c%4f",&x,&c,&y);

假如程序运行时输入的是 12345.67 ↵,则 x 存入了 12,c 存入了 3,y 存入了 45.6。

（9）为了提示用户正确输入数据,经常和 printf 配合使用。如:

…

printf("Please enter an integeral number(>0): ");          /＊提示用户如何输入＊/

scanf("%d",&x);

…

【程序 1-3】 格式化输入输出函数的使用。该程序实现从键盘上任意输入一个半径,求对应的圆的周长和面积,并输出有关数据。

| 1 | /＊ This program calculate the area and circumference of a circle using PI as a defined constant. |
|---|---|
| 2 | Written by: |
| 3 | Date: |
| 4 | ＊/ |
| 5 | #include  <stdio.h> |
| 6 | |
| 7 | #define  PI   3.1416 |
| 8 | |
| 9 | int main (void) |
| 10 | { |
| 11 | /＊ Local Definitions ＊/ |
| 12 | float circ; |
| 13 | float area; |
| 14 | float radius; |
| 15 | |
| 16 | /＊ Statements ＊/ |
| 17 | printf ("\nPlease enter the value of the radius: "); |
| 18 | scanf ("%f", &radius); |
| 19 | |
| 20 | circ = 2 ＊ PI ＊ radius; |
| 21 | area = PI ＊ radius ＊ radius; |
| 22 | |
| 23 | printf ("\nRadius is :        %10.2f", radius); |
| 24 | printf ("\nCircumference is :  %10.2f", circ); |
| 25 | printf ("\nArea is :          %10.2f\n", area); |
| 26 | |
| 27 | return 0; |
| 28 | } /＊ main ＊/ |

| 运行结果 | Please enter the value of the radius: 23<br><br>Radius is :　　　　　23.00<br>Circumference is :　　144.51<br>Area is :　　　　　　1661.91<br>Press any key to continue_ |
| --- | --- |

**程序 1-3 分析:**本例中第 9~28 行是 main 函数的代码,第 9 行以前的区域是全局区。第 7 行是宏定义命令,定义了名字为 PI 的符号常量,代表的内容为 3.1416,第 20 行、第 21 行中使用了该符号常量。第 12~14 行是局部定义语句,定义了三个 float 型的变量 circ、area 和 radius,分别用来存储圆的周长、面积和半径。第 18 行是函数调用语句,用来实现从键盘上给 radius 录入数据。第 17 行也是函数调用语句,是为了配合第 18 行录入数据而显示相关信息。第 20 行和第 21 行是表达式语句,分别实现求圆的周长和面积,他们都引用了 radius 的值。第 23~25 行是函数调用语句,作用是按指定格式把半径、周长和面积输出到屏幕上。

### 1.7.3　字符输入/输出

除了使用 scanf/printf 函数可以输入/输出字符外,在 C 语言中还有两个函数专门用来输入/输出一个字符——getchar/putchar,它们的原型包含在头文件 stdio.h 中。

**1. putchar 函数**

(1) 函数功能

向屏幕输出一个字符。

(2) 调用格式

putchar(c);

其中,c 是一个字符型或范围不超过 127 的整型量。

如:

```
int x = 100;
char c = ´\x61´;
putchar(´A´);                        /* 输出字符 A */
putchar(65);                         /* 输出字符 A */
putchar(c);                          /* 输出字符 a */
putchar(x);                          /* 输出字符 d */
```

**2. getchar 函数**

(1) 函数功能

从键盘读入一个字符,成功时返回字符的 ASCII 码值。

(2) 调用格式

getchar( );

(3) 说明

① 经常把函数的返回值存储到变量。

如：

char c;

…

c = getchar( );

② 该函数回车后才执行，连续使用时要注意回车字符对后续输入的影响。若有以下的语句：

char c1,c2;

…

c1 = getchar( );

c2 = getchar( );

假如程序运行后要给 c1、c2 分别录入字符 a、b，则：

abc ⏎　　　　　　　/ * 正确的输入，$c_1$ 存了 a 字符，$c_2$ 存了 b 字符 * /

ab ⏎　　　　　　　/ * 正确的输入，$c_1$ 存了 a 字符，$c_2$ 存了 b 字符 * /

a ⏎　　　　　　　/ * 错误的输入，$c_1$ 存了 a 字符，$c_2$ 存了回车符 * /

**【程序 1-4】** 字符输入/输出函数的使用。

```
1    / *  This program demonstrate the use of putchar and getchar.
2         Written by:
3         Date:
4    * /
5    ♯ include  < stdio. h >
6
7    int main (void)
8    {
9    / *  Local Definitions  * /
10       char c1;
11       char c2;
12
13   / *  Statements  * /
14       printf ("\nPlease enter two characters: ");
15       c1 = getchar();
16       c2 = getchar();
17
18       printf("Two characters you entered is: ");
19       putchar(c1);
20       putchar( ´,´ );
21       putchar(c2);
22       putchar(´\n´);
```

| 23 | |
|---|---|
| 24 |     return 0; |
| 25 | } /* main */ |
| 运行结果 | Please enter two characters: ab<br>Two characters you entered is:  a,b<br>Press any key to continue |

**程序 1-4 分析**:本例中第 7～25 行是 main 函数的代码,第 7 行之前的区域是全局区。在 main 函数中,第 10～11 行是局部定义语句,定义了两个 char 型的变量 c1 和 c2。第 15～16 行是函数调用语句,连续调用了两次 getchar,实现把从键盘上录入字符的 ASCII 值分别存储到变量 c1 和 c2。第 14 行也是函数调用语句,调用了 printf 为配合第 15～16 行录入数据而显示有关信息。第 18 行再次调用 printf,显示相关信息。第 19～22 行连续调用了 4 次 putchar 函数,作用是把 c1 和 c2 中的字符之间用逗号字符分隔输出到屏幕上,然后输出换行字符结束。

# 1.8 使用 VC++ 6.0 环境上机编程

Visual C++ 6.0 是目前被广泛使用的功能强大的集成开发环境。本节以 Visual C++ 6.0 英文版为背景详细介绍在该环境下创建、编辑、编译和链接运行一个 C 程序的操作方法。为了表述问题方便,我们把该开发环境简称 VC。

### 1.8.1 创建 C 源程序文件的简单方法

在 VC 开发环境中创建一个 C 源程序文件的方法不只一种,在这里给大家介绍一种最简单的方法,以便于学习者快速掌握。

**1. 建立工作目录**

一台计算机上一般都含有多个逻辑盘(如 C:、D:、E:),通常情况下 C 盘被用做系统盘,即用于安装系统软件,最好不要在它上面存放自己的东西。其他磁盘叫工作盘,可以存放自己的数据。选择一个工作盘(如 D:盘)在上面建立一个自己的工作目录(如:myCprg),以后就可以在它里面建立子目录和 C 程序,以方便管理和操作。建立的过程如图 1-17、图 1-18 所示。

需要注意的是:为了以后使用方便,目录的名字最好不要使用汉字命名,且最好使用有意义的英文单词命名,这样可以见其名知其义。图 1-18 中给出了在 D:盘中先建立目录 my-Cprg,又在其中建立了 part1 子目录,顾名思义就是用它来存储第 1 部分程序。

**2. 建立 C 源程序文件**

为了方便学习者掌握,在这里给出一种最简单的方法,此方法不需要对 VC 环境做太多的了解就可以很快上手。建立的方法和步骤如下。

(1)打开刚建立的 D:\myCprg\part1 工作目录。

图 1-17　建立工作目录

图 1-18　建立子目录 part1

（2）使用快捷菜单，在工作目录中新建一个文本文件，假设名字为 p1.txt，如图 1-19 所示。

（3）把文件的扩展名".txt"改为".c"，文件的图标会由 p1.txt 文本文档 0 KB 变为 p1.c C Source file 0 KB，如图 1-20 所示。若文件的扩展名没有显示，请按以下的方法修改系统设置。

①选择菜单"工具\文件夹选项……"打开"文件夹选项"对话框，如图 1-21 所示。

②选择"查看"选项卡，把其中"隐藏已知文件类型的扩展名"的选中状态取消，然后单击"应用"和"确定"按钮。

图 1-19　在子目录 part1 中建立文本文件 p1.txt

图 1-20　在子目录 part1 中建立 C 源程序文件 p1.c

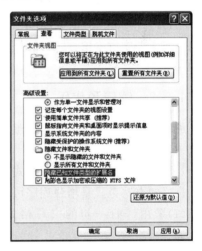

图 1-21　设置系统文件夹属性

### 3. 打开 VC 开发环境

建立了 C 源程序文件后，只要双击文件图标，正常情况下系统就会自动连接 VC 程序并打开它的工作窗口，如图 1-22 所示。

尽管 VC 环境的功能强大，使用比较复杂，但对于初学者来说，搞清其主要部分的功能和基本操作就可以了。以下给出的是每次上机编程都要用到的窗口和按钮的情况。

编辑窗口：用来编辑程序代码。

信息窗口：用来显示编译中产生的相关信息。

保存按钮：保存当前编辑的文件。

编译按钮：执行编译程序，把 C 源代码翻译成机器码（生成.lib 文件）。

链接按钮：执行链接程序，把用户码和库函数装配成可执行文件（生成.exe 文件）。

执行按钮：执行可执行文件。

图 1-22　VC 系统窗口

**4. 设置 VC 开发环境的属性**

可以根据自己的喜好来设置系统的一些属性，方法是：选择系统主菜单"Tools\Options ……"打开"Options"对话框，对系统环境的一些属性进行设置，设置结束后单击"OK"按钮生效。对于初学者来说，建议只对字体（Format 项）进行设置，其他属性保留系统的默认设置即可。

### 1.8.2　编辑源代码

编辑 C 源程序就是在 VC 的编辑窗口中输入 C 程序的代码。在输入代码的过程中要注意以下几个方面的问题。

1. 要遵循良好的代码书写范式。

良好的书写范式是增强程序可读性的重要手段，这些范式主要包括：

（1）采用一行一句的书写格式。要尽可能一行写一条语句，一条语句定义一个变量。如：

```
int x,y,z;          /* 一行定义了三个变量,允许但不是好的范式 */
int x;              /* 一行定义一个变量是好的范式 */
int y;
int z;
```

（2）写成锯齿形，即要根据语句的不同层次关系适当向右缩进。如：

```
if( x >= y)
    m = x;
else
    m = y;
```

（3）在需要的地方适当地加空格或空白行。如：

```
int    x = 100;    /* 在 int 与 x 之间,x 与 =, = 与 100 之间加了空格 */
float  y = 100.5;  /* 把 x 与 y 对齐 */
```

（4）在需要的地方添加适当的注释。

在 VC 环境下,除了可以使用/ * 和 * /符号为程序添加注释外,也可以使用//符号来为程序添加注释。如:

①使用/ * 和 * /符号注释

```
/ *******************************
 *  A program comment.
 *  Write:
 *  Date:
 ****************************** /
```

②使用//符号注释

```
/////////////////////////////
// A program comment.
// Write:
// Date:
/////////////////////////////
```

2.尽管 VC 环境支持汉字输入,但最好不要使用中文方式,因为有些中文标点符号和西文标点符号很难区分,在输入代码时一旦输入了中文符号就会造成编译错误,对于初学者来说,要想找出这类错误是相当困难的。

3.要随时使用"保存按钮"保存文件,这是一个良好的习惯,不要等到全部的代码都编写完成再存盘,而要随时保存,否则一旦系统出现问题,很可能使已做的工作前功尽弃。

### 1.8.3　编译程序

编译是通过 VC 系统中提供的编译程序把已经编辑好的源程序( * . c 文件)翻译成目标程序( * . obj 文件)的过程。当源程序编辑完成后,可以通过单击工具栏上的"Compile"按钮进行编译。编译时若源程序中存在逻辑错误,编译的过程将会终止,相关错误信息将以列表的形式显示在消息窗口中,参见图 1-23、图 1-24。在编译中出现的错误叫编译错误,必须到源程序中查找并改正,否则编译将无法完成。改正代码中存在逻辑错误的过程叫调试,调试能力是编程基本功的重要体现,需要通过反复的编程练习积淀而成。

执行编译后,在工作目录中会自动生成一个名字为"Debug"的文件夹,若编译成功,在该文件夹中就会出现与源文件对应的目标文件,参见图 1-25、图 1-26。

### 1.8.4　链接程序

链接由系统提供的链接程序把通过编译生成的目标程序( * . obj 文件)和系统的库函数装配生成可执行文件( * . exe 文件)的过程。可以通过单击工具栏上的"Build"按钮进行。链接过程中也可能会出现错误,一旦出现错误,系统也会将错误信息显示在信息窗口,这时也需要根据提示信息回到源代码中查找和改正相关错误,然后重新编译、链接,直到没有错误为止。链接成功后,在"Debug"文件夹中会自动出现与源文件对应的可执行文件,参见图 1-27。

图 1-23　发生编译错误

图 1-24　改正错误编译成功

图 1-25　Debug 文件夹

图 1-26　编译生成的目标文件

图 1-27　链接生成可执行文件

### 1.8.5　运行程序

链接结束后,可以通过单击工具栏上的"Excute Program"按钮或使用快捷键"Ctrl＋F5"来运行程序。程序运行后,应该根据事先设计的验证数据来验证程序运行结果的准确性和可靠性,这个过程称为测试。程序运行中仍然可能发生错误,这些错误叫运行时错误,若存在该类错误,同样也要回到编辑窗口中通过分析源程序来查找错误,改正后重新编译、链接和运行,直到没有错误发生并得到了期望的运行结果,整个编程过程结束。图1-28给出了程序运行时出错的一种情况,图 1-29 是改正错误后正确执行的情况。

至此,一个上机编程的完整过程结束。如果还要编写其他程序,可以退出 VC 环境,使用上述的操作步骤重新开始。需要说明的是,以上只是从方便初学者操作的角度给出了上机编程的简单方法,与实际的程序开发过程有所不同。

图 1-28　运行时出错

图 1-29　改正错误后的运行情况

# 习　题

**一、选择题**

1. 下列不合法的标识符是(　　)。

　　A. _option　　　　B. amount　　　　C. $salesAmount　　　D. sales_amount

2. 下列不是标准数据类型的是(　　)。

　　A. char　　　　　B. int　　　　　　C. void　　　　　　D. logical

3. 以左对齐方式打印数据,应该使用(　　)。

　　A. 标志修饰符　　B. 宽度修饰符　　C. 精度修饰符　　　D. 大小修饰符

4. (　　)函数用于从键盘读取数据。

　　A. displayf　　　B. read　　　　　C. printf　　　　　D. scanf

5. 下列不是 C 语言中的字符型常量的是(　　)。

　　A. ′c′　　　　　　B. ″c″　　　　　　C. ′\061′　　　　　D. ′\n′

6. 下列不是 C 语言中的整型常量的是(　　)。

　　A. −320　　　　　B. −31.80　　　　C. +45　　　　　　D. 1456

7. 下列不是 C 语言中的浮点型常量的是(　　)。

　　A. 45.6　　　　　B. pi　　　　　　　C. −14.05　　　　　D. 32.0

8. 下列不合法的标识符是(　　)。

　　A. A3　　　　　　B. if　　　　　　C. tax_rate　　　　　D. IF

9. 下列不合法的标识符是(　　)。

　　A. num-2　　　B. num_2　　　C. _num_2　　　　D. num2

## 二、思考与应用题

1. 下列每个常量的类型是什么?

　　A. "7"

　　B. "3.1415926"

　　C. 3

　　D. 5.1

2. 下列每个常量的类型是什么?

　　A. 8.5

　　B. 15L

　　C. 8.5f

　　D. '\a'

3. 下列每个常量的类型是什么?

　　A. 15

　　B. 'b'

　　C. "1"

　　D. "16"

4. 写出下列程序段的输出结果。

```
/* Local Definitions */
   int x = 10;
   char w = 'Y';
   float z = 5.1234;
/* Statements */
   printf("\nFirst\nExample\n:");
   printf("%5d\n,w is %c\n",x,w);
   printf("\nz is %8.2f\n",z);
```

5. 找出下列程序中的错误。

```
int main
{
   return 0;
}
```

6. 找出下列程序中的错误。

```
#include (stdio.h)
int main (void)
{
```

```
        print ("Hello World");
        return 0;
    }
```

7. 找出下列程序中的错误。

```
include   <stdio>
int main(void)
{
    printf('We are to learn correct');
    printf('C language here');
    return 0;
}   /* main /*
```

8. 找出下列程序中的错误。

```
int main(void)
{
/* Local Definitions */
    integer a;
    floating-point b;
    character c;
/* Statements */
    printf("The end of the program.");
    return 0;
} /* main */
```

9. 找出下列程序中的错误。

```
int main(void)
{
/* Local Definitions */
    a int;
    b float,double;
    c,d char;

/* Statements */
    printf("The end of the program.");
    return 0;
}/* main */
```

10. 找出下列程序中的错误。

```
int main(void)
{
/* Local Definitions */
```

```
        a int;
        b : c : d char;
        d ,e,f double float;
    / * Statements * /
        printf("The end of the program.");
        return 0;
    }/ * main * /
```

11. 写出下列变量定义的语句。

    A. 定义一个字符型变量 option

    B. 定义一个整型变量 sum,并初始化为 0

    C. 定义一个浮点型变量 produce,并初始化为 1

12. 写出下列变量定义的语句。

    A. 定义一个短整型变量 code

    B. 定义一个常量 salesTax,并初始化为.0825

    C. 定义一个 double 型变量 sum,并初始化为 0

13. 编写代码实现打印输出以下文字,要求 172.53 用变量 cost 存放。

    The sales total is: $ 172.53

    ^^^^^^^^^^^^^^^^^^^^^^^^^^^^^^^^^^^^^^^^^^^

14. 编写程序,使用四条输出语句,打印输出下面所显示的星号图案。

    * * * * * *

    * * * * * *

    * * * * * *

    * * * * * *

15. 编写程序,使用四条输出语句,打印输出下面所显示的星号图案。

    *

    * *

    * * *

    * * * *

16. 编写程序,定义五个整型变量并分别将其初始化为 1、10、100、1000 和 10000,使用十进制转换码(%d)将这些数字在一行打印输出,数字之间用空格隔开;在下一行使用浮点转换码(%f),注意输出结果的不同并解释原因。

17. 编写程序,提示用户输入一个整数,然后分别以字符型(%c)、整型(%d)和浮点型(%f)的形式打印输出,输出形式如下所示。

    The number as a character: K

    The number as a decimal: 75

    The number as a float: 0.000000

### 三、编程题

1. 编写程序实现提示用户输入三个整数,然后按每行一个数据的格式将其输出,正序和逆序各输出一次。程序运行的形式如下所示。

```
Please enter three numbers:15 35 72

Your numbers forward:
        15
        35
        72
Your numbers reversed:
        72
        35
        15
```

2. 编写程序实现从键盘读入 10 个整数，然后在第 1 行输出第 1 个数和倒数第 1 个数，第 2 行输出第 2 个数和倒数第 2 个数……依此类推。程序运行的形式如下所示。

```
Please enter 10 numbers:
10 31 2 73 24 65 6 87 18 9

Your numbers are:
        10       9
        31      18
         2      87
        73       6
        24      65
```

3. 编写程序实现从键盘读入 9 个整数，然后每行输出 3 个数据，数字之间用逗号隔开。程序运行的形式如下所示。

```
Input:
        10 31 2 73 24 65 6 87 18
Output:
        10,31, 2
        73,24,65
         6,87,18
```

# 第2章 / 表达式和程序设计基础知识

> C语言区别于绝大多数计算机语言的两大特点是表达式和指针，它们都是C语言非常核心的概念。本章主要学习表达式以及和表达式有关的基本术语，如运算符、操作数、优先级、结合性和语句。同时还介绍简单程序设计的原理和方法。

## 2.1 表达式

操作符（Operator）是执行某种操作的语法符号（Syntactical Token），又称运算符。如：表示两数相乘的符号"＊"，表示大于等于比较的符号"＞＝"等。C语言是一种运算能力非常强的语言，它支持30余种操作。在第336页附录B中，以表格形式给出了C语言中所有的运算符，以便需要时查用。

操作数（Operand）是执行某种操作的对象。一个运算符可以有一个或多个操作数。

表达式（Expression）是由一系列的操作数和运算符连接而成的有意义的式子。任何一个表达式最终都会产生某种类型的一个值（Value）。如2＋5是一个表达式，它由一个运算符（＋）和两个操作数（2和5）组成，作用是对两个整数实施加运算，式子的值是整数7。1/2.5也是一个表达式，它有一个运算符（/）和两个操作数（1和2.5），作用是对两个数实施除运算，式子的值是double型的0.4。组成表达式的操作数和运算符的个数无限制。

在C语言中，根据运算符和操作数的个数以及位置关系不同，可以把表达式划为7种不同的类型：初级表达式（Primary Expression）、后缀表达式（Postfix Expression）、一元表达式（Unary Expression）、二元表达式（Binary Expression）、三元表达式（Ternary Expression）、赋值表达式（Assignment Expression）和逗号表达式（Comma Expression）。

图2-1给出了7种不同类型表达式的格式。图中用矩形表示操作数，用椭圆表示运算符。

表2-1是附录B的一个子表，它只包含了本章要讨论的六种表达式，三项表达式将在第93页3.2.4节讨论。

优先级（Precedence）和结合性（Associativity）是与表达式密切相关的两个术语。前者用来确定出现在同一表达式中不同运算符的运算顺序。如在表达式2＋3＊4中，"＋"的优先级为12，"＊"的优先级为13，因而先算＊后算＋，表达式的值为14。与数学中的处理方法一样，可以用加括号的方法来改变优先级，如表达式(2＋3)＊4，因为2＋3部分加了括号，它的优先级变为了18，将先运算，然后再算＊，结果为20。

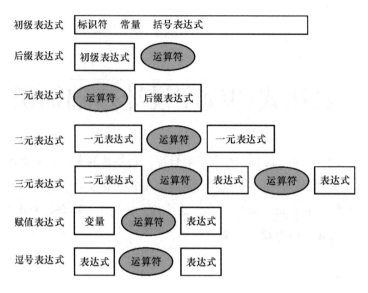

图 2-1　C 语言中的表达式类型及格式

**表 2-1　本章涉及的表达式**

| 类　型 | 说　明 | | 副作用 | 优先级 | 结合性 |
|---|---|---|---|---|---|
| 初级表达式 | 标识符<br>常量<br>括号表达式 | | 无 | 18 | |
| 后缀表达式 | 函数调用<br>后置自增<br>后置自减 | （…）<br>++<br>−− | 有 | 17<br>16<br>16 | 左 |
| 一元表达式 | 前置自增<br>前置自减<br>测定对象占用字节数<br>正、负 | ++<br>−−<br>sizeof<br>+− | 有<br>有<br>无<br>无 | 15 | 右 |
| 二元表达式 | 乘、除、取余<br>加、减 | ＊／％<br>+ − | 无 | 13<br>12 | 左 |
| 赋值表达式 | 赋值 | ＝ += −= *= /= %= | 有 | 2 | 右 |
| 逗号表达式 | 逗号 | ， | 无 | 1 | 左 |

　　结合性用来确定在同一表达式中优先级相同的运算的处理方式。结合性有左右之分。左结合是指从左向右计算，右结合是从右向左计算。如表达式 3＊8/4％4＊5 中，因所有运算符的优先级均为 13，结合性均为左结合，所以在处理时，先算了 3＊8 得 24，再算 24/4 得 6，然后算 6％4 得 2，最后算 2＊5 得 10，整个表达式的结果最终是 10。

### 2.1.1　初级表达式

　　初级表达式（Primary Expressions）是只含一个操作数，不含运算符的表达式，它的优先级为 18,是所有表达式中优先级最高的一类。初级表达式可以是标识符(Identifiers)、常量(Constants)或括号表达式(Parenthetical Expressions),如图 2-2 所示。

图 2-2　初级表达式格式

### 1. 标识符

可以为变量名、函数名和数组名等。如:

a　　b12　　price　　calc　　INT_MAX　　SIZE

### 2. 常量

常量是在程序执行过程中其值不能发生变化的量。如:

5　　123.98　　´A´　　˝welcome˝

### 3. 括号表达式

任何括在括号中的表达式是初级表达式。如:

(2 * 3 + 4)　　　(a = 23 + b * 6)

## 2.1.2　二元表达式

二元表达式(Binary Expressions)是格式为"操作数—运算符—操作数"的表达式,如图 2-3 所示。

图 2-3　二元表达式格式

此处讨论的二元运算符包括乘、除、取余、加和减。其中,乘( * )、除(/)和取余( % )的优先级均为 13;加( + )和减( − )的优先级均为 12。

注意以下几点:

(1) 两个整数相除,其结果仍为整数;两个操作数中有一个为小数,结果就为小数。

如:

7/2 结果是 3　　　　　　　　/ * 整数除的结果为整数 * /

7/2.0 结果是 3.5　　　　　　/ * 整数和小数除的结果为小数 * /

(2) 参加取余运算( % )的两个数必须是整数,结果是两个数相除之后得到的余数。计算余数的公式是:a % b = a − (a/b) * b。

如:

7 % 2 结果是 1　　　　　　　/ * 7 − (7/2) * 2 * /

− 7 % 2 结果是 − 1　　　　　/ * − 7 − ( − 7/2) * 2 * /

(3) 在实际应用中,取余运算往往用来判断能否整除,进而构建某种条件。

如:

x % 2 = = 0　　　　　　　　/ * 判断 x 是否为偶数 * /

(x％3)||(x％7)  　　　　　　/＊判断 x 是否能被 3 或 7 整除＊/

（4）在实际应用中，取余和整除运算配合可以分离一个整数。若 x 是值为 123 的整型变量，则：x％10 的结果是 3（个位），x/10％10 的结果是 2（十位），x/100 的结果是 1（百位）。

**【程序 2-1】** 关于二元表达式。

```
1    /* This program demonstrates binary expressions.
2       Written by:
3       Date:
4    */
5    # include  < stdio.h>
6
7    int main (void)
8    {
9    /* Local Definfitions */
10       int a = 17;
11       int b = 5;
12   /* Statements */
13       printf("%d + %d = %d\n", a, b, a + b);
14       printf("%d - %d = %d\n", a, b, a - b);
15       printf("%d * %d = %d\n", a, b, a * b);
16       printf("%d / %d =  %d\n", a, b, a / b);
17       printf("%d %% %d = %d\n", a, b, a % b);
18       printf("Hope you enjoyed the demonstration.\n");
19
20       return 0;
21   } /* main */
```

运行结果

```
17 + 5 = 22
17 - 5 = 12
17 * 5 = 85
17 / 5 = 3
17 % 5 = 2
Hope you enjoyed the demonstration.
Press any key to continue_
```

**程序 2-1 分析：**本例中第 7～21 行是 main 函数的代码，第 7 行之前的区域是全局区。程序中定义了 a 和 b 两个变量，它们的值分别是 17 和 5。第 13～17 行连续调用 printf 函数，以 5 个数学算式的样式分别输出了表达式 a＋b、a－b、a＊b、a/b、a％b 的值。其中第 17 行中％％的作用是输出一个％。

一定要重点掌握与数学中不同的两个关键知识点：整数相除结果是整数；取余运算是两个整数相除得的余数。

### 2.1.3　赋值表达式

赋值运算包括简单赋值（Simple Assignment）与复合赋值（Compound Assignment），赋值表达式的格式如图 2-4 所示。

图 2-4　赋值表达式格式

**1. 简单赋值**

简单赋值运算符为"＝"。处理时首先计算等号右边表达式的值，然后将值赋给左边的变量。整个赋值表达式的值就是变量的值。简单赋值表达式运算实例如表 2-2 所示。

表 2-2　简单赋值运算实例

| 变量 x 的值 | 变量 y 的值 | 表达式 | 表达式的值 | 运算结果 |
| --- | --- | --- | --- | --- |
| 10 | 5 | x＝y＋2 | 7 | x＝7 |
| 10 | 5 | x＝x/y | 2 | x＝2 |
| 10 | 5 | x＝y％4 | 1 | x＝1 |

**2. 复合赋值**

复合赋值表达式是简单赋值表达式的缩略形式。本章主要讨论以下五种复合赋值运算：＊＝、/＝、％＝、＋＝、－＝。处理复合赋值表达式时，可以先转化为简单赋值表达式然后再求值，如表 2-3 所示。

表 2-3　复合赋值表达式

| 复合赋值表达式 | 等价的简单赋值表达式 |
| --- | --- |
| x＊＝y | x＝x＊y |
| x/＝y | x＝x/y |
| x％＝y | x＝x％y |
| x＋＝y | x＝x＋y |
| x－＝y | x＝x－y |

复合赋值表达式运算实例如表 2-4 所示。

表 2-4　复合赋值运算实例

| 变量 x 的值 | 变量 y 的值 | 表达式 | 表达式的值 | 运算结果 |
| --- | --- | --- | --- | --- |
| 10 | 5 | x＊＝y | 50 | x＝50 |
| 10 | 5 | x/＝y | 2 | x＝2 |
| 10 | 5 | x％＝y | 0 | x＝0 |
| 10 | 5 | x＋＝y | 15 | x＝15 |
| 10 | 5 | x－＝y | 5 | x＝5 |

最后强调三点：

(1)赋值表达式中运算符的左边一定是单个变量；

(2)赋值表达式的值就是变量的值；

(3)赋值运算的优先级比较低，都是 2，结合性都是右结合。

若有以下定义：

int x = 10, y = 20, z = 30, a, b, c;

则下面的两条语句都是正确的。

a = b = c = 0;

x += y += z * z;

第一条语句是简单赋值，运算的情况是：先把 0 赋给 c，再把 c 的值赋给 b，再把 b 的值赋给 a，最终的结果是 a、b、c 都赋了 0 值，整个表达式的值就是 a 的值 0。第二条语句是复合赋值运算，运算的情况是：先计算 z * z 得 900，然后求 y += 900，y 的值变为 920，再计算 x += 920，x 的值变为 930，整个表达式的值就是 x 的值 930。

**【程序 2-2】** 关于复合赋值。

```
1    /*  Demonstrate examples of compound assignments.
2        Written by:
3        Date:
4    */
5    # include  < stdio.h>
6
7    int main (void)
8    {
9    /* Local Definitions */
10       int x;
11       int y;
12
13   /* Statements */
14       x = 10;
15       y = 5;
16
17       printf ("x: %2d | y: %2d", x, y);
18       printf (" | x *= y: %2d", x *= y);
19       printf (" | x is now: %2d\n", x);
20
21       x = 10;
22       printf ("x: %2d | y: %2d", x, y);
23       printf (" | x /= y: %2d", x /= y);
```

| 24 | printf ("│ x is now: %2d\n", x); |
|---|---|
| 25 | |
| 26 | x = 10; |
| 27 | printf ("x: %2d │ y: %2d", x, y); |
| 28 | printf ("│ x %% = y: %2d", x %= y); |
| 29 | printf ("│ x is now: %2d\n", x); |
| 30 | |
| 31 | return 0; |
| 32 | } /* main */ |
| 运行结果 | `x: 10 │ y:  5 │ x *= y: 50 │ x is now: 50`<br>`x: 10 │ y:  5 │ x /= y:  2 │ x is now:  2`<br>`x: 10 │ y:  5 │ x %= y:  0 │ x is now:  0`<br>`Press any key to continue_` |

**程序 2-2 分析**：本例中第 7～32 行是 main 函数的代码，第 7 行之前的区域是全局区。在 main 函数中定义了 x 和 y 两个变量，第 14～15 行是两条简单赋值语句，为 x 赋值 10，为 y 赋值 5。第 17～19 行连续调用 3 次 printf 函数，在 4 个 %2d 的位置分别输出 x、y、x * = y 以及 x 的值。第 21 行重新为 x 赋值 10，第 22～24 行连续调用 3 次 printf 函数，在 4 个 %2d 的位置分别输出 x、y、x/=y 以及 x 的值。第 26 行重新为 x 赋值 10，第 27～29 行连续调用 3 次 printf 函数，在 4 个 %2d 的位置分别输出 x、y、x %= y 以及 x 的值。第 28 行中 %% 的作用是输出一个 %。通过程序的运行结果可以证明：不论是简单赋值还是复合赋值，整个赋值表达式的值都是最左边变量的值。

> 一定要重点掌握两个关键知识点：赋值运算符的左边一定是变量，运算的结果是把右边式子的值存到了变量；整个赋值表达式的值也就是变量中存储的值，所以赋值表达式也可以做为一个整体继续参加其他运算，如 y＝(x＝15)＋16，运算结果是 x 为 15，y 为 21。

### 2.1.4　后缀表达式

后缀表达式(Postfix Expressions)是由一个操作数后跟一个运算符组成的表达式，具体格式如图 2-5 所示。

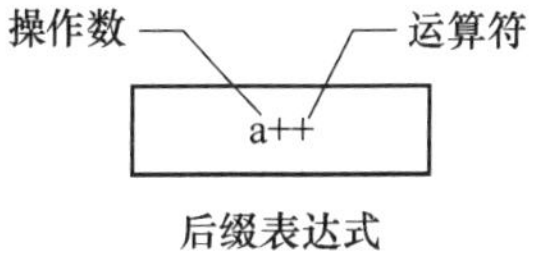

**1. 函数调用**

函数调用(Function Call)是后缀表达式，表达式形式为：函数名()，如 printf()。其中，函数名是操作数，函数名后的括号是运算符。函数调用运算的优先级是 17，有关函数调用的详细内容请参阅第 224 页 8.3 节。

图 2-5　后缀表达式格式

**2.后置自增/自减**

后置自增/自减（Postfix Increment/Decrement）也是后缀表达式，表达式形式是：a++/a--，其中 a 是变量。后置自增/自减运算的优先级是16。

后置自增/自减表达式的作用是使变量的值增加/减少1。从对变量的影响上来说，后缀表达式 a++和赋值表达式 a=a+1 是一样的。不过有一点请一定要注意，a++和 a=a+1 两个式子的值是不同的。举个例子来说，若变量 a 原来的值是 4，则表达式 a++的值也是 4，而表达式 a=a+1 的值是 5。图 2-6 以后置自增运算为例对表达式的运算过程进行了说明。

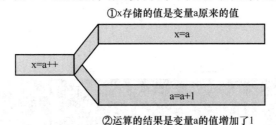

①x存储的值是变量a原来的值
x=a
x=a++
a=a+1
②运算的结果是变量a的值增加了1

图 2-6　后置自增表达式的运算情况

在图 2-6 中，假设 a 原来的值为 4，则表达式 x=a++的处理过程是：先求后缀表达式 a++的值，其结果为 a 原来的值 4，然后把 4 赋给 x，x 的值变为 4，整个表达式 x=++a 的值也为 4，最后使 a 的值增加 1，由原来的 4 变为 5。就本例来说，表达式处理的最终影响有两个，一是使 x 存了表达式 a++的值 4，二是使 a 的值增加了 1。

从上面的处理过程不难看出：后置自增/自减表达式的值的确定发生在变量的值改变之前，所以是变量原来的值（就本例来说，a++的值是 a 原来的值 4），表达式求值的最终影响是使变量的值增加/减少了 1（就本例来说，表达式处理完后 a 的值变成了 5）。有关后置自增/自减运算的其他实例见表 2-5。

表 2-5　前置自增/自减表达式实例

| 运算前变量 a 的值 | 表达式 | 表达式的值 | 运算后变量 a 的值 |
| --- | --- | --- | --- |
| 10 | a++ | 10 | 11 |
| 10 | a-- | 10 | 9 |

**【程序 2-3】** 关于后置自增/自减问题。

```
1    /* Example of postfix increment.
2       Written by:
3       Date:
4    */
5    #include <stdio.h>
6
7    int main (void)
8    {
9    /* Local Definitions */
```

| | |
|---|---|
| 10 | int a; |
| 11 | /* Statements */ |
| 12 | a = 4; |
| 13 | printf ("value of a : %2d\n", a); |
| 14 | printf ("value of a++ : %2d\n", a++); |
| 15 | printf ("new value of a: %2d\n\n", a); |
| 16 | |
| 17 | return 0; |
| 18 | } /* main */ |
| 运行结果 | `value of a   :    4`<br>`value of a++ :    4`<br>`new value of a:   5`<br><br>`Press any key to continue_` |

**程序 2-3 分析**：本例中第 7～18 行是 main 函数的代码，第 7 行之前的区域是全局区。main 函数中定义了 1 个变量 a，第 12 行是简单赋值语句，为 a 赋初值为 4。第 13～15 行连续调用 3 次 printf 函数，在 3 个 %2d 的位置分别输出 a、a++ 以及 a 的值。通过程序的运行结果可以看出：后缀表达式 a++ 的值是 a 原来的值 4，该表达式处理完后，a 的值变为 5。

### 2.1.5　一元表达式

一元表达式（Unary Expressions）由一个运算符后跟一个操作数组成，具体格式如图 2-7 所示。

本章主要讨论前置自增/自减（Pretfix Increment/Decrement）、sizeof 和取正/负运算。

**1. 前置自增/自减**

前置自增/自减（Prefix Increment/Decrement）表达式的形式是＋＋a/－－a，其中 a 是变量。前置自增/自减运算的优先级是 15。

和后置自增/自减一样，前置自增/自减表达式的作用也是使变量的值增加/减少 1。从对变量的影响上来说，一元表达式＋＋a、后缀表达式 a++ 和赋值表达式 a＝a+1 的作用是一样的。不过需要注意的是 a++ 和＋＋a 两个式子的值是不同的。举个例子来说，若变量 a 原来的值是 4，则表达式 a++ 的值也是 4，而表达式＋＋a 的值是 5。图 2-8 以前置自增运算为例对表达式的运算过程进行了说明。

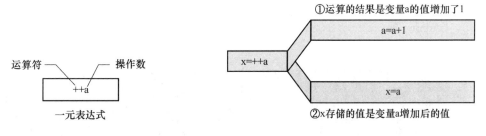

图 2-7　一元表达式格式　　　　　　　　　　图 2-8　前置自增表达式

在图 2-8 中，假设 a 原来的值为 4，则表达式 x＝＋＋a 的处理过程是：先使变量 a 的值增加 1 变为 5，表达式＋＋a 的值也是 5，然后把 5 赋给 x，x 的值变为 5，整个表达式 x＝a＋＋ 的值也为 5。就本例来说，表达式处理的最终影响有两个，一是使 a 的值增加了 1，二是使 x 存储了一元表达式＋＋a 的值 5。

从上面的处理过程不难看出：前置自增/自减表达式的值是变量改变后的值（就本例来说＋＋a 的值是 a 改变后的值 5），表达式的值的确定发生在变量的值改变之后。有关前置自增/自减运算的其他实例见表 2-6。

表 2-6 前置自增/自减表达式实例

| 运算前变量 a 的值 | 表达式 | 表达式的值 | 运算后变量 a 的值 |
|---|---|---|---|
| 10 | ＋＋a | 11 | 11 |
| 10 | －－a | 9 | 9 |

【程序 2-4】 关于前置自增/自减问题。

```
1   /* Example of prefix increment.
2      Written by:
3      Date:
4   */
5   # include  < stdio. h>
6
7   int main (void)
8   {
9   /* Local Definitions */
10      int a;
11
12  /* Statements */
13      a = 4;
14      printf ("value of a    : % 2d\n", a);
15      printf ("value of + +a: % 2d\n", + +a);
16      printf ("new value of a : % 2d\n\n", a);
17
18      return 0;
19  } /* main */
```

运行结果
```
value of a    :   4
value of ++a  :   5
new value of a:   5

Press any key to continue_
```

**程序 2-4 分析:**本例中第 7～19 行是 main 函数的代码,第 7 行之前的区域是全局区。main 函数中定义了 1 个变量 a,第 13 行为 a 赋初值为 4。第 14～16 行连续调用 3 次 printf 函数,在 3 个 %2d 的位置分别输出 a、++a 以及 a 的值。通过程序的运行结果可以看出:一元表达式 ++a 的值是 a 增 1 之后的值 5,表达式运算的结果是使变量 a 的值增加了 1。

一定要重点掌握前置与后置自增/自减运算问题:(1)参加运算的对象必须是变量;(2)前置与后置若单独使用其作用一样,都是使变量的值增/减 1 操作,若出现在其他式子中,则效果不同。

**2. sizeof 运算**

sizeof 是用于测定某对象所占用字节数。其中的对象可以是类型标识符,也可以是表达式。它是 C 语言中最长的运算符,其优先级为 15。使用的格式是:

sizeof 对象        或        sizeof(对象)

如:

```
sizeof(int)        /* 对象是类型标识符,求整型量占用字节数,结果是 4 */
sizeof(-345.23)  /* 对象是常量,求 double 型量占用字节数,结果是 8 */
float x;
sizeof x            /* 对象是变量,求 float 型量占用字节数,结果是 4 */
```

**3. 一元取正/取负**

一元取正/取负运算符就是通常所说的取正(+)和取负(-)。运算规则很简单,部分实例如表 2-7 所示。

表 2-7　一元取正/取负运算实例

| 表达式 | 运算前后变量 a 的值 | 表达式的值 |
|---|---|---|
| +a | 3 | +3 |
| -a | 3 | -3 |
| +a | -5 | -5 |
| -a | -5 | +5 |

## 2.1.6　逗号表达式

在 C 语言中,除了用逗号做分隔的符号,逗号也是一种运算符。它的优先级为 1,是所有运算中优先级最低的 1 个。用逗号把几个表达式连接起来所构成的表达式称作逗号表达式(Comma Expressions)。

如:

```
x = 5, y = x + 5, z -= y, x + 6
```

上面的式子就是一个逗号表达式,它由四个表达式连接而成。

逗号表达式的运算次序是自左向右依次处理每个表达式,整个逗号表达式的值为最右边一个表达式的值。若有表达式:

```
x = 5, x + 10, x * 10 + 3
```

则整个式子的值为 53。

可以把逗号表达式的值赋给一个变量，这时必须把逗号表达式用括号括起来。如：

z = (x = 5, y = x + 5, y * x + 10)

通过表达式求值，使 x 存入了 5，y 存入了 10，z 存入了 60。

逗号表达式多用于同时为多个变量赋值的情形，如：

int x;

int y;

x = 0, y = 1;

在上面的代码中，最后一行就是一条逗号表达式语句，其执行的结果是同时为 x，y 赋了初值，一个是 0，另一个是 1。

# 2.2 副 作 用

副作用(Side Effects)是由于表达式处理而引起变量的值发生改变的情况。如果一个表达式的处理导致了变量值的改变，就说该表达式有副作用，否则就说该表达式无副作用。副作用分为前侧副作用和后侧副作用两种。前侧副作用是变量值的改变发生在表达式的值确定之前，而后侧副作用是变量值的改变发生在表达式的值确定之后。

若有以下定义：

int a = 2;

int b = 3;

int c = 4;

则：

(1)表达式 a + b * c 没有副作用，因为表达式的处理没有引起变量 a、b、c 值的变化；

(2)表达式 a = b * c 有副作用，且是前侧副作用，因为表达式的处理引起了变量 a 的值由 2 变为 12，而且这种变化发生在表达式的值确定之前，整个表达式的值也是 12；

(3)表达式 ++a * b 有副作用，且是前侧副作用，因为表达式处理引起了变量 a 的值增加了 1，而且这种变化发生在表达式的值确定之前，整个表达式的值是 9；

(4)表达式 a++ * b 有副作用，且是后侧副作用，因为表达式处理引起了变量 a 的值增加了 1，而且这种变化发生在表达式的值确定之后，整个表达式的值是 6。

C 语言中有六种副作用，其中四种为前侧副作用，两种为后侧副作用，详细情况如表 2-8 所示。

表 2-8　六种副作用

| 副作用类型 | 表达式类型 | 举　例 |
| --- | --- | --- |
| 前侧副作用 | 前置自增 | ++a |
| 前侧副作用 | 前置自减 | ——a |
| 前侧副作用 | 函数调用 | scanf( ) |
| 前侧副作用 | 赋值 | a=1　a+=y |
| 后侧副作用 | 后置自增 | a++ |
| 后侧副作用 | 后置自减 | a—— |

# 2.3　表达式求值

在分析表达式时,必须综合考虑优先级、结合性和副作用三方面的因素。

## 2.3.1　无副作用的表达式求值

没有副作用的表达式求值遵循以下规则:

(1) 用变量的值替换表达式中的变量,得到新表达式;

(2) 按优先级顺序计算各表达式,并用求得的值替换原来的部分;

(3) 重复步骤(2),直到得到一个单独的值。

图 2-9 给出了一个无副作用表达式的求解过程。

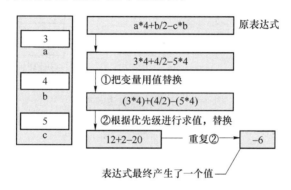

图 2-9　无副作用表达式求值

## 2.3.2　有副作用的表达式求值

有副作用的表达式求值遵循以下规则。

(1) 依据下列规则改写表达式。

① 把前置自增/自减表达式复制,放到原表达式之前,并用变量替换原表达式中的已复制部分。

② 把后置自增/自减表达式复制,放到原表达式之后,并用变量替换原表达式中的已复制部分。

(2) 计算前置自增/自减表达式的值,用新值替换旧值。

(3) 用值替换变量。

(4) 按优先级顺序计算各部分,并用求得的值替换,重复此过程直到得到一个单独的值。

(5) 计算后置自增/自减表达式,用新值替换旧值。

图 2-10 给出了一个既有前侧副作用,又有后侧副作用的表达式的求解过程。

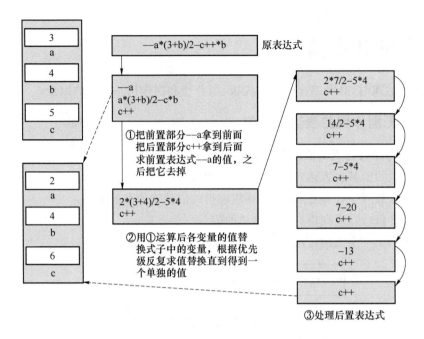

图 2-10　有副作用表达式求值

【**程序 2-5**】　关于副作用和表达式求值问题。

```
 1    /* Evaluate two complex expressions.
 2       Written by:
 3       Date:
 4    */
 5    # include  <stdio.h>
 6
 7    int main (void)
 8    {
 9    /* Local Definitions */
10        int a = 3;
11        int b = 4;
12        int c = 5;
13        int x;
14        int y;
15
16    /* Statements */
17        printf("Initial values of the variables: \n");
18        printf("a = % d\tb = % d\tc = % d\n\n", a, b, c);
19
20        x = a * 4 + b / 2 - c * b;
```

| 21 | `printf("Value of a * 4 + b / 2 - c * b: %d\n", x);` |
| 22 | |
| 23 | `y = --a * (3 + b) / 2 - c++ * b;` |
| 24 | |
| 25 | `printf("Value of --a * (3 + b) / 2 - c++ * b: %d\n", y);` |
| 26 | |
| 27 | `printf("\nValues of the variables are now: \n");` |
| 28 | |
| 29 | `printf("a = %d\tb = %d\tc = %d\n\n", a, b, c);` |
| 30 | |
| 31 | `return 0;` |
| 32 | `} /* main */` |
| 运行结果 | ```
Initial values of the variables:
a = 3   b = 4   c = 5

Value of   a * 4 + b / 2 - c   * b: -6
Value of   --a * (3 + b) / 2 - c++ * b: -13

Values of the variables are now:
a = 2   b = 4   c = 6

Press any key to continue
``` |

**程序 2-5 分析**:本例中第 7～32 行是 main 函数的代码,第 7 行之前的区域是全局区。main 函数中,第 10～14 行定义了 5 个变量:a、b、c、x 和 y。其中,a、b、c 的初始值分别是 3、4、5,x 和 y 没有赋值,在此处它们两个的值是不确定的。第 17～18 行调用 printf 函数输出了 a、b、c 的值。第 20 行是表达式语句,实现把表达式 a * 4 + b / 2 - c * b 的值存到 x 中,该表达式对 a、b、c 没有副作用,但对 x 有副作用。第 23 行也是表达式语句,实现把表达式 --a * (3 + b) / 2 - c++ * b 的值存到 y 中,该表达式对 b 没有副作用,但对 a、c 和 y 均有副作用。通过程序的运行结果可以看出:由于表达式求值运算使得 x 变为 -6,y 变为 -13,a 由 3 变为 2,c 由 5 变为 6。通过这个例子一定要很好地理解有副作用表达式求值的方法。

# 2.4　混合类型表达式

在 C 语言中,含有不同类型操作数的表达式称作混合表达式(Mixed Type Expressions)。不同类型数据进行运算时,应当首先将其转换成相同的数据类型,然后进行操作。有两种转换方式,隐式类型转换(Implicit Type Conversion)和强制类型转换(Explicit Type Conversion)。
```

### 2.4.1 隐式类型转换

所谓隐式类型转换（Implicit Type Conversion）就是系统按照一定规则自动地把参与运算的数据转换为相同的数据类型。隐式类型转换的规则是，除了赋值运算外由低级向高级转换，如图 2-11 所示。

例如，一个 int 类型的对象和一个 float 类型对象进行加运算，由于 float 类型的级别比 int 高，因此在操作之前先把 int 类型的对象转换为 float 类型，然后再进行运算，结果为 float 类型。具体应用实例如表 2-9 所示。

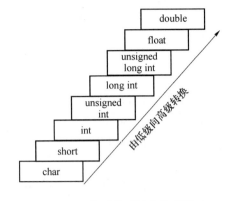

图 2-11　隐式类型转换的规则

表 2-9　隐式类型转换实例

| 表达式 | 类型转换 |
| --- | --- |
| char＋float | float |
| int－long | long |
| int * double | double |
| float/long double | long double |
| (short＋long)/float | long then float |

在赋值表达式中，如果赋值号左右两端的类型不同，则将赋值号右边的值转换为赋值号左边的类型，其结果类型为左边的类型。

【程序 2-6】　关于隐式类型转换问题。

```
 1  /* Demonstrate automatic promotion of numeric types.
 2      Written by:
 3      Date:
 4  */
 5  #include <stdio.h>
 6
 7  int main (void)
 8  {
 9  /* Local Definitions */
10      char    aChar = 'A';
11      int     intNum = 200;
12      double  fltNum = 245.3;
13
14  /* Statements */
15      printf ("aChar eontains : %c\n", aChar);
16      printf ("aChar numeric :  %d\n", aChar);
```

| 17 | printf ("intNml contains : %d\n", intNum); |
|----|---|
| 18 | printf ("fltNume contains: %f\n", fltNum); |
| 19 | |
| 20 | intNum = intNum + aChar; |
| 21 | fltNum = fltNum + aChar; |
| 22 | |
| 23 | printf ("\nAfter additions:\n") ; |
| 24 | printf ("aChar numeric:   %d\n", aChar) ; |
| 25 | printf ("intNum contains:  %d\n", intNum); |
| 26 | printf ("fltNum contains:  %f\n", fltNum); |
| 27 | |
| 28 | return 0; |
| 29 | } /* main */ |

| 运行结果 | ```
aChar eontains   :   A
aChar numeric    :   65
intNml contains  :   200
fltNume contains: 245.300000

After additions:
aChar  numeric :  65
intNum contains: 265
fltNum contains: 310.300000
Press any key to continue
``` |
|---|---|

**程序 2-6 分析:** 本例中第 7～29 行是 main 函数的代码,第 7 行之前的区域是全局区。在 main 函数中,第 10～12 行定义了 3 个变量 aChar、intNum 和 fltNum,并分别为它们赋初值为字符常量 A、200 和 245.3。请大家注意:在定义变量时,由于类型关键字长度不同,所以在语句中适当加了空格,使所有变量名都处于同一列上,这是良好的编程习惯,这样的代码层次更加清楚,易读性好。此外请大家注意,在给变量起名字时,有一种习惯做法是在每个名字的最前面加上数据类型标识符的缩写,如 int 型用 int,float 型用 flt,double 型用 dbl 等,本例中变量名 intNum 和 fltNum 就是采用了这种格式,在以后的许多程序实例中均采用了该种处理方法。第 15～16 行调用 printf 函数输出了变量 aChar 的值,一个输出 %c 格式,一个输出 %d 格式,因此对应的输出结果一个是 A,一个是 65。第 17～18 行调用 printf 函数输出了 intNum 和 fltNum 的值,请大家注意使用 %f 格式输出数据时,系统默认保留小数点后 6 位小数。第 20～21 行是两条表达式语句,连续引用了两次 char 型变量 aChar,分别参与了与 int 型变量 intNum 求和,其结果为 int 型的值 265,与 float 型变量 fltNum 求和,其结果为 float 型值,值为 310.3。此处,也进一步证明了第 10 页中提到的关于字符型的量可以看做一个范围在 0～127 之间的一个整数来参与其他运算的问题。

### 2.4.2　强制类型转换

在 C 语言中,可以通过强制类型转换(Explicit Type Conversion)将表达式强制转换成指定的类型。强制类型转换运算符是圆括号(),其优先级为 14,使用格式如下:

<div align="center">(类型标识符)表达式</div>
```

如：

```
(float)(x + y)                /* 将二元表达式的值强制转换为单精度类型 */
average = (float)totalScores/numScores;   /* 确保除的结果是小数 */
(float)(a/10)                 /* 若 a 的值为 3,表达式的值为 0.0 */
(float) a/10                  /* 若 a 的值为 3,表达式的值为 0.3 */
```

**【程序 2-7】** 关于强制类型转换问题。

```
1    /* Demonstrate casting of numeric types.
2        Written by:
3        Date:
4    */
5    # include  < stdio. h >
6
7    int main (void)
8    {
9    /* Local Definitions */
10       char   aChar    = '\0';
11       int    intNum1   = 100;
12       int    intNum2   = 45;
13       double fltNum1  = 100.0;
14       double fltNum2  = 45.0;
15       double fltNum3;
16
17   /* Statements */
18       printf ("aChar nuneric    : %3d\n", aChar) ;
19       printf ("intNum1 contains : %3d\n", intNum1);
20       printf ("intNum2 contains : %3d\n", intNum2);
21       printf ("fltNum1 contains : %6.2f\n", fltNum1);
22       printf ("fltNum2 contains : %6.2f\n", fltNum2);
23
24       fltNum3 = (double)(intNum1 / intNum2);
25       printf("\n(double)(intNum1 / intNum2): %6.2f\n", fltNum3);
26
27       fltNum3 = (double) intNum1 / intNum2;
28       printf("\n(double) (intNum1) / intNum2 : %6.2f\n", fltNum3);
29
30       aChar = (char)(fltNum1 / fltNum2);
```

| 31 | `    printf("\n(char)(fltNum1 / fltNum2): %3d\n", aChar);` |
| 32 | |
| 33 | `    return 0;` |
| 34 | `} /* main */` |
| 运行结果 | `aChar numeric    :     0`<br>`intNum1 contains:   100`<br>`intNum2 contains:    45`<br>`fltNum1 contains:   100.00`<br>`fltNum2 contains:    45.00`<br><br>`(double)(intNum1 / intNum2):    2.00`<br><br>`(double)(intNum1)/ intNum2 :    2.22`<br><br>`(char)(fltNum1 / fltNum2) :    2`<br>`Press any key to continue_` |

**程序 2-7 分析**：本例中第 7~34 行是 main 函数的代码，第 7 行之前的区域是全局区。在 main 函数中，第 10~15 行是局部定义语句，定义了 6 个变量，其中 char 型 1 个，int 型 2 个，double 型 3 个，前 5 个赋了初始值。请大家注意：在定义变量时，由于类型关键字长度不同，所以在语句中适当加了空格。第 24 行、第 27 行、第 30 行用到了强制类型转换运算，其中第 24 行是把表达式 intNum1 / intNum2 的值强制转换为 double 型，存储到 fltNum3，因此输出结果为 2.00；第 27 行是把 intNum1 的值强制转换为 double 型，然后与 intNum2 相除，因此输出结果为 2.22；第 30 行是把表达式 fltNum1 / fltNum2 的值强制转换为 char 型，存储到 aChar，因此输出结果为 2。请大家思考并上机验证一个问题：第 13 行中的 100.0 和第 14 行中的 45.0 如果写成 100 和 45 对运行结果有影响吗？

# 2.5　语　句

语句（Statements）是程序中实现某种功能的指令。一条语句经编译后产生若干条机器指令（Machine Instructions）。C 语言中的语句可分为表达式语句、复合语句、分支语句、循环语句和跳转语句五类，如图 2-12 所示。本节主要讨论表达式语句和复合语句，分支语句将在第 3 章讨论，循环语句在第 4 章讨论，跳转语句已很少使用，本书不加讨论。

**1. 表达式语句**

任意表达式末尾加上分号（;）就构成了表达式语句。如：

a = 2;

a = b = 2;

由分号结尾的函数调用，也是一个表达式语句，如：

scanf("%d", &x);

下面给出的也是表达式语句：

b;　　　3;　　　;

其中，只包含一个分号的语句称作空语句。空语句什么工作也不做，在 C 语言程序中常用空语句作为控制的转移点。

**2. 复合语句**

在 C 语言中,复合语句又称为语句块(Block),它是由一对花括号括起来的一条或多条语句。复合语句中包含声明区(Local Definition Section)和语句区(Statements Section)两部分,它们都是可选的,但声明区必须在语句区前面,具体格式如下：

```
{
    声明部分;
    语句部分;
}
```

图 2-13 是一个复合语句基本结构的例子。

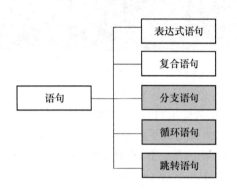

图 2-12 C 语言中的语句

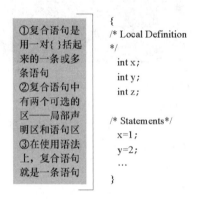

图 2-13 复合语句

# 2.6 部分库函数

本章前部分主要讨论了运算符和表达式的问题,通过构建各种表达式就可以解决数据处理的问题,不过并不是所有的运算都提供了运算符,比如说求平方根运算。为了运算和处理数据的需要,C 语言中提供了丰富的库函数(Library Functions)供编程时选用。这些库函数的原型声明被放在了不同的头文件中,在使用库函数时一般应在程序的开头位置使用预包含命令 ♯include 把相应的头文件包含到程序中。第 337 页附录 C 中给出了部分库函数的原型声明及其所在的头文件信息。本节主要讨论比较常用的数学函数(Mathematical Functions)与标准库函数(Standard Library Functions)中的几个常用函数。

**1. 数学函数**

C 语言提供了丰富的数学函数,其函数原型多数包含在头文件 math. h 中。

(1) 求绝对值 abs/fabs/labs 函数

abs、labs、fabs 三个函数分别用于求整数、长整数和小数的绝对值。abs 和 labs 函数原型包含在头文件 stdlib. h 中,fabs 函数原型包含在头文件 math. h 中。其函数原型分别为：

```
int abs(int number);
long labs(long number);
double fabs(double number);
```

如：

abs(3) → 结果为 3

fabs(-3.4) → 结果为 3.4

（2）求幂 pow 函数

pow 函数用于返回 x 的 y 次幂,即 $x^y$。函数的原型为:

$$double\ pow(double\ x,double\ y);$$

如：

pow(3.0,4.0) → 结果为 81.0

pow(3.4,2.3) → 结果为 16.687893

（3）求平方根 sqrt 函数

sqrt 函数返回非负数的平方根。函数的原型为:

$$double\ sqrt(double\ number);$$

如：

sqrt(25.0) → 结果为 5.0

**2. 标准库函数**

在日常应用中,经常遇到需要用某一范围的随机数问题。比如上机考试系统中,假设题库里总共有 100 道选择题,考试时需要从中为每台机器抽出 10 道题进行组卷,那么怎样做才能保证既快速地在 100 道题目中抽取,同时使每台机器抽到的题目不尽相同呢? 最简单的办法就是每次让系统能自动产生 10 个 1 到 100 之间的随机数序列,比如第一次产生 2,12,21,28,37,66,87,92,95,99;第二次产生 1,6,11,24,56,65,76,79,81,100……这样把每一次产生的 10 个随机数序列作为被抽题的题号,问题就可以解决了。

在 C 语言中,有两个标准库函数 srand 和 rand 配合产生随机数序列,它们的原型声明包含在头文件 stdlib. h 中。

（1）种子数函数 srand

种子数函数 srand 用来为随机数发生器设置一个基数,该基数是 rand 函数产生第一个随机数的基准,基数不同产生的随机数序列就不同。它的函数原型是:

$$void\ srand(unsigned\ seed);$$

如：

srand(111); /* 为随机数发生器设置了一个基于 111 的基数 */

srand(961); /* 为随机数发生器设置了一个基于 961 的基数 */

（2）随机数函数 rand

随机数函数 rand 用来产生一个 0 到 32 767 之间的随机整数。它的函数原型是:

$$int\ rand(void);$$

说明以下几点:

①调用一次 rand 函数产生一个随机数,要产生几个随机数就要调用几次 rand 函数。

②连续产生多个随机数时,第一个随机数是以 srand 函数设置的基数为基准产生的,第二个随机数以第一个随机数为基准产生,第三个随机数以第二个随机数为基准产生……依此类推。产生随机数的过程如图 2-14 所示。

③若没有调用 srand 函数来设置基数,系统默认的基数为 1。

④如果没有设置基数或设置了一个基于某个固定值的基数,如 srand(111),那么每次程序运行所产生的随机数序列将是不变的。有关这点可以通过多次运行第 64 页【程序 2-9】得到验证。

⑤为了使每次程序运行产生的随机数序列不一样,常常使用系统的时间作为 srand 函数的参数来设置基数,此时需要在程序开始位置包含头文件 time. h。函数调用的格式是:

$$srand(time(NULL));$$

其中,NULL 是系统内部定义的符号常量,它代表的是 0,它的定义包含在头文件 stdio. h 中。有关这点可以通过多次运行【程序 2-8】得到验证。

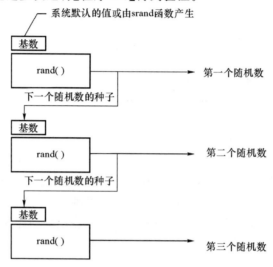

图 2-14 产生随机数的过程

(3)产生一定范围的随机数

rand 函数产生的随机数在 0 至 32 767 之间,在实际应用时往往需要产生某个范围内的随机数,比如 1 至 100 之间。此时,可以利用下面的公式进行处理:

```
rand() % [(max + 1) - min] + min
```

上面的公式可以产生 min 至 max 之间的随机数。如产生 20～30 之间随机数的公式是:rand() % [(30 + 1) - 20] + 20,简化形式为:rand() % 11 + 20。

【程序 2-8】 srand 和 rand 函数的使用。

```
1    /* Demonstrate random number generation.
2       Written by:
3       Date:
4    */
5    # include  < stdio.h >
6    # include  < stdlib.h >
7    # include  < time.h >
8
9    int main (void)
10   {
```

```
11    /* Local Definitions */
12        int   rand1;
13        int   rand2;
14        int   rand3;
15
16    /* Statements */
17        printf("Begin random number generation\n");
18
19        srand (time (NULL));
20        rand1 = rand( );
21        rand2 = rand( );
22        rand3 = rand( );
23        printf("The random numbers are: %d %d %d \n",
                   rand1, rand2, rand3);
24        return 0;
25    } /* main */
```

运行结果

第一次运行结果：

```
Begin random number generation
The random numbers are:  7843  22229  19854
Press any key to continue
```

第二次运行结果：

```
Begin random number generation
The random numbers are:  8294  30949  27509
Press any key to continue
```

　　**程序 2-8 分析**：本例中第 9～25 行是 main 函数的代码，第 9 行之前的区域是全局区。第 5～7是三条预包含命令，分别把头文件 stdio.h、stdlib.h 和 time.h 包含到了程序中，因为程序中用到的库函数 printf 的信息以及系统常量 NULL 的定义信息包含在了 stdio.h 中，库函数 srand 和 rand 的信息包含在了 stdlib.h 中，time 函数的信息包含在了 time.h 中。

　　在 main 函数中，第 19 行通过调用 time 函数获得了该语句执行时刻计算机系统的时钟（单位为秒），其中 NULL 是 C 语言的一个系统常量，代表的值为 0，然后用获得的时间做参数调用 srand 函数为随机数发生器设置了产生第一个随机数的基数。第 20～22 行连续调用了三次 rand 函数，产生了三个随机数，分别存到了 rand1、rand2 、rand3 中，系统在产生这三个随机数时，rand1 是以 srand 函数设置的基数为基准产生的，rand2 是以 rand1 为基准产生的，rand3 是以 rand2 为基准产生的，这也就意味着只要每次程序运行时产生第一个随机数的基数不变，三个随机数就不会变化。就本例来说因为每次程序运行时获得相同的系统时间几乎不可能，因此就确保了每次程序运行时 time 的值不同，进而使每次程序运行时 srand 设置的基数不同，所以就保证了每次程序运行可以获得不同的三个随机数。如果把程序中第 19 行去掉，系统将保持默认的基数 1，那么程序每次运行的结果将是不变的。

　　和以前的程序相比,本例涉及的头文件明显多了起来,随着学习的深入,以后的程序所包含的头文件可能会更多。需要提醒大家的是:有些头文件并不是必须要包含的,包含与不包含对程序的正常运行没有影响。拿本例来说,所有的头文件都可以不包含,也就是说第5~7行的代码去掉后对程序的正常运行没有影响,大家可以上机验证。不过有些头文件是必须要包含的,不包含时程序运行就会出错,出错有两种可能:一是程序无法编译或链接;二是运行的结果不正确。所以在实际编程时,不论该头文件是否必须要包含,建议都包含到程序中,且一般都放在程序开始的位置。

**【程序 2-9】** 产生一定范围内的随机数。

```
1    /* Demonstrate the generation of random numbers in three different series:
2            03 and 07
3            20 and 50
4            - 6 and 15
5       After generating three numbers, it prints them.
6       The seed for the series is 997.
7       Written by:
8       Date:
9    */
10   # include  <stdio.h>
11   # include  <stdlib.h>
12
13   int main (void)
14   {
15   /* Local Definitions */
16       int   a;
17       int   b;
18       int   c;
19   /* Statements */
20       srand (997);
21
22   /* range is 3 through 7 */
23       a = rand() % 5 + 3;
24
25   /* range is 20 through 50 */
26       b = rand() % 31 + 20;
27
28   /* range is - 6 through 15 */
29       c = rand() % 22 - 6;
30
```

| 31 | `    printf("Range 3 to 7     : %2d\n", a);` |
|----|----|
| 32 | `    printf("Range 20 to 50   : %2d\n", b);` |
| 33 | `    printf("Range - 6 to 15 : %2d\n", c);` |
| 34 | |
| 35 | `    return 0;` |
| 36 | `} /* main */` |

| 运行结果 | 第一次运行结果：<br><br>Range 3 to 7 : 7<br>Range 20 to 50: 22<br>Range -6 to 15: -1<br>Press any key to continue<br><br>第二次运行结果：<br><br>Range 3 to 7 : 7<br>Range 20 to 50: 22<br>Range -6 to 15: -1<br>Press any key to continue |
|----|----|

**程序 2-9 分析**：本例中第 13～36 行是 main 函数的代码，第 13 行之前的区域是全局区。第 10～11 行是两条预包含命令。

在 main 函数中，第 20 行是以 997 做参数调用 srand 函数，为随机数发生器设置了产生第一个随机数的基数。第 23 行中表达式 rand()%5＋3 的作用是产生一个 3～7 之间的随机数；第 26 行中表达式 rand() % 31＋20 的作用是产生一个 20～50 之间的随机数；第 29 行中表达式 rand() % 22 － 6 的作用是产生一个－6～15 之间的随机数。由于该随机数序列是以 srand(977) 产生的基数为基准产生的，所以程序每次运行的结果不会发生改变。

# 2.7　程序设计基础知识

有了前面的基础，应该可以根据需要编写简单的程序了。不过，为了使大家更好地编写程序以及编写出好的程序，还必须掌握一些程序设计的基本知识。

## 2.7.1　程序与程序设计

简单地说，程序（Program）就是计算机完成特定任务的指令序列。著名计算机科学家沃斯（Nikiklaus Wirth）曾提出一个公式：程序＝数据结构＋算法。这就预示着一个程序包含两个方面的内容：一是对数据的描述部分，即根据需要选择合适的数据类型和正确的组织形式；二是对数据的操作过程，即操作步骤的描述。前者被称之为数据结构部分，后者被称为算法。

程序设计（Programming）是为了解决某一问题而对问题进行分析并建立数学模型，然后考虑数据的组织方式和算法，之后用某种程序设计语言编写代码，最后进行调试，使之正确运行并得到预期的结果的全过程，它主要包括以下四个方面的工作。

1. 分析问题，建立数学模型。要用计算机解决实际问题，首先应对要解决的问题进行详细的分析，弄清需要计算机"做什么"，包括需要输入什么数据，要得到什么结果，最后输出什么等。然后需要把实际问题简化，用数学语言来描述它，这称为建立数学模型。

2.设计算法。弄清楚要计算机"做什么"后,就要设计算法,明确让计算机"怎样做"。解决一个问题可能有多种算法,这时应该通过分析、比较,选择一种最优的算法。算法设计后,往往需要选择适当的图形将算法描述出来。

3.按照算法编写程序代码。当算法设计完成后,就可以把该算法用程序设计语言编写出程序,这个过程称为编码。

4.调试程序,分析输出结果。编写完成的程序还必须在计算机上运行,排除程序中可能的错误,直到得到正确的结果为止,这个过程称为程序调试(Debugging)。即便是经过调试的程序,在使用一段时间以后,仍然可能发现错误和缺陷,这就需要对程序做进一步修改,使之更加完善。

不难看出,编程只是程序设计过程的一个方面,在实际编程之前必须经过认真的分析与算法设计。

### 2.7.2 算法及其描述

**1.算法的概念与基本结构**

算法是解决问题的方法和步骤,是针对特定的问题而要让计算机执行的有限步操作的集合,它是程序设计的核心,没有算法就不可能写出程序来。

根据算法的执行情况可以把算法分为以下三种基本结构。

(1)顺序结构

顺序结构是最基本的结构,基于该结构的程序代码是按照自前向后的顺序一步一步地被执行,前面两章涉及的程序都是顺序结构的。

(2)分支结构

分支结构也叫选择结构,基于该结构的程序代码是根据条件有选择地被执行,也就是说程序中给出的代码可能被执行,也可能不被执行,那就要看是否满足某个条件。第3章将专门来讨论分支结构的程序设计问题。

(3)循环结构

循环结构也叫重复结构,基于该结构的程序代码是根据一定条件被重复执行多次,被重复执行的部分称为循环体。第4章将专门来讨论循环结构的程序设计问题。

任何程序只能包含上述三种基本结构。

**2.算法的特性**

任何算法都应具备以下五个特性。

(1)有穷性。算法中执行的步骤总是有限的,不能无止境地执行下去。

(2)确定性。算法中的每一步都有确切的含义,不能具有二义性。

(3)有效性。算法中的每一步都是可以做到的。

(4)有零个或多个输入。数据是程序处理的对象,算法中应提供有关数据。

(5)有多个输出。任何算法至少应该有一个输出结果。

**3.算法的评价标准**

在算法设计中,一个问题可能有多个不同的算法,一个算法可能有多个不同的程序实现。在多个不同的算法中存在优劣之分,好的算法是编写高质量程序的基本前提。那么如何评价算法的优劣呢？以下给出了评价算法质量的四个基本标准。

(1)正确性。一个好的算法必须保证运行结果是正确的。

(2)可读性。一个好的算法应该有良好的可读性,好的可读性有助于保证正确性。

（3）通用性。一个好的算法应该具有通用性，可以用来解决一类问题而不是一个问题。

（4）高效率。效率包含时间和空间两个方面，一个好的算法应该执行速度快、运行时间短、占用内存尽量少。

**4. 算法的描述**

在编程之前一定要先设计算法并把它描述出来。流程图、N-S 图以及伪代码是算法主要的描述工具。

（1）流程图

流程图是使用特定的图形符号和带方向的箭头来表示算法，表 2-10 给出了一些国际规定的常用流程图符号。

表 2-10　流程图图形符号与作用

| 图形符号 | 作　用 |
| --- | --- |
| | 开始与结束 |
| | 数据的输入/输出 |
| | 条件判断 |
| | 数据处理（运算） |
| | 连接点 |
| | 执行流程 |

三种基本结构的流程图如图 2-15 所示。

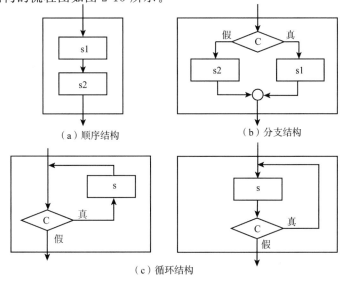

（a）顺序结构　　　　（b）分支结构

（c）循环结构

图 2-15　三种基本结构的流程图

（2）N-S图

N-S图又叫盒图，它是去掉了带方向的箭头，全部使用矩形框来表示算法，图 2-16 给出了三种基本结构的 N-S 图。

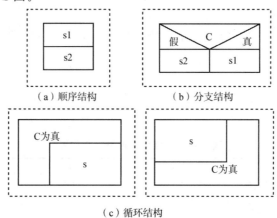

（a）顺序结构　　　　　　（b）分支结构

（c）循环结构

图 2-16　三种基本结构的 N-S 图

（3）伪代码

流程图和 N-S 图均为图形描述工具，它们的主要优点是直观易懂，缺点是绘制比较麻烦。为此，有时也使用伪代码描述算法。伪代码是介于自然语言与高级程序设计语言之间的一种文字和符号描述工具。第 80 页第 10 题就是一个用伪代码描述算法的实例。

### 2.7.3 一个完整的程序设计实例

根据本节前面的讨论，设计一个程序应该包含两个部分：设计数据结构和设计算法。下面通过一个实例介绍设计程序的一般方法。

**1. 问题描述**

编写程序实现——运行时提示用户输入一个整数 n，然后提示用户输入 n 个小数，计算并输出所输入小数中正数的和。要求：提示用户输入数据的总次数，每次输入时提示是第几次输入，输出所有正数的求和公式。

**2. 程序设计过程**

（1）确定数据结构部分

根据题意分析，本例需要定义四个变量，如表 2-11 所示。

表 2-11　数据结构描述

| 类　型 | 变量名 | 作　用 |
|---|---|---|
| int | n | 存储录入小数的个数 |
| int | i | 记录录入数据的次数 |
| float | num | 存储录入的小数 |
| float | totalNum | 存储录入的小数中正数的和 |

（2）设计算法

根据结构化程序设计思想，设计算法应该按照自上而下，先粗后精，逐步细化的原则进行。也就是说先进行概要设计，然后进行详细设计。拿本例来说，首先可以把这个问题概要分解成以下 3 部分。

第 1 部分：输入数据的个数 n。

第 2 部分：输入 n 个 num 并处理它们。

第 3 部分：输出结果。

通过上面的设计，第 1 部分和第 3 部分已经很容易实现，不需要继续下去，但第 2 部分需要继续进行设计，又可以把它分解为以下 5 部分。

第 1 部分：输出所要输入数据的总个数 n。

第 2 部分：i＝1，totalNum＝0。

第 3 部分：输入 1 个 num 并处理它。

第 4 部分：i＝i＋1。

第 5 部分：若 i<＝n 就返回到第 3 部分。

通过上面的设计，第 1、2、4、5 部分很容易实现，不需要继续设计，但第 3 部分仍然需要继续进行设计，又可以分解为以下 4 部分。

第 1 部分：提示本次进行的输入是第几次输入。

第 2 部分：输入一个 num。

第 3 部分：若 num＞0，就执行第 4 部分。

第 4 部分：把 num 输出，totalNum＋＝num。

至此，通过连续的分层设计，上面的每一步都可以很容易实现了，就可以转入上机编程和调试了。图 2-17～图 2-20 是对以上三次算法设计过程的图形化表示。图 2-20 是整个程序最终的流程图和 N-S 图。

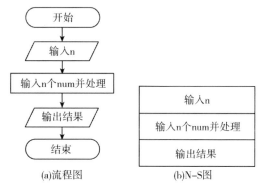

图 2-17　经过第一次设计的算法图形表示

最后说明一点，Visio 是微软推出的办公自动化软件中的一员，是绘制流程图和 N-S 图的便捷工具。

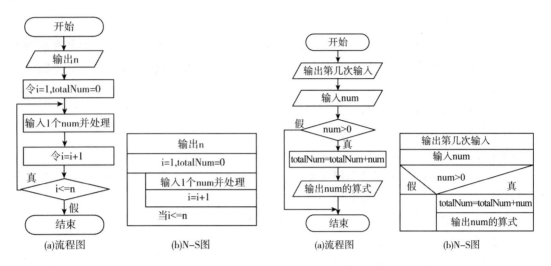

(a)流程图    (b)N-S图

图 2-18　经过第二次设计的算法图形表示

(a)流程图    (b)N-S图

图 2-19　经过第三次设计的算法图形表示

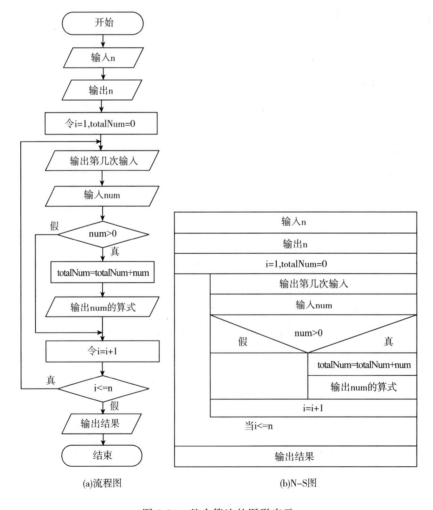

(a)流程图    (b)N-S图

图 2-20　整个算法的图形表示

【**程序 2-10**】　求商和余数。

```
1    /* Calculate and print quotient and remainder of two numbers.
2       Written by:
3       Date:
4    */
5    #include <stdio.h>
6
7    int main (void)
8    {
9    /* Local Definitions */
10       int intNum1;
11       int intNum2;
12       int intCalc;
13
14   /* Statements */
15       printf("Enter two integral numbers: ");
16       scanf ("%d %d", &intNum1, &intNum2);
17
18       intCalc = intNum1 / intNum2;
19       printf ("%d / %d is %d ", intNum1 , intNum2, intCalc);
20
21       intCalc = intNum1 % intNum2;
22       printf ("with a remainder of: %d\n", intCalc);
23
24       return 0;
25   } /* main */
```

运行结果
```
Enter two integral numbers: 13 8
13 / 8 is 1 with a remainder of: 5
Press any key to continue
```

　　**程序 2-10 分析:**本例巩固了有关整除和取余运算的知识。在 main 函数中定义了 3 个 int 型的变量 intNum1、intNum2 和 intCalc。程序的作用是运行时提示并从键盘上录入两个整数,然后把这两个整数以及他们的商及余数按照一定的格式输出到屏幕上。请大家注意,由于第 19 行输出语句中没有控制换行,所以第 22 行输出的结果与第 19 行的输出结果显示在了同一行上。请大家先思考后上机验证:如果把第 22 行中的\n 去掉,运行的结果发生了怎样的变化,注意领会换行符\n 的作用。

【**程序 2-11**】　求整数的个位数并输出。

| | |
|---|---|
| 1 | /* Print rightmost digit of an integer. |
| 2 | Written by: |
| 3 | Date: |
| 4 | */ |
| 5 | |
| 6 | #include <stdio.h> |
| 7 | |
| 8 | int main (void) |
| 9 | { |
| 10 | /* Local Definitions */ |
| 11 | int intNum; |
| 12 | int oneDigit; |
| 13 | |
| 14 | /* Statements */ |
| 15 | printf("Enter one integral numbers:     "); |
| 16 | scanf ("%d", &intNum); |
| 17 | |
| 18 | oneDigit = intNum % 10; |
| 19 | printf ("The right digit is: %d\n", oneDigit); |
| 20 | |
| 21 | return 0; |
| 22 | } /* main */ |
| 运行结果 | Enter one integral numbers:     185<br>The right digit is: 5<br>Press any key to continue_ |

**程序 2-11 分析：**本例回顾了应用取余运算可以分离整数的知识。程序的作用是运行时提示并从键盘上录入一个整数，然后把这个整数以及它的个位数按照一定的格式输出到屏幕上。请注意第 18 行的语句，是得到一个整数的个位数的方法。

【**程序 2-12**】 求整数的平均值和差值并输出。

| | |
|---|---|
| 1 | /* This program calculates the average of four integers and prints the num-<br>bers and their deviation from the average. |
| 2 | Written by: |
| 3 | Date: |
| 4 | */ |
| 5 | #include <stdio.h> |

```
6
7    int main (void)
8    {
9    /* Local Definitions */
10       int   num1;
11       int   num2;
12       int   num3;
13       int   num4;
14       int   sum;
15       float   average;
16
17   /* Statements */
18       printf ("Enter the first number : ") ;
19       scanf(" % d", &num1);
20       printf ("Enter the second number: ") ;
21       scanf(" % d", &num2);
22       printf ("Enter the third number : ") ;
23       scanf(" % d", &num3);
24       printf ("Enter the fourth number : ") ;
25       scanf(" % d", &num4);
26
27       sum = num1 + num2 + num3 + num4;
28       average = sum / 4.0;
29
30       printf("\n ******* average is % 6.2f ******* \n", average);
31
32       printf("\nfirst number: % 6d -- deviation: % 8.2f",
                  num1, num1 - average);
33       printf("\nsecond number: % 6d -- deviation: % 8.2f",
                  num2, num2 - average);
34       printf("\nthird number: % 6d -- deviation: % 8.2f",
                  num3, num3 - average);
35       printf("\nfourth number: % 6d -- deviation: % 8.2f",
                  num4, num4 - average);
36
37       printf("\n");
38
39       return 0;
40   } /* main */
```

运行结果

```
Enter the first number :   23
Enter the second number:   12
Enter the third number :   45
Enter the fourth number:   23

******* average is   25.75 *******

first number:          23 -- deviation:    -2.75
second number:         12 -- deviation:   -13.75
third number:          45 -- deviation:    19.25
fourth number:         23 -- deviation:    -2.75
Press any key to continue
```

**程序 2-12 分析**：本例重点回顾了整数除的问题。第 7～45 行是 main 函数的代码。第 18～25 行的作用是用一行输入一个数据的方式提示并连续录入 4 个整数。第 27 行是求 4 个整数的和，第 28 行是求它们的平均值，第 30 行是输出平均值。第 32～35 行是输出 4 个整数及它们各自与平均值之间的差值。请大家注意：第 28 行中的 4.0 绝对不可以写成 4，因为 sum 的类型为整数，若写成 sum/4，结果则是整数，就不会得到正确的结果，类似的问题一定要注意。此外，第 32～35 行中，由于输出语句比较长，导致一行写不下时，采用了分行的书写格式，在分行书写时既要保证语句的相对完整，又要适当对齐，以免破坏程序的可读性。

**【程序 2-13】** 把弧度转换为度并输出。

```
1    /* This program prompts the user to enter an angle measured in radians and
        converts it into degrees.
2       Written by:
3       Date:
4    */
5    #include  <stdio.h>
6
7    #define   DEGREE_FACTOR 57.295779
8
9    int main (void)
10   {
11   /* Local Definitions */
12       double radians;
13       double degrees;
14
15   /* Statements */
16       printf("Enter the angle in radians: ");
17       scanf ("%lf", &radians);
18
19       degrees = radians * DEGREE_FACTOR;
```

| 20 | `printf ("% - 6.3f radians is % - 6.3f degrees\n", radians, degrees);` |
| 21 | `return 0;` |
| 22 | `} /* main */` |
| 23 | |

| 运行结果 | Enter the angle in radians: 1.5708<br>1.571  radians is 90.000 degrees<br>Press any key to continue |

**程序 2-13 分析**：本例重点应用了符号常量的定义以及 double 数据的输入/输出等知识。第 9～23 行是 main 函数的代码。第 9 行之前的区域是全局区，在全局区中，第 5 行是一条与包含命令，第 7 行是一条预定义命令，定义了一个名字为 DEGREE_FACTOR 的宏，它代表的内容是弧度与度的转换系数 57.295779。第 16～17 行是提示并输入数据的代码，作用是提示用户输入一个 double 型的弧度。此外，第 19 行中引用了定义的符号常量 DEGREE_FACTOR 来求对应度数。第 20 行是输出语句，把弧度和对应的度数按指定格式输出到屏幕上。请大家注意观察第 17 行和第 20 行代码中的格式转换符，在输入 double 型的数据时一定要使用 %lf，不能使用 %f，否则就会发生录入错误；在输出 double 型的数据时，使用 %lf 和 %f 都可以，关于这一点请大家上机验证并在实际编程时多加注意。

**【程序 2-14】** 把华氏温度转化为摄氏温度并输出。

| 1 | `/* This program shows how to change a temperature in Fahrenheit to Celsius.` |
| 2 | `Written by:` |
| 3 | `Date:` |
| 4 | `*/` |
| 5 | `#include  <stdio.h>` |
| 6 | |
| 7 | `#define   CONVERSION_FACTOR (100.0 / 180.0)` |
| 8 | |
| 9 | `int main (void)` |
| 10 | `{` |
| 11 | `/* Local Definitions */` |
| 12 | `float cel;` |
| 13 | `float fah;` |
| 14 | |
| 15 | `/* Statements */` |
| 16 | `printf("Enter the temperature in Fahrenheit:  ");` |
| 17 | `scanf ("%f", &fah);` |
| 18 | |

| 19 | cel = CONVERSION_FACTOR * (fah − 32); |
|----|---------------------------------------|
| 20 | |
| 21 | printf ("Fahrenheit temperature is: %5.1f\n", fah); |
| 22 | printf ("Celsius temperature is:　%5.1f\n", cel); |
| 23 | |
| 24 | return 0; |
| 25 | } /* main */ |
| 运行结果 | Enter the temperature in Fahrenheit:　98.6<br>Fahrenheit temperature is:　98.6<br>Celsius temperature is:　　37.0<br>Press any key to continue_ |

**程序 2-14 分析**：本例重点应用了符号常量的定义以及小数除的问题。第 9～25 行是 main 函数的代码，第 9 行之前的区域是全局区，在全局区中，第 7 行是一条预定义命令，定义了一个名字为 CONVERSION_FACTOR 的宏，它代表的内容是转换系数公式（100.0/180.0），请注意，此处绝对不可以写成（100/180），因为 100/180 是整数除，其结果为 0。第 16～17 行是提示并输入数据的代码，作用是提示用户输入一个 float 型的华氏温度。此外，第 19 行中引用了定义的符号常量 CONVERSION_FACTOR 来求对应的摄氏温度。第 21～22 行是输出语句，把华氏温度和对应的摄氏温度分两行输出到屏幕上。

**【程序 2-15】** 求销售额。

| 1 | /* Calculate the total sale given the unit price, quantity, discount rate and sales tax rate. |
|----|---------------------------------------|
| 2 | 　Written by: |
| 3 | 　Date: |
| 4 | */ |
| 5 | #include  <stdio.h> |
| 6 | |
| 7 | #define  TAX_RATE  8.50 |
| 8 | |
| 9 | int main (void) |
| 10 | { |
| 11 | /* Local Definitions */ |
| 12 | 　int　quantity; |
| 13 | 　float discountRate; |
| 14 | 　float discountAm; |
| 15 | 　float unitPrice; |
| 16 | 　float subTotal; |
| 17 | 　float subTaxable; |

```
18        float taxAm;
19        float total;
20
21   /* Statements */
22        printf("Enter number of items sold:              ");
23        scanf ("%d", &quantity);
24
25        printf ("Enter the unit price:                   ");
26        scanf("%f", &unitPrice);
27
28        printf ("Enter the discount rate(per cent):   ");
29        scanf("%f", &discountRate);
30
31        subTotal = quantity * unitPrice;
32        discountAm = subTotal * discountRate / 100.0;
33        subTaxable = subTotal - discountAm;
34        taxAm = subTaxable * TAX_RATE / 100.0;
35        total = subTaxable + taxAm;
36
37        printf("\nQuantity sold:        %6d\n", quantity);
38        printf("Unit Price of items:  %9.2f\n", unitPrice);
39        printf("                      ------------\n");
40
41        printf("Subtotal :            %9.2f\n", subTotal);
42        printf("Discount:           - %9.2f\n", discountAm);
43        printf("Discounted total:     %9.2f\n", subTaxable);
44        printf("Sales tax:          + %9.2f\n",taxAm);
45        printf("Total sales:          %9.2f\n",total);
46
47        return 0;
48   } /* main */
```

```
Enter number of items sold:        34
Enter the unit price:              12.89
Enter the discount rate(per cent): 7

Quantity sold:        34
Unit Price of items:  12.89
                      ------------
Subtotal :            438.26
Discount:           - 30.68
Discounted total:     407.58
Sales tax:          + 34.64
Total sales:          442.23
Press any key to continue
```

**程序 2-15 分析**：本例的作用是给出销售的数量、单价、优惠率、营业税率求实际金额。第 9～48 行是 main 函数的代码，第 9 行之前的区域是全局区。在全局区中，第 7 行是一条预定义命令，定义了一个名字为 TAX_RATE 的宏，它代表的内容是营业税率 8.50。第 12～19 行是局部定义语句，定义了 8 个变量——商品数量 quantity、优惠率 discountRate、优惠额 discountAm、单价 unitPrice、原总金额 subTotal、含税额 subTaxable、税金 taxAm、实际金额 total。第 22～29 行是输入语句，分别提示输入销售的数量、单价和优惠率。第 31～35 行是表达式语句，用来计算实际金额。请大家注意理解第 32 和 34 行中 discountRate / 100.0 和 TAX_RATE / 100.0 的道理。第 37～45 行是控制输出语句，请大家注意观察输出格式控制的方法和重要意义。

# 习　题

## 一、选择题

1. （　　）是由一系列操作数和运算符按照一定规则构成的式子，并且最终会得到一个值。

    A. 表达式　　　　　　B. 函数　　　　　　C. 公式　　　　　　D. 格式

2. 下列表达式中，优先级最高的是（　　）。

    A. 赋值表达式　　　　B. 三元表达式　　　C. 二元表达式　　　D. 初级表达式

3. 下列属于一元表达式的是（　　）。

    A. i + j　　　　　　　B. scanf(…)　　　　C. ++a　　　　　　D. c ++

4. （　　）是首先计算运算符右边表达式的值，然后将值赋给运算符左边的变量。

    A. 后缀表达式　　　　B. 赋值表达式　　　C. 初级表达式　　　D. 乘法表达式

5. （　　）用来确定复杂表达式中不同运算符的运算顺序。

    A. 结合性　　　　　　B. 优先级　　　　　C. 副作用　　　　　D. 表达式

6. 下列的表达式中，不属于一元表达式的是（　　）。

    A. ++ x　　　　　　　B. + 5　　　　　　　C. sizeof(x)　　　　D. x = 4

7. 下列（　　）是错误的赋值表达式。

    A. x = 23　　　　　　B. 4 = x　　　　　　C. x = r = 5　　　　D. y % = 5

## 二、思考与应用题

1. 如果初始化 x＝4，求经过下列各表达式连续计算后 x 的值及整个表达式的值。

    A. x = 2

    B. x *= 2

    C. x += 4

    D. x / = x + 2

    E. x += x + 3

2. 如果初始化 x＝3、y＝4，求经过下列各表达式连续计算后 x、y 的值及整个表达式的值。

    A. x +　++ y

  B.　++x +2

  C.　++x

  D.　x－－ －y －－

  E.　x+++y++

3.　求以下各表达式的值。

  A.　24－6 * 2

  B.　－15 * 2+3

  C.　72/5

  D.　72 % 5

  E.　5 * 2/6+15 % 4

4.　求以下各表达式的值。

  A.　6.2+5.1 * 3.2

  B.　2.0+3.0/1.2

  C.　4.0 * (3.0+2.0/6.0)

  D.　6.0/(2.0+4.0 * 1.2)

  E.　2.7+3.2－5.3 * 1.1

5.　若有如下定义：

  #define　NUM10　10

  int x;

  int y=15;

  下列语句中合法的赋值语句是(　　　)。

  A.　x=5;

  B.　y=5;

  C.　x=y=50;

  D.　x=50=y;

  E.　x=x+1;

  F.　y=1+NUM10;

  G.　5=y;

6.　如果初始化 x=2,y=3,z=2,求下列各表达式的值(前后的运算有影响)。

  A.　x++ + y++

  B.　++x － --z

  C.　--x + y++

  D.　x-- + x--- y--

  E.　x+ y- -- x+ x++ - --y

7.　如果初始化 x=2,y=3,z=1,求下列各表达式的值(前后的运算无影响)。

  A.　x+2/6+y

  B.　y-3 * z+2

  C.　z-(x+z) % 2+4

D. x − 2 ∗ (3 + z) + y

E. y ++ + z −− + x ++

8. 如果初始化 x = 2 945，求下列各表达式的值。

A. x % 10

B. x/10

C. (x/10) % 10

D. x/100

E. (x/100) % 10

9. 写出以下代码段的输出结果。

```
int a;
int b;
a = b = 50;
printf("%4d%4d",a,b);
a = a * 2;
b = b/2;
printf("%4d%4d",a,b);
```

10. 按照给出的伪代码，编写程序并执行，所有的值均采用浮点类型。

(1) read x

(2) read y

(3) compute p = x ∗ y

(4) compute s = x + y

(5) total = s² + p ∗ (s − x) ∗ (p + y)

(6) print total

11. 编程实现从键盘读入 2 个整数，输出这两个数及其乘积。

12. 编程实现提取并输出浮点数整数部分最右边的数字。

13. 编程实现提取并输出浮点数的整数部分最右边的第二位数字。

14. 编程实现由用户输入长和宽，计算并输出矩形的面积和周长。

15. 数学中的角是以度、分、秒来度量的，另外一个度量角的单位是弧度。一弧度等于 57. 295 779 度。编写程序将度转化为弧度。要求程序中有适当的提示信息，输出格式是：

    90 degrees is 1. 57080 radians

16. 将摄氏温度转化为华氏温度的公式如下：

$$F = 32 + \left( C \times \frac{180.0}{100.0} \right)$$

编程实现提示用户输入一个摄氏温度，打印输出相应的华氏温度。

17. 若有以下公式，试写出与之对应的 C 语句，变量的类型为 double 型。

(1) $KinEn = \dfrac{mv^2}{2}$

(2) $\text{res} = \dfrac{(b+c)}{2bc}$

18. 编写 C 程序代码,计算并输出以下各数字序列中的后两个数,要求每个数字序列只能用一个变量。

(1) 0,5,10,15,20,25,?,?

(2) 0,2,4,6,8,10,?,?

(3) 1,2,4,8,16,32,?,?

### 三、编程题

1. 编写程序将用户输入的英寸,转换为下列度量单位:

A. 英尺(12 英寸)　　　　　　B. 码(36 英寸)

C. 厘米(1/2.54 英寸)　　　　D. 公尺(39.37 英寸)

2. 斐波那契数列中的每个数据项是其前两个相邻的数之和。数列开始的几项如下:

　　　0,1,1,2,3,5,8,13,21,…

编写程序计算并打印输出上面给出序列中 21 之后的三个数。要求只能使用三个变量:fib1、fib2 和 fib3。

3. 编写程序提示用户输入 0~32 767 之间的一个整数,然后将该整数的各位数字在一行中打印出来,数字之间间隔三个空格。第一行从最左边的数字开始,输出全部的 5 个数字;第二行从第二个数字开始输出四个数字,依此类推。例如,若用户输入 1234,屏幕上打印输出:

0　1　2　3　4

1　2　3　4

2　3　4

3　4

4

# 第3章／分支程序设计

前面几章中涉及的程序都是顺序执行的简单程序。在实际应用中，有很多情况需要根据一定的条件有选择地执行程序中的代码，这种结构的程序称作分支程序。在C语言中，分支程序是通过分支控制语句实现的。本章重点研究分支语句，包括if语句、if...else语句、if语句的嵌套、if...else if语句和switch...case语句等。

## 3.1  关系与逻辑运算

### 3.1.1  逻辑数据

在程序设计中，经常要对一个条件做出判断，然后根据判断的结果是"真"还是"假"来决定下一步该做出如何的处理。这种用来表示"真"和"假"的数据称为逻辑数据（Logical Data）。

C语言中没有逻辑数据类型，它用其他数据类型来表示逻辑型数据。C语言中规定，0值表示"假"，非0值表示"真"，而与值的数据类型无关，这一概念可以表示成图3-1。

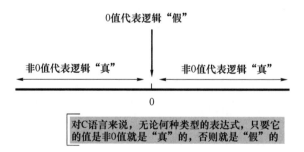

图 3-1  C 语言中的逻辑数据表示

### 3.1.2  关系运算

关系运算（Relational Operators）也称比较运算（Compare Operators），用来比较两个值的大小，结果为逻辑值。C语言提供了六种关系运算，如表 3-1 所示。

表 3-1　关系运算符

| 运算符 | 含　义 | 优先级 |
|:---:|:---:|:---:|
| <<br><=<br>><br>>= | 小于<br>小于或等于<br>大于<br>大于或等于 | 10 |
| ==<br>!= | 等于<br>不等于 | 9 |

注意以下几点：

(1) 关系运算是二元运算，用于对两个值进行大小比较。

前面讲过，任何表达式最终都产生一个值，因此任意类型的表达式都可以参加比较运算。若有下面的定义：

float y = 5, z;

则下列的式子都是合法的：

| | |
|---|---|
| 5 > 3 | /* 两个初级表达式(常量)进行比较 */ |
| y <= 3 | /* 两个初级表达式(变量和常量)进行比较 */ |
| 2 * a == y + 3 | /* 两个二元表达式进行比较 */ |
| --a >= b++ | /* 一个一元表达式与一个后缀表达式进行比较 */ |
| (m = 4) >= (n = 3) | /* 两个赋值表达式进行比较 */ |
| (y > 3) < (a > 5) | /* 两个关系表达式进行比较 */ |

(2) 关系运算的结果是逻辑值——"真"或"假"。

在 C 语言中，一个式子的运算结果若为逻辑"真"，则它的值是整数 1；若运算结果为逻辑"假"，则它的值是整数 0。若有以下定义：

int a = 3, b = 2, x = 5;

则下列的式子：

| | |
|---|---|
| 5 > 3 | /* 结果为"真" → 值为 1 */ |
| x <= 3 | /* 结果为"假" → 值为 0 */ |
| --a >= b++ | /* 结果为"真" → 值为 1 */ |

(3) 前四个运算的优先级高于后两个，所有运算的结合性都是左结合。

| | |
|---|---|
| a == b > c | /* 等价于 a == (b > c) */ |
| a > b > c | /* 等价于 ((a > b) > c) */ |

(4) 不可以简单地通过几个连续的关系运算来构建复杂的条件。

假设要判断 x 是否为 3 到 5 开区间上的数，能否用条件表达式 3 < x < 5 来判断？回答是否定的，因为根据关系运算的结合性，上面的式子与 (3 < x) < 5 等价，是先判 (3 < x)，然后把判断完的值与 5 比较，由于 (3 < x) 的值要么为 1，要么为 0，这样不论 x 是多少，整个式子的结果都为"真"，显然不能正确表示 x 的范围。类似的复杂关系，必须通过后面要介绍的逻辑运算来实现。

【程序 3-1】 关于关系运算。

```
1    /* Demonstrate the results of relational operators.
2       Written by:
3       Date:
4    */
5    # include   < stdio. h >
6
7    int main (void)
8    {
9    /* Local Definitions */
10       int a = 5;
11       int b =  - 3;
12
13   /* Statements */
14       printf (" %2d  <   %2d is %2d\n", a, b, a < b);
15       printf (" %2d  == %2d is %2d\n", a, b, a == b);
16       printf (" %2d  != %2d is %2d\n", a, b, a ! = b);
17       printf (" %2d  >   %2d is %2d\n", a, b, a > b);
18       printf (" %2d  <= %2d is %2d\n", a, b, a <= b);
19       printf (" %2d  >= %2d is %2d\n", a, b, a >= b);
20
21       return 0;
22   } /* main */
```

运行结果
```
5 <   -3 is  0
5 ==  -3 is  0
5 != -3 is  1
5 >   -3 is  1
5 <= -3 is  0
5 >= -3 is  1
Press any key to continue
```

**程序 3-1 分析**：本例中第 7～22 行是 main 函数的代码，第 7 行之前的区域是全局区。程序中定义了 a 和 b 两个变量，它们的值分别是 5 和 -3。第 14～19 行连续调用 printf 函数，以 6 个数学算式的样式分别输出了 a、b 以及各关系表达式 a < b、a == b、a!= b、a > b、a <= b 和 a >= b 的值。结合运行结果领会在 C 中逻辑真的值是 1，逻辑假的值是 0。

### 3.1.3 逻辑运算

在现实生活中，经常需要把几个条件放到一起来考虑。举个例子说，假如要判断某人"是中国女公民？"的情况，里面就含了两个条件，一是"国籍是中国？"；二是"性别是女？"，显然是要把两个条件的判断结果（逻辑值）做进一步处理，只有当两个条件都为"真"才为"真"，否则就为"假"。类似的问题就要由逻辑运算(Logical Operator)来实现。

逻辑运算是对逻辑值进行操作。C 语言中有三个逻辑运算——逻辑与(and)、逻辑或(or)和逻辑非(not),其对应的运算符和优先级如表 3-2 所示。

表 3-2　逻辑运算符

| 运算符 | 含　义 | 优先级 |
|---|---|---|
| ! | 逻辑非 | 15 |
| && | 逻辑与 | 5 |
| \|\| | 逻辑或 | 4 |

注意以下几点:

(1) 逻辑运算是对逻辑值(Logical Values)实施的运算,结果还是逻辑值,如表 3-3~表 3-5 所示。

表 3-3　逻辑非(!)运算真值表

| x | !x 的结果 | ! x 的值 |
|---|---|---|
| 非 0 值 | 假 | 0 |
| 0 | 真 | 1 |

表 3-4　逻辑与(&&)运算真值表

| x | y | x&&y 的结果 | x&&y 的值 |
|---|---|---|---|
| 0 | 0 | 假 | 0 |
| 0 | 非 0 值 | 假 | 0 |
| 非 0 值 | 0 | 假 | 0 |
| 非 0 值 | 非 0 值 | 真 | 1 |

表 3-5　逻辑或(\|\|)运算真值表

| x | y | x\|\|y 的结果 | x\|\|y 的值 |
|---|---|---|---|
| 0 | 0 | 假 | 0 |
| 0 | 非 0 值 | 真 | 1 |
| 非 0 值 | 0 | 真 | 1 |
| 非 0 值 | 非 0 值 | 真 | 1 |

表 3-3~表 3-5 给出了三种逻辑运算的真值表。从表中可以看出:逻辑非是一元运算,其他是二元运算。对于逻辑与运算,只有当参加运算的两个量全部为"真"时结果才为"真",否则为"假";对于逻辑或运算,只有当参加运算的两个量全部为"假"时结果才为"假",否则为"真"。同关系运算一样,逻辑运算的结果也是逻辑值"真"或"假",因此最终的值也是 1 或 0。

(2) 任意类型的表达式都可以参加逻辑运算。

在处理逻辑运算时,要牢牢把握住一点:任何非 0 的值都为"真",只有 0 值才为"假",与值的类型无关。若有以下定义:

```
int      a = 0, b = 13;
float    y = - 3.14;
char     c = ´A´;
```

则下列的表达式都是合法的：

```
!5                            /* 结果为"假" → 值为 0 */
!a                            /* 结果为"真" → 值为 1 */
!y                            /* 结果为"假" → 值为 0 */
!(b % 2)                      /* 结果为"假" → 值为 0 */
a >= 0 && a < 3              /* 结果为"真" → 值为 1 */
(c >= ´a´&& c <= ´z´)||(c >= ´A´&& c <= ´Z´)   /* 结果为"真" →值为 1 */
```

**【程序 3-2】** 关于逻辑运算。

```
1    /* Demonstrate the results of logical operators.
2       Written by:
3       Date:
4    */
5    # include  < stdio. h >
6
7    int main (void)
8    {
9    /* Local Definitions */
10       int a = 5;
11       int b = - 3;
12       int c = 0;
13
14   /* Statements */
15       printf (" % 2d &&     % 2d is % 2d\n", a, b, a && b);
16       printf (" % 2d &&     % 2d is % 2d\n", a, c, a && c);
17       printf (" % 2d &&     % 2d is % 2d\n", c, a, c && a);
18       printf (" % 2d ||     % 2d is % 2d\n", a, c, a || c);
19       printf (" % 2d ||     % 2d is % 2d\n", c, a, c || a);
20       printf (" % 2d ||     % 2d is % 2d\n", c, c, c || c);
21       printf ("! % 2d &&    ! % 2d is % 2d\n", a, c, !a && !c);
22       printf ("! % 2d &&     % 2d is % 2d\n", a, c, !a && c);
23       printf (" % 2d &&    ! % 2d is % 2d\n", a, c, a && !c);
24
25       return 0;
26   } /* main */
```

| 运行结果 | ```
5 &&   -3 is  1
5 &&    0 is  0
0 &&    5 is  0
5 ||    0 is  1
0 ||    5 is  1
0 ||    0 is  0
!5 &&  !0 is  0
!5 &&   0 is  0
5 &&  !0 is  1
Press any key to continue_
``` |
|---|---|

**程序 3-2 分析：**本例中第 7～26 行是 main 函数的代码，第 7 行之前的区域是全局区。在 main 函数中，第 10～12 行定义了 a、b、c 三个变量，它们的值分别是 5、−3、0。第 15～23 行连续调用 printf 函数，以 9 个数学算式的样式分别输出了 a、b、c 以及各逻辑表达式 a&&b、a&&c、c&&a、a‖c、c‖a、c‖c、!a&&!c、!a&&c 和 a&&!c 的值。结合运行结果，领会在 C 语言中判断一个式子是真还是假时，只要它的值非 0 就为真，否则就为假；逻辑与运算中只要有一个为假结果就假，逻辑或运算中只要有一个为真结果就为真；同时领会逻辑运算的最终结果是逻辑值，逻辑真的值是 1，逻辑假的值是 0。

（3）只要表达式的值已经确定逻辑运算就终止。

进行逻辑运算时，只要表达式的值已经确定了，就不再继续处理了，有时也把它称作逻辑短路（Logical Short-Circuit）。图 3-2 给出了逻辑运算终止的两种情况。

图 3-2　逻辑短路

从图 3-2 中不难看出：若已经确定参加逻辑与运算的左边第一个量为"假"，则整个式子的值就为"假"，就不再对第二个量进行运算；若已经确定参加逻辑或运算的左边第一个量为"真"，则整个式子的值就为"真"，就不再对第二个量进行运算。这样就可以节省时间，从而提高处理速度。

如：

int a = 1, b = 2, c = 3, d = 4, m = 2, n = 2;

(m = a > b)&&(n = c < d);

执行上面的语句后 m 和 n 的值分别是 0 和 2。为什么 n 的值不是 1 而是 2 呢？这就是由于逻辑短路造成的。在求出表达式(m = a > b)的值为 0 后整个式子的值就确定了，就不再计算后面的式子(n = c < d)了，所以 n 的值没有改变。

（4）要尽量使用简单的表达式。

比较运算之间存在互补关系（Complements），比如"大于"和"小于或等于"是互补的。图 3-3 给出了关系运算间的互补关系。

两个存在互补关系的运算，只要对一个取逻辑非运算就和另一种运算等价。如 x >= 5 和 !(x < 5)是完全等价的两个式子。这样以来，同一个条件就可以用不同的表达式表示，在编程时应尽量选择简单的格式。基本的原则是：能用关系运算表示的，就不要再进行逻辑运
```

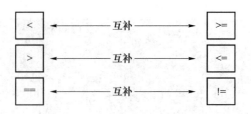

图 3-3　关系运算间的互补

算,表 3-6 给出了一些具体例子。

表 3-6　互补的关系表达式

| 原始表达式 | 对应的简单表达式 |
| --- | --- |
| ！（x＜y） | x＞＝y |
| ！（x＞y） | x＜＝y |
| ！（x！=y） | x＝＝y |
| ！（x＜=y） | x＞y |
| ！（x＞=y） | x＜y |
| ！（x＝＝y） | x！=y |

# 3.2　两路分支

　　分支又称选择,它是一种程序结构(Program Structure),是根据某一条件(Condition)的"真"或"假",有选择地执行程序中某一部分代码的情形。最基本的选择结构是两路分支,也称双路分支(Two-Way Selection),它是根据判断条件的"真"或"假"选择两个语句块(Blocks)中的一个来执行,即二选一结构。图 3-4 就是两路分支的逻辑流程图。

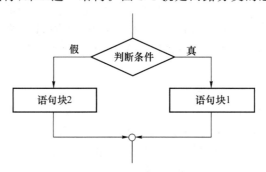

图 3-4　两路分支的逻辑流程图

### 3.2.1　if...else 语句

　　在 C 语言中,双路分支结构用 if...else 语句实现。图 3-5 给出了 if...else 语句的结构和对应的流程图(Flow-Chart)。

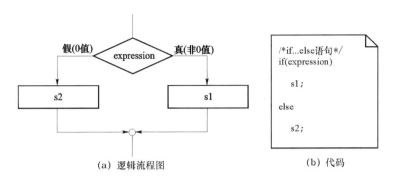

图 3-5 if...else 语句

强调以下几点：

（1）if 后的括号不能省略，括号后不能有分号（Semicolon），else 后也不能有分号。

（2）expression 可以是任意类型的表达式。

（3）s1 和 s2 是语句，它们可以是一条语句、空语句或多条语句，若为多条语句就必须使用{ }括起来，如图 3-6 所示。

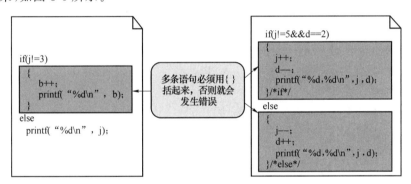

图 3-6 if...else 后跟多条语句

（4）执行过程：先算 expression 的值，若非 0（真）就执行 if 后的 s1，否则就执行 else 后的 s2。s1 和 s2 一次只能有一个被执行。

（5）由于表达式存在互补关系，因此使用不同的表达式就有不同的程序格式。图 3-7 中给出了功能完全一样的两种编码方案，一定要注意理解。

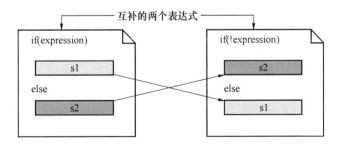

图 3-7 if...else 两种不同编码格式

【程序 3-3】 if...else 分支程序。

```
1    /* Demonstrate if…else statements.
2       Written by:
3       Date:
4    */
5    # include  <stdio.h>
6
7    int main (void)
8    {
9    /* Local Definitions */
10       int a;
11       int b;
12
13   /* Statements */
14       printf ("Please enter two integers:  ");
15       scanf  ("%d%d", &a, &b);
16
17       if (a <= b)
18         printf ("%d <=  %d\n", a, b);
19       else
20         printf ("%d > %d\n", a, b);
21
22       return 0;
23   } /* main */
```

运行结果

第一次运行:

```
Please enter two integers:   10 15
10 <= 15
Press any key to continue
```

第二次运行:

```
Please enter two integers:    25 -3
25 > -3
Press any key to continue_
```

　　**程序 3-3 分析**：本例的作用是输入两个整数，以数学公式的样式输出两个数的大小关系。在 main 函数中，第 10～11 行定义了 a、b 两个整型变量。第 14～15 行是提示并为 a、b 输入数据。第 17～20 行是两路分支语句，功能是：若 a<=b 成立就执行 if 后的语句 printf ("%d<=  %d\n", a, b);结束该部分，否则就执行 else 后的语句 printf ("%d > %d\n", a, b);结束该部分。结合运行结果体会：printf ("%d<=  %d\n", a, b);和 printf ("%d > %d\n", a, b);根据 if 后的条件 a<=b 是否成立有一个被执行，进而达到了想实现的作用。

### 3.2.2　if 语句

if 语句是 if...else 语句的一个特例,可以把它理解为是 else 后面跟一条空语句,即条件为"假"时什么也不做。既然什么也不做,因此就可以把 else 部分去掉。图 3-8 给出了 if 语句两种完全等价的语句格式。

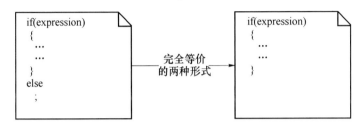

图 3-8　if 语句的两种格式

同 if...else 语句一样,if 语句也存在使用互补的表达式实现不同编码方案的问题,如图 3-9 所示。

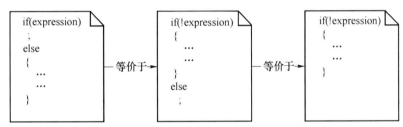

图 3-9　if 语句的等价格式

在实际应用中,应尽量使用简单的条件表达式格式,简单的表达式不仅书写简洁,而且易读。表 3-7 给出了 if 语句非常常见的两种使用格式。

表 3-7　if 语句的简化形式

| 原始语句 | 简单语句格式 |
| --- | --- |
| if(a != 0)　　执行语句 | if(a)　　执行语句 |
| if(a == 0)　　执行语句 | if(!a)　　执行语句 |

### 3.2.3　if 语句的嵌套

if...else 语句中的 s1 和 s2 自身可以是一个 if...else 语句,内层的 if...else 语句又可以包含 if...else 语句,像这种 if...else 语句中又含有其他 if...else 语句的情况,就称为 if 语句的嵌套(Nested if Statement)。嵌套结构的代码格式和流程图如图 3-10 所示。

强调以下几点:

(1) if 语句的嵌套结构对嵌套的层数(Level)没有要求,但一般不要超过三层。

(2) 在 if 的嵌套结构中,一定要注意 if 与 else 的配对关系。

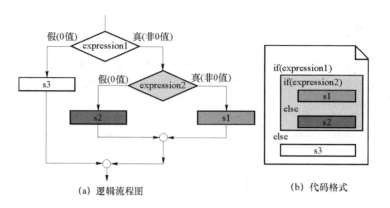

（a）逻辑流程图 （b）代码格式

图 3-10 if 语句的嵌套

配对原则是：任何一个 else 总是与其上方距离其最近的还没有其他 else 与之配对的 if 配对。图 3-11 是一个 if 与 else 配对的例子。

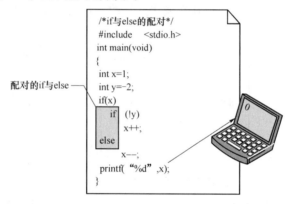

图 3-11 if 与 else 的配对

（3）可以把适当的部分用{ }括起来来改变 if 与 else 的配对关系。

图 3-12 是对上面例子的一个改版，由于对第一个 if 后的代码加了{ }，因此程序中原有的 if 与 else 的配对关系发生了改变，程序功能也就发生了变化。

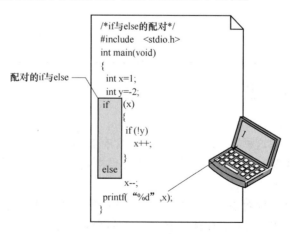

图 3-12 通过加{ }改变 if 与 else 的配对关系

### 3.2.4 条件表达式

条件表达式(Conditional Expressions)是由两个运算符(? 和:)把三个操作数连接而成的式子。它是 C 语言中唯一的一个三元表达式(Ternary Expression)。条件表达式的一般形式为:

**表达式 1? 表达式 2:表达式 3**

如:

x > = 5? y = x * x :y = x + x

注意以下几点:

(1) 条件表达式的值是表达式 2 或表达式 3 中一个的值。

条件表达式的处理过程是:先计算表达式 1,若非 0(真),则求表达式 2 的值;否则求表达式 3 的值,并把求得的值作为整个表达式的值。

显然,表达式求值的作用是根据表达式 1 的"真"或"假",选择表达式 2 和表达式 3 中的一个进行处理,并获得了一个值。这个处理过程等价于一个 if...else 语句结构,如图 3-13 所示。

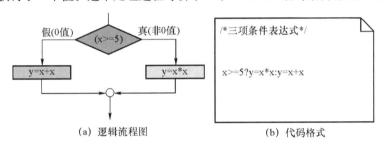

图 3-13 条件表达式

(2) 可以把三项条件运算的结果赋给变量。

三项条件运算的优先级是 3,高于赋值运算,可以把运算的结果赋给变量。如:

flag = x % 2 ? 1 :0;        /* 把三项条件表达式的值赋给变量 flag */

(3) 三项条件表达式允许嵌套。

允许三项条件表达式中含三项条件表达式。如:

x > 0 ? 1 :x < 0 ? -1 :0        /* 三项条件表达式中套三项条件表达式 */

## 3.3 多路分支

多路分支(Multiway Selection)是根据某一条件在很多选项(Alternitives)中选择其中的一个执行。在 C 语言中,有两种语句实现多路分支——switch 语句和 if... else-if 语句。

### 3.3.1 switch 语句

switch 分支又称开关分支,其程序代码格式如图 3-14 所示。

强调以下几点:

(1) switch 后括号中的 expression 必须是整型表达式,括号后不能加分号。

```
/*switch语句格式*/
switch(expression)
{
    case C1:      s1;       [break;]
    case C2:      s2;       [break;]
    …            …
    case Cn:      sn;       [break;]
    default:      sn+1;     [break;]
}
```

图 3-14  switch 语句的代码格式

如果 expression 是其他类型就必须进行强制类型转换。若有以下定义：

int x = 100;

float score = 99.5;

则以下的 switch 语句：

switch(x)                    {…}        /*合法,x 是整型*/

switch(score)                {…}        /*非法,score 不是整型*/

switch((int)score)           {…}        /*合法,(int)score 是整型*/

（2）每个 case 后必须是整型常量表达式,且每个值必须不同。若有以下定义：

#define N 2

int m = 3;

则下列的各 case：

case 2:                      /*合法,2 是整型常量*/

case 2 + 2:                  /*合法,2 + 2 是整型常量表达式*/

case ´A´:                    /*合法,´A´是整型常量表达式*/

case N:                      /*合法,N 是整型常量*/

case m:                      /*非法,m 是变量*/

（3）每个 case 后跟冒号,冒号后面是 0 条或多条语句。

当 case 后跟多条语句时,可以不用{ }括起来,这与 if...else 语句是截然不同的。

（4）各 case 的顺序是任意的。

（5）允许几个 case 使用同一语句。如：

case 1:

case 2:

case 3:printf("Hello Switch… case!\n");

（6）default 语句不是必须的,但建议使用,习惯上放在最后。

（7）每个 case 后的 break 语句可有可无,但有与没有其执行效果大不相同。

① 不带 break 语句。

若 case 后不带 break 语句,则执行的过程是：先计算 switch 后 expression 的值,用这个值从前到后与每个 case 后面的值进行比较,若两者相等,则执行该 case 及其后面各个 case 所带的语句一次,包括 default 后的语句,若没有一个 case 的值与求得的值相等就执行 default 后的语句,如图 3-15 所示。

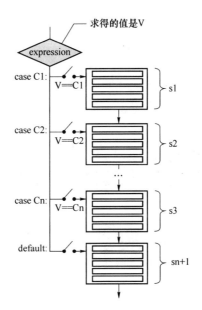

求得的值是V

expression

case C1:  V==C1  s1

case C2:  V==C2  s2

...

case Cn:  V==Cn  s3

default:  sn+1

图 3-15  不带 break 的 switch-case 结构

**【程序 3-4】**  不带 break 语句的 switch-case 分支程序。

```
1    / * Demonstrate switch – case multiway selection, no break.
2        Written by:
3        Date:
4    * /
5    # include  < stdio. h >
6
7    int main (void)
8    {
9    / * Local Definitions * /
10       int a;
11
12   / * Statements * /
13       printf ("Please enter an integer(1 – 10):  ");
14       scanf ("% d", &a);
15
16       switch(a)
17       {
18        case 1:    printf("This is case 1\n");
19        case 2:    printf("This is case 2\n");
20        default:  printf("This is default\n");
21       } / * switch * /
22
23       return 0;
24   } / * main * /
```

|  | 第一次运行：<br><br>Please enter an integer(1-10):    1<br>This is case 1<br>This is case 2<br>This is default<br>Press any key to continue<br><br>第二次运行：<br><br>Please enter an integer(1-10):    2<br>This is case 2<br>This is default<br>Press any key to continue<br><br>第三次运行：<br><br>Please enter an integer(1-10):    4<br>This is default<br>Press any key to continue |
|:---:|:---|
| 运<br>行<br>结<br>果 | |

**程序 3-4 分析**：本例的作用是输入一个整数，来验证没有 break 语句的 switch-case 多路分支语句的执行情况。在 main 函数中，第 10 行定义了一个整型变量 a。第 13～14 行是提示并为 a 输入数据。第 16～21 行是多路分支语句。请大家通过运行结果认真领会 switch-case 语句的执行过程。就本例来说是拿 a 的值与每个 case 后的常量进行比较，如果两者的值相同就从该 case 后的语句开始执行，如果没有一个常量与 a 的值相同就从 default 后的语句开始执行，直到碰到了 break 语句或者已经遇到 switch-case 的右大括弧 } 就结束整个 switch-case 结构。第一次运行时 a 的值是 1，所以从第一个 case 后的语句开始执行，由于后面的每个 case 以及 default 的后面都没带 break 语句，所以从第一个 case 开始所有的 printf 都执行了，结果输出了三行信息。第二次运行时，a 的值是 2，所以从第二个 case 后的语句开始执行，由于后面每个 case 以及 default 的后面都没带 break 语句，所以从第二个 case 开始所有的 printf 都执行了，结果输出了两行信息。第三次运行时，a 的值是 4，所以从 default 后的语句开始执行，只有其后面的 printf 执行了，结果输出了一行信息。

在实际编程时，很多时候是不期望出现上述程序的执行情况的，只有一种情形需要这样处理，就是在需要多个 case 执行同一条语句时，除最后一个 case 外，前面的 case 后面什么也不带，具体例子请参阅第 99 页【程序 3-6】。

② 带 break 语句

若 case 后带 break 语句，则执行的过程是：先计算 switch 后 expression 的值，用这个值从前到后与每个 case 后面的值进行比较，若两者相等，则执行该 case 后面所带的语句，然后退出整个结构，若没有一个 case 的值与求得的值相等就执行 default 后的语句，然后退出整个结构，如图 3-16 所示。

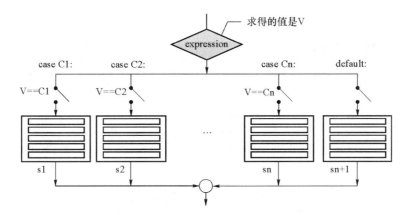

图 3-16　带 break 的 switch-case 结构

【**程序 3-5**】　带 break 语句的 switch-case 分支程序。

```
1    / * Demonstrate switch – case multiway selection, with break.
2       Written by:
3       Date:
4    * /
5    # include  < stdio. h >
6
7    int main (void)
8    {
9    / * Local Definitions * /
10       int a;
11
12   / * Statements * /
13       printf ("Please enter an integer(1 – 10):  ");
14       scanf ("% d", &a);
15
16       switch(a)
17       {
18       case 1:   printf("This is case 1\n"); break;
19       case 2:   printf("This is case 2\n"); break;
20       default:  printf("This is default\n"); break;
21       } / * switch * /
22
23       return 0;
24   } / * main * /
```

| 运行结果 | 第一次运行：<br><br>Please enter an integer(1-10):　 1<br>This is case 1<br>Press any key to continue<br><br>第二次运行：<br><br>Please enter an integer(1-10):　 2<br>This is case 2<br>Press any key to continue_<br><br>第三次运行：<br><br>Please enter an integer(1-10):　 4<br>This is default<br>Press any key to continue_ |
| --- | --- |

　　**程序 3-5 分析：**本例的作用是输入一个整数，来演示带有 break 语句的 switch-case 多路分支语句的执行情况。与第 95 页【程序 3-4】比较就会发现，两者的区别在于本例第 18～20 行每行多了一条 break 语句，其他部分完全一样。请大家通过比较两者的运行结果认真领会 break 语句的作用。break 的作用是结束整个 switch-case 语句结构，也就是说只要遇到了 break 语句，就退出到 switch-case 结构后的语句，就本例来说是执行第 23 行的语句。本例两个 case 以及 default 后都有一个 break 语句，所以它们后面的三个 printf 语句每次只能有一个被执行——当 a 为 1 时，执行 case 1:后的 printf 语句并结束；当 a 为 2 时，执行 case 2:后的 printf 语句并结束；当 a 为其他值时，执行 default:后的 printf 语句结束。

### 3.3.2　if...else-if **语句**

　　从前面的讨论不难看出，switch-case 语句使用的条件过于严格，有时候用起来不方便，为此，C 语言中提供了 if...else-if 语句来实现多路分支，其语句格式和执行流程如图 3-17 所示。

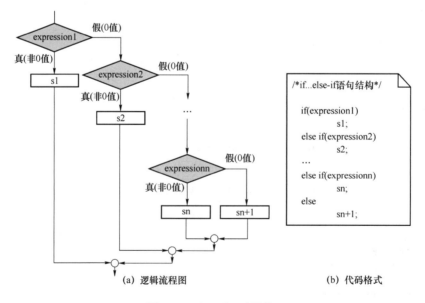

（a）逻辑流程图　　　　　　　　　　　　（b）代码格式

图 3-17　if...else-if 结构

强调以下几点：

1. 执行过程。

首先计算 expression1 的值，若为"真"，就执行 s1 结束；否则就求 expression2 的值，若为"真"，就执行 s2 结束，这样反复进行下去，若前面的 n 个条件都不成立，则执行 else 后的 sn＋1 结束。对于每次程序运行来说，s1、s2、…、sn、sn＋1 只能有一个被执行。

2. if…else-if 是 if 嵌套结构的一种紧凑形式。若没有该语句格式，只能使用 if 语句的嵌套结构解决多路分支问题，当嵌套的层次较多时，由于代码要按分层向右缩进，就会导致代码向右移动的太多屏幕显示不完整，进而造成浏览和操作上的困难，if…else-if 语句有效地克服了这一点。

3. if…else-if 语句和 switch-case 语句都可以实现多路分支程序，在编程时两者可以相互转换。不过前者使用的约束少，后者使用的约束多，有时使用后者编写的程序结构更紧凑、更简洁、更易读，在实际应用时应根据需要适当选择。

【程序 3-6】 一个 switch-case 多分支程序实例。

```
1    / *  switch-case multiway selection.
2        Written by:
3        Date:
4    * /
5    # include  < stdio. h>
6
7    int main (void)
8    {
9    / * Local Definitions * /
10       int   score;
11       char grade;
12
13   / * Statements * /
14       printf ("Please enter a score(0 – 100):  ");
15       scanf ("% d", &score);
16
17       switch(score / 10)
18       {
19        case  10:
20        case   9: grade = 'A'; break;
21        case   8: grade = 'B'; break;
22        case   7: grade = 'C'; break;
23        case   6: grade = 'D'; break;
24        default: grade = 'F'; break;
25       } / * switch * /
26
```

| 27 | `    printf("Score is %d. Grade is %c.\n", score, grade);` |
|----|--------------------------------------------------------------|
| 28 | |
| 29 | `    return 0;` |
| 30 | `} /* main */` |

<table>
<tr><td rowspan="6">运行结果</td><td>第一次运行：<br>Please enter a score(0-100):　100<br>Score is 100. Grade is A.<br>Press any key to continue</td></tr>
<tr><td>第二次运行：<br>Please enter a score(0-100):　92<br>Score is 92. Grade is A.<br>Press any key to continue</td></tr>
<tr><td>第三次运行：<br>Please enter a score(0-100):　87<br>Score is 87. Grade is B.<br>Press any key to continue</td></tr>
<tr><td>第四次运行：<br>Please enter a score(0-100):　75<br>Score is 75. Grade is C.<br>Press any key to continue</td></tr>
<tr><td>第五次运行：<br>Please enter a score(0-100):　66<br>Score is 66. Grade is D.<br>Press any key to continue</td></tr>
<tr><td>第六次运行：<br>Please enter a score(0-100):　34<br>Score is 34. Grade is F.<br>Press any key to continue</td></tr>
</table>

　　**程序 3-6 分析**：本例的作用是输入一个 0～100 之间的整型成绩，转换成对应的成绩等级输出，转换规则是：90 分以上为 A，80～89 为 B，70～79 为 C，60～69 为 D，0～59 为 F。

　　在 main 函数中，第 10～11 行定义了两个变量 score 和 grade，前者用来存成绩，后者用来存对应的成绩等级（A、B、C、D、F 中的一个字符）。第 14～15 行的作用是提示并输入成绩 score。第 17～25 行是 switch-case 语句，实现求与 score 对应的成绩等级，结果存到 grade 中。第 27 行控制把 score 和 grade 的值按一定格式输出到屏幕上。

　　请大家注意几点：一是第 17 行中 switch 后的表达式是 score/10 而不是 score，这是因为 score/10 的值可以代表一个范围，比如说 score/10 的值若为 8，则说明 score 为 80～89 之间的 10 个值，显然比使用 score 直接处理少了很多个 case，大大简化了程序，在实际编程时经常要做类似的处理，这也是整除结果为整数的另一用途。二是第 19 行 case 的后面没有任何语句，这是因为若 score/10 为 10 或 9，score 就为 100 或 90～99，他们对应的成绩等级都是 A。也就是说不管 score/10 是 10 还是 9，需要执行的都是 grade = 'A'；break；当多个 case 需要执行同一组语句时，除最后一个 case 后面是共同执行的语句外，其他 case 后什么也不带，实际应用中也就是这种情况不带 break。三是第 20～23 行最后的 break 语句是必须要有的，第 24 行最后可以没有 break 语句，如果没有 break 语句程序执行到了 switch-case 语句的右花括号"}"时也就结束了该分支结构。

　　最后请大家注意：本程序正确运行的前提是输入的数据必须是 0～100 之间的整数，输入其他的数据应该是非法的成绩。按理来说，当用户输入非法数据时程序应该提供纠错的功能，处理的方法一般有两种：一种是当输入非法数据时就提示重新输入，直到输入了合法的数据，再进行后续的处理。另一种方法是对输入的数据进行判断，合法就进行处理，不合法就提示数据非法的信息然后结束程序。第一种方法需要用第 4 章的知识解决，第二种方法目前就可以解决，具体方法是在第 15 行与第 17 行之间加入下列的代码。

```
if(score > 100 || score < 0)
{
        printf("%d is illegal.\n",score);
        exit(0);
}
```

【程序 3-7】　if...else-if 分支程序。

```
1   /* Demonstate if … else - if multiway selection.
2       Written by:
3       Date:
4   */
5   #include  <stdio.h>
6
7   int main (void)
8   {
9   /* Local Definitions */
10      int  score;
11      char grade;
12
13  /* Statements */
14      printf ("Please enter a score(0 - 100):  ");
15      scanf ("%d", &score);
16
17      if( score >= 90 )
18          grade = 'A';
19      else if(score >= 80)
20          grade = 'B';
21      else if(score >= 70)
22          grade = 'C';
23      else if(score >= 60)
24          grade = 'D';
25      else
26          grade = 'F';
```

| 27 28 29 30 31 | `printf("Score is %d. Grade is %c.\n", score, grade);` `return 0;` `} /* main */` |
|---|---|
| 运行结果 | 第一次运行：<br>Please enter a score(0-100):　100<br>Score is 100. Grade is A.<br>Press any key to continue<br><br>第二次运行：<br>Please enter a score(0-100):　92<br>Score is 92. Grade is A.<br>Press any key to continue<br><br>第三次运行：<br>Please enter a score(0-100):　87<br>Score is 87. Grade is B.<br>Press any key to continue<br><br>第四次运行：<br>Please enter a score(0-100):　75<br>Score is 75. Grade is C.<br>Press any key to continue<br><br>第五次运行：<br>Please enter a score(0-100):　66<br>Score is 66. Grade is D.<br>Press any key to continue<br><br>第六次运行：<br>Please enter a score(0-100):　34<br>Score is 34. Grade is F.<br>Press any key to continue |

　　**程序 3-7 分析**：本例是第 99 页【程序 3-6】的一个改版。比较两个程序代码就会发现其区别是【程序 3-6】第 17～25 行和本例的第 17～26 行，其他的代码完全相同。通过运行结果大家不难发现，两个程序的作用完全一样。请大家通过比对两个程序的代码认真领会 switch-case 和 if...else-if 语句的用法。本例与【程序 3-6】一样也存在没有对输入非法数据进行纠错的问题，相关内容请参阅第 101 页程序 3-6 分析。

# 习　题

**一、选择题**

1. 下面不是关系运算符的是(　　)。

　　A. <　　　　　B. <=　　　　　C. =　　　　　D. >　　　　　E. >=

2. 两路分支结构用下列(　　)语句实现。

　　A. case　　　　B. else...if　　　　C. switch　　　　D. if...else

3. 在 C 语言中有两种不同的方式实现多路分支结构,它们是(　　)。

    A. if...else if 和 switch           B. if...else 和 else...if

    C. else...if 和 case              D. switch 和 case

4. 以下程序的执行结果是(　　)。

```
int main(void)
{
int m = 5;
if(m++>5)
    printf("%d\n",m);
else
    printf("%d\n",m--);
return 0;
}
```

    A. 7           B. 6           C. 5           D. 4

5. 当 a=1,b=3,c=5,d=4 时,执行下面一段程序后,x 的值为(　　)。

```
if(a<b)
if(c<d)
    x = 1;
else if(a<c)
    if(b<d)
      x = 2;
    else  x = 3;
      else  x = 6;
else  x = 7;
```

    A. 1           B. 2           C. 3           D. 6

6. 假设所有的变量已经正确定义,下列程序段运行后 x 的值是(　　)。

```
a = b = c = 0;
x = 35;
if(!a)x--;
else if(b);
if(c)x = 3;
else x = 4;
```

    A. 34          B. 4           C. 35          D. 3

7. 若有以下定义:float x;int a,b;则正确的 switch 语句是(　　)。

```
A. switch(x)                        B. switch(x)
  {                                   {
   case 1.0:printf("*\n");             case 1,2: printf("*\n");
   case 2.0:printf("* *\n");           case 2.0: printf("* *\n");
  }                                   }
```

C. switch(a + b)                             D. switch(a + b);
{                                             {
  case 1:printf("*\n");                         case 1: printf("*\n");
  case 1 + 2:printf("* *\n");                    case 2: printf("* *\n");
}                                             }

8. 下列程序执行后的输出结果是(    )。

```c
int main(void)
{
    int i = 1,j = 1,k = 2;
    if((j + + || k + +)&& i + +)
        printf("%d, %d, %d\n",i,j,k);
    return 0;
}
```

A. 1,1,2          B. 2,2,1          C. 2,2,2          D. 2,2,3

9. 下列程序的执行结果是(    )。

```c
int main(void)
{
    int a = 15,b = 21,m = 0;
    switch(a % 3)
    {
        case 0:m + + ;break;
        case 1:m + + ;
        switch(b % 2)
        {
            default:m + + ;
            case 0: m + + ;break;
        }
    }
    printf("%d\n",m);
    return 0;
}
```

A. 1          B. 2          C. 3          D. 4

**二、思考与应用题**

1. 计算下列各表达式的真值。

A. !(3 + 3 >= 6)

B. 1 + 6 == 7 || 3 + 2 == 1

C. 1 > 5 || 6 < 50 && 2 < 5

D. 14 != 55 && !(13 < 29)|| 31 > 52

E. 6 < 7 > 5

2. 化简下列各表达式。

    A. ！(x < y)

    B. ！(x > = y)

    C. ！(x = = y)

    D. ！(x != y)

    E. ！(！(x > y))

3. 若 x＝－2,y＝5,z＝0,t＝－4,写出下列各表达式的值。

    A. x + y < z + t

    B. x － 2 * y + y < z * 2 / 3

    C. 3 * y / 4 % 5 && y

    D. t ｜｜ z < (y + 5) && y

    E. ！(4 + 5 * y > = z － 4)&&(z － 2)

4. 若 x＝4,y＝0,z＝2,则执行下列代码后 x、y 和 z 的值各是多少？

```
if(x != 0)
   y = 3;
else
   z = 2;
```

5. 若 x＝4,y＝0,z＝2,则执行下列代码后 x、y 和 z 的值各是多少？

```
if(z = = 2)
   y = 1;
else
   x = 3;
```

6. 若 x＝4,y＝0,z＝2,则执行下列代码后 x、y 和 z 的值各是多少？

```
if(x && y)
   x = 3;
else
   y = 2;
```

7. 若 x＝4,y＝0,z＝2,则执行下列代码后 x、y 和 z 的值各是多少？

```
if(x ｜｜ y ｜｜ z)
   y = 1;
else
   z = 3;
```

8. 若 x＝0,y＝0,z＝1,则执行下列代码后 x、y 和 z 的值各是多少？

```
if(x)
   if(y)
     z = 3;
   else
     z = 2;
```

9. 若 x＝4,y＝0,z＝2,则执行下列代码后 x、y 和 z 的值各是多少？

```
if(z == 0 || x && ! y)
   if(!z)
     y = 1;
   else
     x = 2;
```

10. 若 x＝0,y＝0,z＝1,则执行下列代码后 x、y 和 z 的值各是多少？

```
if(x)
   if(y)
     if(z)
        z = 3;
     else
        z = 2;
```

11. 若 x＝0,y＝0,z＝1,则执行下列代码后 x、y 和 z 的值各是多少？

```
if(z < x || y > = z && z == 1)
   if(z && y)
     y = 1;
   else
     x = 1;
```

12. 若 x＝0,y＝0,z＝1,则执行下列代码后 x、y 和 z 的值各是多少？

```
if(z = y)
{
   y ++ ;
   z -- ;
}
else
   -- x;
```

13. 若 x＝0,y＝0,z＝1,则执行下列代码后 x、y 和 z 的值各是多少？

```
if(z = x < y)
{
   x += 3;
   y -= 1;
}
x = y ++ ;
```

14. 若 x＝0,y＝0,z＝1,则执行下列代码后 x、y 和 z 的值各是多少？

```
switch(x)
{
   case 0:x = 2;y = 3;
   case 1:x = 4;
```

```
        default:y = 3;x = 1;
    }
```

15. 若 x＝2,y＝1,z＝1,则执行下列代码后 x、y 和 z 的值各是多少?

```
switch(x)
{
    case 0:x = 2;y = 3;
    case 1:x = 4;break;
    default:y = 3;x = 1;
}
```

16. 若 x＝1,y＝3,z＝0,则执行下列代码后 x、y 和 z 的值各是多少?

```
switch(x)
{
    case 0:x = 2;y = 3;break;
    case 1:x = 4;break;
    default:y = 3;x = 1;
}
```

17. 使用 if 语句改写下列程序段。

```
if (aChar == ´E´)
    c ++ ;
if (aChar == ´E´)
    printf("Value is E\n");
```

18. 使用 switch 语句改写下列代码段。

```
if (ch == ´E´ ||ch == ´e´)
    countE ++ ;
else if(ch == ´A´ || ch == ´a´);
    countA ++ ;
else if(ch == ´l´ || ch == ´i´)
    countI ++ ;
else
    printf("Error—Not A,E,or I \a\n");
```

### 三、编程题

1. 编写程序确定学生的成绩等级。输入三个测试成绩(在 0～100 之间),根据下列规则输出该学生的成绩等级。

（1）若三个测试成绩的平均分大于或等于 90,则为"A"等级;

（2）若三个测试成绩的平均分大于或等于 70 且小于 90,继续判断第三个测试成绩,若它大于 90,则成绩的等级为"A",否则为"B";

（3）若三个测试成绩的平均分大于或等于 50 且小于 70,继续判断第二个测试成绩和第三个测试成绩的平均分,若它大于 70,成绩等级为"C",否则为"D";

（4）若三个测试成绩的平均分小于 50,则成绩等级为"F"。

2. 编写一个判断闰年的程序。闰年满足的条件是:能被 4 整除而不能被 100 整除,或能被 400 整除。

3. 编写程序,以月、日、年的格式输入当前日期和某人的出生日期,计算这个人的年龄。

4. 一个简单的猜数游戏。首先由计算机生成一个随机数字(在 1～20 之间),用户只有 5 次机会来猜测。每次猜完后,都要告诉用户所猜测的数字与随机数的关系,是大于、小于还是等于。如果是等于,猜测成功游戏结束。如果在给定的 5 次机会内没有猜出,游戏结束,并且显示出确切的随机数。

猜测成功的例子:

> I am thinking of a number between 1 and 20.
>
> Can you guess what it is? 10
>
> Your guess is low. Try again:15
>
> Your guess is high. Try again:13
>
> Congratulations! You did it.

猜测失败的例子:

> I am thinking of a number between 1 and 20.
>
> Can you guess what it is? 10
>
> Your guess is low. Try again:20
>
> Your guess is high. Try again:13
>
> Your guess is low. Try again:18
>
> Your guess is high. Try again:12
>
> Sorry. The number was 15.
>
> You should have gotten it by now.
>
> Better luck next time.

5. 编写程序,输入某人的出生日期,计算并显示其出生的当天是星期几。要计算出生日期是星期几,首先要计算出生前一年的 12 月 31 日是星期几,计算公式如下:

$$\left( (year-1)*365 + \left\lfloor \frac{(year-1)}{4} \right\rfloor - \left\lfloor \frac{(year-1)}{100} \right\rfloor + \left\lfloor \frac{(year-1)}{400} \right\rfloor \right) \% 7$$

这个公式计算的值的含义如下。

> Day 0:Sunday
>
> Day 1: Monday
>
> Day 2:Tuesday
>
> Day 3:Wednesday
>
> Day 4:Thursday
>
> Day 5:Friday
>
> Day 6:Saturday

然后计算在出生年中出生月之前的所有天数,使用 switch 语句来计算(提示:从 case 12 开始,然后是 case 11,…,case 2)。case 12 后的语句是加 11 月的天数(30),

case 11 后的语句是加 10 月的天数(31),case 3 后的语句是加 2 月的天数(28),case 2 后的语句是加 1 月的天数(31)。如果不使用 break 语句,则 switch 语句将把出生月份之前的所有天数加起来。

此外,如果出生年是闰年,且出生月份大于 2 月,则总天数要加 1。可以使用下面的公式确定闰年:(!(year % 4)&&(year % 100))|| !(year % 400)。

6. 编写程序计算一元二次方程($ax^2+bx+c=0$)的实数根。使用下列公式进行计算:

$$x1=\frac{-b}{2a}+\frac{\sqrt{b^2-4ac}}{2a} \quad x2=\frac{-b}{2a}-\frac{\sqrt{b^2-4ac}}{2a}$$

首先提示用户输入方程系数 $a,b,c$ 的值,然后根据下面规则输出方程的根:

(1) 若 $a,b$ 的值为 0,则方程无解;

(2) 若 $a$ 的值为 0,则只有一个根($-c/b$);

(3) 若 $b^2-4ac$ 的值是负的,则方程没有实数根;

(4) 否则方程有两个根。

使用下列数据测试程序。

| $a$ | $b$ | $c$ |
|---|---|---|
| 3 | 8 | 5 |
| -6 | 7 | 8 |
| 0 | 9 | -10 |
| 0 | 0 | 11 |

# 第4章 循环程序设计

在实际应用中，有很多情况需要根据一定的条件重复地执行程序中的某些代码，这种结构的程序称作循环程序。在C语言中，循环程序是通过循环控制语句实现的。本章重点研究与循环有关的语句，包括while语句、for语句、do-while语句、break和continue语句等。

## 4.1 循环概述

循环（Loop）又称重复（Repetition），它是指某一事物反复地被执行，反复被执行的事物称作循环体（Loop Body）。图 4-1 给出了循环的图形化表示。

从图 4-1 中可以看出，要重复执行的事物在反复的、无休止的运行中。在现实中有不少这样的情况，比如计算机一旦启动，操作系统的运行就是上面的情况。不过，从编程的角度来说，人们需要的往往是根据一定的条件，让重复执行的事物停下来。

图 4-1 循环的概念

根据判断条件的时机不同，可以把循环分为两种类型：先测循环（Pre-test Loop）和后测循环（Post-test Loop）。顾名思义，先测循环是先判断条件，只有条件为"真"，才执行循环体，否则就结束循环；后测循环是先执行一次循环体，然后来判断条件，条件为"真"就执行循环体，条件为"假"就结束循环。不难看出，在先测循环中循环体可能一次也不执行，而在后测循环中，循环体至少要执行一次。两种循环的逻辑结构如图 4-2 所示。

从图 4-2 中可以看出，不论是先测循环还是后测循环，都涉及两个问题：一是开始循环，二是结束循环。要想使循环执行不止一次，就必须保证在进入循环时判断条件是"真"的，这个问题由循环的初始化解决，也就是说在进入循环前给与循环有关的个别量赋值，以确保条件是"真"；要结束循环就必须使判断条件由"真"变为"假"，这就意味着必须在每次循环中对判断条件进行一次修改，使它向"假"的方向靠拢，这个工作通过条件的更新（Update）来实现，如图 4-3 所示。

表 4-1 是前测与后测两种循环执行 $n$ 次循环的一个比较。

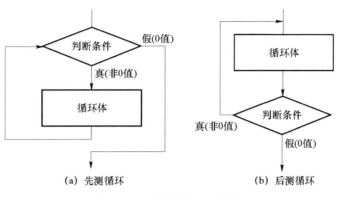

（a）先测循环　　　　　　　　　（b）后测循环

图 4-2　先测循环与后测循环

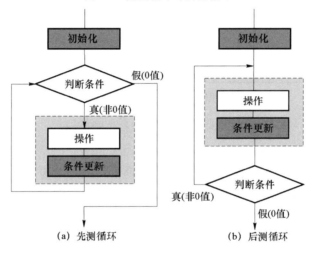

（a）先测循环　　　　　　　　　（b）后测循环

图 4-3　循环的初始化和条件更新

**表 4-1　前测与后测循环比较**

| 项　目 | 前测循环 | 后测循环 |
|---|---|---|
| 初始化次数 | 1 | 1 |
| 条件判断次数 | $n+1$ | $n$ |
| 循环次数 | $n$ | $n$ |
| 条件更新次数 | $n$ | $n$ |
| 最少循环次数 | 0 | 1 |

　　在 C 语言中,前测循环由 while 语句和 for 语句实现,后测循环由 do...while 语句实现,如图 4-4 所示。

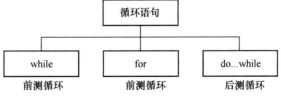

图 4-4　C 语言中的循环结构

# 4.2　while 语句

while 语句用来执行前测循环。while 语句的代码格式与流程图如图 4-5 所示。

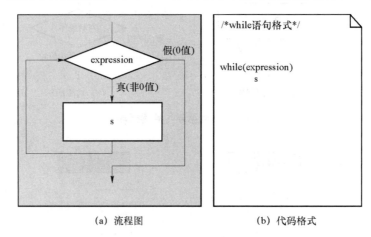

(a) 流程图　　　　　　　　(b) 代码格式

图 4-5　while 语句的代码格式与流程图

强调以下几点：

(1)执行过程。首先计算 while 后 expression 的值，若非零(为真)，就执行 s 一次；然后再求 expression 的值，若非零(为真)，就再执行 s 一次，这样反复进行下去，当 expression 的值为 0(为假)就结束循环。

(2) expression 可以是任意类型的表达式。若有以下定义：

int x;

float y;

char c;

则下面的语句都是合法的：

```
while(1){…}                        /＊常量表达式,条件永远为真＊/
while(0){…}                        /＊常量表达式,条件永远为假＊/
while(x){…}                        /＊变量表达式＊/
while(x % 2){…}                    /＊二元表达式＊/
while((c = getchar( ))!= ´\n´){…}  /＊复杂表达式＊/
```

(3) s 是循环体,它可以是一条语句、空语句或多条语句,若为多条语句必须用｛｝括起来。

(4) while 后面的括号不能省略,末尾不能加分号。

【程序 4-1】　求 $1+2+3+\cdots+100$ 的值。

| 1 | /* Demonstrate the the while statement. |
|---|---|
| 2 | Written by: |

| 3 | 　　Date: |
|---|---|
| 4 | */ |
| 5 | #include ＜stdio.h＞ |
| 6 | |
| 7 | int main (void) |
| 8 | { |
| 9 | /* Local Definitions */ |
| 10 | 　　int i　= 1; |
| 11 | 　　int sum = 0; |
| 12 | |
| 13 | /* Statements */ |
| 14 | 　　while( i＜=100) |
| 15 | 　　{ |
| 16 | 　　　sum += i; |
| 17 | 　　　i++; |
| 18 | 　　}/* while */ |
| 19 | |
| 20 | 　　printf("Sum = %d\n", sum); |
| 21 | |
| 22 | 　　return 0; |
| 23 | } /* main */ |
| 运行结果 | Sum=5050<br>Press any key to continue_ |

**程序 4-1 分析**：本例中第 7～23 行是 main 函数的代码，第 7 行之前的区域是全局区。main 函数中定义了 i 和 sum 两个变量，它们的初始值分别是 1 和 0。第 14～18 行是 while 循环语句，循环体有两条语句，第一条语句 sum += i;的作用是累计 i 的和并将结果存到 sum 中，第二条语句 i++;的作用是使 i 增 1（取下一个数），该语句也可以写成 ++i;。循环体由表达式 i<=100 控制被重复执行了 100 次，循环结束时，sum 的值恰好是 1＋2＋3＋…＋100。不难看出，本例中 while 循环的执行次数在程序运行前就可以确定，这样的循环称为计数控制型循环。

　　请大家注意两个问题：一是对 while 循环来说，进入循环前必须对相关变量进行初始化；二是初始化的结果不同，程序实现的方法就不同。拿本例来说，若第 11 行为 int i = 0;，那么第 14～18 行将变为：

```
while( i < 100)
{
        i + + ;
        sum  += i;
}
```

也可以变为：

```
while( ++i < = 100)
    sum  += i;
```

【**程序 4-2**】 输出整数的逆序数。

```
1    / *  Demonstrate the the while statement.
2        Written by:
3        Date:
4    * /
5    # include  < stdio. h >
6
7    int main (void)
8    {
9    / *  Local Definitions  * /
10       long num;
11
12   / *  Statements  * /
13       printf("Please enter a long integer:  ");
14       scanf("% ld", &num);
15
16       printf("Original data is: % ld\n", num);
17       printf("Reverse data is:  ");
18
19       if(num < 0)
20       {
21          printf(" - ");
22          num =  - num;
23       }
24       else if(num == 0)
25          printf("0");
26
27       while(num)                /* while 循环 * /
```

| 28 | {
| 29 | printf("%d", num % 10);
| 30 | num /= 10;
| 31 | }/* while */
| 32 |
| 33 | printf("\n");
| 34 |
| 35 | return 0;
| 36 | } /* main */

运行结果

第一次运行：

```
Please enter a long integer:  123
Original data is: 123
Reverse data is:  321
Press any key to continue_
```

第二次运行：

```
Please enter a long integer:  -5623
Original data is: -5623
Reverse data is:  -3265
Press any key to continue_
```

第三次运行：

```
Please enter a long integer:  0
Original data is: 0
Reverse data is:  0
Press any key to continue_
```

**程序 4-2 分析：**本程序的作用是输入一个整数，输出这个数以及它的逆序数（如 1234 的逆序数是 4321，−1234 的逆序数是−4321）。

main 函数中，第 10 行定义了变量 num。第 13～14 行是提示并为 num 录入数据。第 16 行控制输出 num 后换行。第 17 行控制输出了"Reverse data is："，至于跟在其后面的数据则由后面的代码控制输出。第 19～25 行是一个 if...else if 语句，作用是判断 num 为负数就输出一个"−"，同时把 num 变为正数，若 num 为 0 就输出 0。第 27～31 行是 while 循环语句，第 27 行也可以写成 while(num != 0)。循环体有两条语句，第一条语句 printf("%d", num % 10);的作用是输出 num 最右边的数字，第二条语句 num /= 10;的作用是把 num 最右边的数字去掉，这是整数除结果为整数的一个用途。不难看出，只要 num 不为 0，while 循环将继续下去。与第 112 页【程序 4-1】中 while 循环不同，本例中循环的次数在程序运行前是无法确定的，它取决于运行时输入的 num 的位数，这种循环称为事物控制型循环。

# 4.3 for 语句

for 语句也是用来执行前测循环，它的代码格式与流程图如图 4-6 所示。

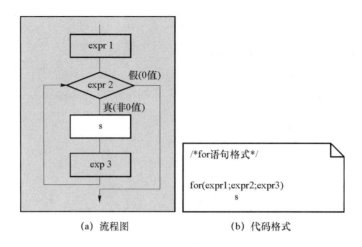

（a）流程图　　　　　　　（b）代码格式

图 4-6　for 语句的代码格式与流程图

强调以下几点：

（1）执行过程。首先处理 expr1，然后计算 expr2 的值，若非零（为真），就执行 s 一次，之后处理 expr3；再次计算 expr2 的值，若非零（为真），就再执行 s 一次，之后处理 expr3，…，这样反复进行下去，当 expr2 的值为 0（为假）时就结束循环。

（2）三个表达式可以为任意类型的表达式，它们的作用不同。

expr1 往往用来给变量赋初始值，也叫初始化表达式，它在进入循环时被处理一次，以后就与它无关了；expr2 是条件表达式，用来控制循环的执行；expr3 是修正表达式，用来更新循环条件。

若有以下定义：

```
int x = 1, i;
float y;
char c;
```

则下面的语句均合法：

```
for( i = 0 ;i < 10; i++){ … }
for( i = 10; i ; --i) { … }
for( i = 0 , y = 10; i<10 && y; i += 2 , y--){ … }
```

（3）三个表达式均可以省略，但表达式间的分号不能省略。

若省略 expr1，则在 for 语句前应该有和 expr1 一样的处理；若省略 expr2，系统认为条件永远是"真"的，这样以来就变成了无限循环，也叫死循环；若省略 expr3，则在循环体内应该有和 expr3 一样的处理。举个例子来说，for( i = 10；i ； --i){ … }可以写成下面的格式，作用完全一样。

```
i = 10;                    /* 把 i = 10;拿到 for 语句前面 */
for(; i ;) { … --i; }      /* 把 --i;拿到了循环体中 */
```

（4）for 后面的括号不能省略，末尾不能加分号。

（5）s 是循环体，它可以是一条语句、空语句或多条语句，若为多条语句必须用"{ }"括起来。

（6）和 while 循环一样，for 循环既可以用于计数控制型，又可以用于事物控制型，常常用于计数控制型,即循环次数已知的情形。

（7）for 循环与 while 循环可以相互转换。

两者的关系可以用图 4-7 表示。不难看出,for 循环把三个表达式放在了后面的括号中,形式上更加简洁、紧凑。

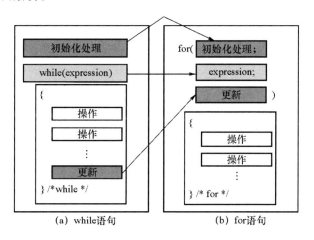

图 4-7　for 语句与 while 语句的比较

【程序 4-3】　使用 for 循环求 $1+2+3+\cdots+100$ 的值。

```
1   /* Demonstrate the the for statement.
2      Written by:
3      Date:
4   */
5   #include <stdio.h>
6
7   int main (void)
8   {
9   /* Local Definitions */
10     int i;
11     int sum;
12
13  /* Statements */
14     for( i = 1, sum = 0; i <= 100 ; i++ )
15         sum += i;
16
17     printf("Sum = %d\n", sum);
18
19     return 0;
20  } /* main */
```

运行结果

```
Sum=5050
Press any key to continue_
```

**程序 4-3 分析**：本例中第 14～15 行是 for 循环语句，其中 i＋＋还可以写成＋＋i 或 i＋ ＝1。与【程序 4-1】做个比较不难看出，使用 for 循环程序代码结构紧凑、简短。第 14～15 行 也可以写成下面的格式：

```
i = 1, sum = 0;              /* 把 i = 1, sum = 0 拿到了 for 语句前面 */
for(; i <= 100 ; )
{
    sum += i;
    i++;                     /* 把 i++ 拿到了循环体里面 */
}
```

# 4.4 do...while 语句

do...while 语句用来执行后测循环。do...while 语句的代码格式与流程图如图 4-8 所示。

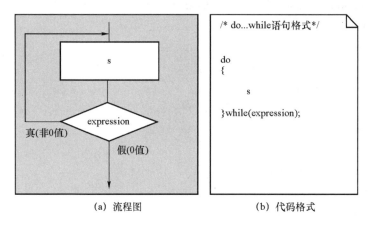

(a) 流程图          (b) 代码格式

图 4-8 do...while 语句的代码格式与流程图

强调以下几点：

（1）执行过程。

先执行 s，然后计算 while 后 expression 的值，若为非 0（为真），就再执行 s 一次，…，这 样反复进行下去，当 expression 的值为 0（为假）时就结束循环。

（2）expression 可以是任意类型的表达式。若有以下定义：

```
int     x;
float   y;
char    c;
```

则下面的语句都是合法的：

do{ ··· }while(1);　　　　　　　　　/＊常量表达式，条件永远为真＊/

do{ ··· }while(0);　　　　　　　　　/＊常量表达式，条件永远为假＊/

do{ ··· }while(x);　　　　　　　　　/＊变量表达式＊/

do{ ··· }while(x/ ＝ 10);　　　　　　/＊赋值表达式＊/

do{ ··· }while((c ＝ getchar( ))!＝ ′\n′);　　　/＊复杂表达式＊/

（3）s 是循环体，它可以是一条语句、空语句或多条语句。

（4）while 后面的括号不能省略，末尾必须加分号。

（5）do... while 和 while 循环一样，多用于事物控制型循环。

**【程序 4-4】**　使用 do... while 循环求 1＋2＋3＋···＋100 的值。

| | |
|---|---|
| 1 | /＊ Demonstrate the the do···while statement. |
| 2 | 　　Written by: |
| 3 | 　　Date: |
| 4 | ＊/ |
| 5 | ＃include　＜stdio.h＞ |
| 6 | |
| 7 | int main (void) |
| 8 | { |
| 9 | /＊ Local Definitions ＊/ |
| 10 | 　　int i ＝ 1 ; |
| 11 | 　　int sum ＝ 0; |
| 12 | |
| 13 | /＊ Statements ＊/ |
| 14 | 　　do |
| 15 | 　　{ |
| 16 | 　　　sum ＋＝ i; |
| 17 | 　　　＋＋i; |
| 18 | 　　}while(i ＜＝ 100); |
| 19 | |
| 20 | 　　printf("Sum ＝ ％d\n", sum); |
| 21 | |
| 22 | 　　return 0; |
| 23 | } /＊ main ＊/ |
| 运行结果 | Sum=5050<br>Press any key to continue_ |

程序 **4-4 分析**：本例中第 14～18 行是 do... while 循环语句，其中第 17 行也可以写成 i＋＋;或 i＋＝1;。

【程序 **4-5**】 do... while 循环。

```
1    / * Demonstrate the the do … while statement.
2       Written by:
3       Date:
4    * /
5    # include  < stdio. h >
6
7    int main (void)
8    {
9    / * Local Definitions * /
10       long num;
11
12   / * Statements * /
13       printf("Please enter a long integer:  ");
14       scanf("% ld", &num);
15
16       printf("Original data is: % ld\n", num);
17       printf("Reverse data is:  ");
18
19       if(num < 0)
20       {
21         printf("-");
22         num = - num;
23       }
24
25       do
26       {
27         printf("% d", num % 10);
28       } while( num / = 10);
29
30       printf("\n");
31
32       return 0;
33   } / * main * /
```

| 运行结果 | 第一次运行: |
| --- | --- |
| | Please enter a long integer: 123<br>Original data is: 123<br>Reverse data is: 321<br>Press any key to continue_ |
| | 第二次运行: |
| | Please enter a long integer: -5623<br>Original data is: -5623<br>Reverse data is: -3265<br>Press any key to continue_ |
| | 第三次运行: |
| | Please enter a long integer: 0<br>Original data is: 0<br>Reverse data is: 0<br>Press any key to continue_ |

　　**程序 4-5 分析**：本例是使用 do...while 循环实现第 114 页【程序 4-2】的一个改版。请大家注意两者的显著不同：本例中第 19～23 行是 if 语句，而【程序 4-2】中是 if...else if 语句，这是因为 do...while 是后测循环，当 num 为 0 时也可以执行循环体一次，输出了数字 0，而使用 while 循环时，若 num 为 0 循环就不会执行，所以必须在进入 while 循环之前输出数字 0。

# 4.5　循环的嵌套

　　循环的嵌套（Nested Loops）是指一个循环的循环体本身包含另一个循环结构，即循环中套着循环。图 4-9 以 while 循环为例给出循环嵌套的情况。从图 4-9 中可以看出，循环可以反复嵌套多次，形成了一个层次关系，嵌套几次就称几重循环。显然，前面研究的都是一重循环，也称单重循环，图 4-9 中给出的是三重循环。在实际应用中用的最多的是单重循环和双重循环。

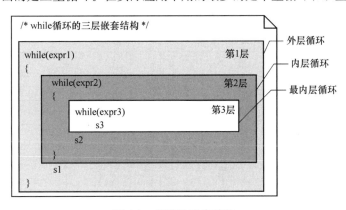

图 4-9　循环的嵌套结构

　　while、for 和 do...while 三种循环语句之间可以相互嵌套。不过在实际应用中用的最多的是 for 与 for 嵌套，while 与 do...while 间的嵌套。

　　对于初学者来说，三种循环语句的执行情况理解起来往往不会有问题，可是当面对一个具体问题时，却往往感觉无从下手，不知道是使用循环解决，还是使用嵌套解决。为了帮助大家更好地理解,正确地使用循环,下面进行归纳和总结。

**1. 嵌套循环的执行情况**

在循环的嵌套结构中,程序的执行由最外层开始一层一层进入到最内层,然后从最内层开始执行,内层执行结束,再回到其外面一层,外面一层执行结束,再回到更外面一层,…,这样反复进行下去,直到最外层的循环执行结束。若有下面的代码:

```c
int i;
int j;
int k;
for(i = 1;i < = 3;i + + )
{
    for(j = 1;j < = 3;j + + )
        printf("♯");
    printf("\n");
}
```

上面的代码包含了一个二重 for 循环结构。其中内层循环的循环体是 printf("♯");,作用是输出一个"♯",内层循环由 j 控制执行循环体 3 次,执行结果是输出三个"♯",也可以理解为输出一行"♯♯♯"。外层 for 循环的循环体除内层 for 循环语句外,还有 printf("\n");。外层循环执行一次的结果是输出一行"♯♯♯"后换行,它由 i 控制总共要执行 3 次,最终的运行结果是在屏幕上输出以下的图案:

♯♯♯
♯♯♯
♯♯♯

不难看出,内层循环的循环体 printf("♯");被重复执行了 9 次。上述双重 for 循环的详细执行过程见表 4-2。

表 4-2　双重 for 循环的执行过程

| 外层 for 循环 | 内层 for 循环 | i 的值 | j 的值 | 运行结果 |
|---|---|---|---|---|
| 第 1 次 | 第 1 次 | 1 | 1 | ♯ |
| | 第 2 次 | 1 | 2 | ♯♯ |
| | 第 3 次 | 1 | 3 | ♯♯♯ |
| | printf("\n"); | | | ♯♯♯ |
| 第 2 次 | 第 1 次 | 2 | 1 | ♯♯♯<br>♯ |
| | 第 2 次 | 2 | 2 | ♯♯♯<br>♯♯ |
| | 第 3 次 | 2 | 3 | ♯♯♯<br>♯♯♯ |
| | printf("\n"); | | | ♯♯♯<br>♯♯♯ |

| 外层 for 循环 | 内层 for 循环 | i 的值 | j 的值 | 运行结果 |
|---|---|---|---|---|
| 第 3 次 | 第 1 次 | 3 | 1 | ＃＃＃<br>＃＃＃<br>＃ |
| | 第 2 次 | 3 | 2 | ＃＃＃<br>＃＃＃<br>＃＃ |
| | 第 3 次 | 3 | 3 | ＃＃＃<br>＃＃＃<br>＃＃＃ |
| | printf("\n"); | | | ＃＃＃<br>＃＃＃<br>＃＃＃ |

**2. 使用循环的时机**

(1) 凡是与累加、累乘相关的问题肯定要使用循环。

① 求输入 N 个数的和或平均值时要累加。

```
int x,i;
float sum = 0;
float aver;
for(i = 1;i <= N;i ++)
{
    scanf("%d", &x);
    sum += x;                           /* 累加处理 */
}
aver = sum / N;
```

② 求某个范围内的整数的和或平均值时要累加。

```
int i;
float sum = 0;
float aver;
/* 求 1~100 之间奇数的和 */
for(i = 1;i <= 100;i += 2)
  sum += i;
/* 求 1 000 以内能被 3 和 7 同时整除的自然数的和 */
for(i = 1;i <= 1000;i ++)
  if(i % 3 == 0 && i % 7 == 0)
```

```
        sum += i;
```

③ 求 $n!$ 和 $x^n$ 是典型的累乘问题。

```
int i, n;
float fac = 1;
float powx = 1;
float x;

scanf("% d", &n);
/ ************ 求 n! ************** /
 for(i = 1; i <= n; i ++)
        fac *= i;
/ *************** 求 xⁿ ************** /
 scanf("% f", &x);
 for(i = 1; i <= n; i ++)
        powx *= x;
```

（2）凡是涉及同一事物需要反复执行的问题时肯定要使用循环。

在第 114 页【程序 4-2】中，因为"拆分并显示最后一位数字"的事物要反复执行，因此就要使用循环结构。

下面的代码段也是某一事物要反复执行的例子。

```
/ * 输出 M-N 范围内的整数 * /
…
for(j = M; j <= N; j ++)
    printf("% 06d", j);
/ * 判断并输出 x 是否为素数的信息 * /
…
for(i = 2; i < x; i ++)
    if(x % i == 0)
    {
        printf("% d is not a prime number. \n", x);
        break;              / * 若 x 能被 2 到 x - 1 之间的数整除就退出循环 * /
    }
if(i == x)
  printf("% d is a prime number. \n", x);
```

在上面的代码中用到了 break 语句，它的作用是结束循环，具体情况请参阅第 130 页 4.6 节。

**3. 使用嵌套循环的时机**

（1）凡是累加中含累加或累加中有累乘方面的问题肯定要使用嵌套。

① 累加中含累加。

【程序 4-6】 求 $1 + \dfrac{1}{1} + \dfrac{1}{1+2} + \cdots + \dfrac{1}{1+2+\cdots+m}$ 的值。

```
1   / *  Demonstrate for nested for statement.
2       Written by:
3       Date:
4   * /
5   #include  <stdio.h>
6
7   int main (void)
8   {
9   / * Local Definitions * /
10      int     i;
11      int     j;
12      int     m;
13      double item;
14      double result;
15
16  / * Statements * /
17      printf("Please enter an item number:  ");
18      scanf(" % d", &m);
19
20      for(i = 1, result = 1; i <= m; i++) / * 外层 for 循环 * /
21      {
22        item = 0;
23
24        for (j = 1;j <= i; j++) / * 内层 for 循环 * /
25            item += j;
26
27        item = 1/item;
28        result += item;
29      }/ * 外层 for * /
30
31      printf("Result =  % .10f\n", result);
32
33      return 0;
34  } / * main * /
```

| 运行结果 | 第一次运行:<br><br>Please enter an item number:  3<br>Result = 2.5000000000<br>Press any key to continue<br><br>第二次运行:<br><br>Please enter an item number:  15<br>Result = 2.8750000000<br>Press any key to continue |
| --- | --- |

**程序 4-6 分析**：在 $1+\dfrac{1}{1}+\dfrac{1}{1+2}+\cdots+\dfrac{1}{1+2+\cdots+m}$ 中，除第一项外，后面的 $m$ 项是有规律的，只要求出每一项的值累加进来，问题就可以解决，累加需要循环解决。要求每一项就要先求分母，然后取倒数，求分母需要进行累加求和，这本身也需要循环实现。显然需要用双重循环实现，内层循环用来求每一项的分母，外层循环实现把每项累加进来。

本例中共定义了 5 个变量，i 用来控制外层循环，j 用来控制内层循环，m 是多项式中除 1 之外的项数。item 用来求每一项的值，result 用来求整个式子的值。第 20～29 行是外层 for 循环语句，由 i 控制反复执行 $m$ 次，其中第 24～25 行是内层 for 循环，它的作用是求第 i 项的分母，由 j 控制每次重复执行 i 次。第 27 行是求第 i 项的值，第 28 行是把第 i 项累加到 result 中。

请大家注意，第 20 行中 result＝1 的作用是把式子中的第一项先存到了 result 中。第 22 行 item＝0；是必须要的，因为在求某一项的分母之前，必须先清零。

② 累加中含累乘。

**【程序 4-7】** 求 $1+\dfrac{1}{1!}+\dfrac{1}{2!}+\cdots+\dfrac{1}{m!}$ 的值。

```
1    /*  Demonstrate for nested for statement.
2        Written by:
3        Date:
4    */
5    #include  <stdio.h>
6
7    int main (void)
8    {
9    /* Local Definitions */
10       int      i;
11       int      j;
12       int      m;
13       double   fac;
14       double   result;
15
16   /* Statements */
17       printf("Please enter an item number:  ");
18       scanf("%d", &m);
19
20       for(i = 1, result = 1; i <= m; i++)          /* 外层 for */
21       {
22          fac = 1;
23
```

| 24 |     for (j = 1;j <= i; j++)　　　　　　　　　　/* 内层 for */ |
| 25 |       fac *= j; |
| 26 | |
| 27 |     fac = 1/fac; |
| 28 |     result += fac; |
| 29 |   }　　　　　　　　　　　　　　　　　　　/* 外层 for */ |
| 30 | |
| 31 |   printf("Result = %.10f\n", result); |
| 32 | |
| 33 |   return 0; |
| 34 | } /* main */ |

| 运行结果 | 第一次运行:<br><br>```Please enter an item number:  3```<br>```Result = 2.6666666667```<br>```Press any key to continue```<br><br>第二次运行:<br><br>```Please enter an item number:  10```<br>```Result = 2.7182818011```<br>```Press any key to continue``` |

**程序 4-7 分析:**本例与第 124 页【程序 4-6】非常类似,所不同的只是每项的分母不是累加求和,而是累乘求阶乘。本例中第 20~29 行是外层 for 循环语句,由 i 控制反复执行 m 次,其中第 24~25 行是内层 for 循环,它的作用是由 j 控制求第 i 项的分母,即 i!。第 27 行是求第 i 项的值,即 i! 的倒数,第 28 行是把第 i 项的值累加到 result 中。

请大家注意,第 20 行中 result=1 的作用是把式子中的第一项先存到了 result 中。第 22 行 fac=1;是必须要的,因为在进行累乘之前,必须先使保存累乘结果的变量存 1。

(2) 凡是多次要执行一个本身含重复的过程肯定要使用嵌套。

**【程序 4-8】** 反复输入长整型数,按 Ctrl+Z 键结束输入,输出所输入的数及它们的逆序数(提示:若用户按了 Ctrl+Z 键,scanf 函数的返回值是 EOF。EOF 是系统内部定义的符号常量,它代表的是 -1,它的定义包含在头文件 stdio.h 中)。

| 1 | /* Demonstrate the while nested a do…while statement. |
| 2 |   Written by: |
| 3 |   Date: |
| 4 | */ |
| 5 | # include  < stdio. h > |
| 6 | |
| 7 | int main (void) |
| 8 | { |
| 9 | /* Local Definitions */ |

```
10        long num;

11

12     /* Statements */
13        while( scanf("%d", &num) != EOF)          /* while 循环 */
14        {
15          printf("Original data is: %ld\n", num);
16          printf("Reverse data is:  ");

17

18          if(num < 0)                             /* if 分支 */
19          {
20            printf("-");
21            num = -num;
22          }

23

24          /* do...while 循环 */
25          do
26          {
27            printf("%d", num % 10);
28          } while( num /= 10);

29

30          printf("\n");

31

32        }/* while 循环 */

33

34        return 0;
35     } /* main */
```

运行结果
```
1234
Original data is: 1234
Reverse data is:  4321
-456
Original data is: -456
Reverse data is:  -654
0
Original data is: 0
Reverse data is:  0
^Z
Press any key to continue
```

**程序 4-8 分析**：在第 120 页【程序 4-5】中讨论了输入一个长整型数，输出其逆序数的问题。显然只要对处理单个数据的过程反复执行多次就可以解决本例中提出的问题。程序中，第 13～32 行是一个 while 循环，它的循环体就是【程序 4-5】中的部分代码，其中第 25～

28 行是一个 do...while 循环,它嵌套在了外层 while 循环之中。请大家注意理解第 13 行中 while 后的复杂表达式 scanf("%d", &num) != EOF 的作用。

(3) 凡是同时涉及行和列操作的问题肯定要使用嵌套。

**【程序 4-9】** 输出小九九乘法表。

| | |
|---|---|
| 1 | /* Demonstrate for nested for statement. |
| 2 | Written by: |
| 3 | Date: |
| 4 | */ |
| 5 | #include <stdio.h> |
| 6 | |
| 7 | int main (void) |
| 8 | { |
| 9 | /* Local Definitions */ |
| 10 | int i; |
| 11 | int j; |
| 12 | |
| 13 | /* Statements */ |
| 14 | for(i = 1; i <= 9; i++)        /* 外层 for */ |
| 15 | { |
| 16 | for(j = 1;j <= i; j++)        /* 内层 for */ |
| 17 | printf("%d*%d=%02d  ", j,i,i*j); |
| 18 | |
| 19 | printf("\n"); |
| 20 | } |
| 21 | |
| 22 | return 0; |
| 23 | } /* main */ |

| | |
|---|---|
| 运行结果 | ```
1*1=01
1*2=02   2*2=04
1*3=03   2*3=06   3*3=09
1*4=04   2*4=08   3*4=12   4*4=16
1*5=05   2*5=10   3*5=15   4*5=20   5*5=25
1*6=06   2*6=12   3*6=18   4*6=24   5*6=30   6*6=36
1*7=07   2*7=14   3*7=21   4*7=28   5*7=35   6*7=42   7*7=49
1*8=08   2*8=16   3*8=24   4*8=32   5*8=40   6*8=48   7*8=56   8*8=64
1*9=09   2*9=18   3*9=27   4*9=36   5*9=45   6*9=54   7*9=63   8*9=72   9*9=81
Press any key to continue
``` |

**程序 4-9 分析:** 本例中第 14~20 行是一个双重 for 循环,外层 for 循环由 i 控制重复执行 9 次,输出 9 个行。内层 for 循环由 j 控制,每次重复执行 i 次,输出每个行中的列(每行中有 i 列)。
```

# 4.6　break 与 continue 语句

根据循环的执行次数可以把循环分成两种——有限循环和无限循环。有限循环是指循环运行到一定时候就会停止,执行次数有限。无限循环也称死循环,是个无休止的执行过程。前面研究的问题都是有限循环,循环的结束都是由循环条件控制,一般把这种情况称作循环的正常结束。在实际编程中,有时候需要人为地控制退出循环。在 C 语言中,人为结束循环由两个语句来实现——break 语句和 continue 语句。

**1. break 语句**

break 语句在第 3 章接触过,那时是用它来控制退出 switch-case 结构,现在来讨论用它控制结束循环。

(1) 语句格式。

**break；**

(2) 作用。

结束 break 语句所在的那一层循环,如图 4-10 所示。

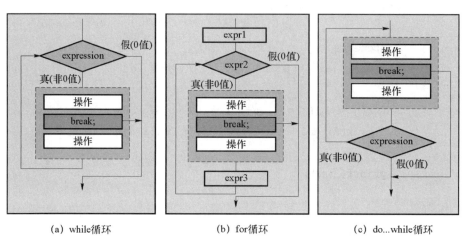

(a) while循环　　　　　　(b) for循环　　　　　　(c) do...while循环

图 4-10　break 语句

从图 4-10 中可以看出,一旦 break 语句被执行,即使循环条件为"真",循环也不再执行。

**【程序 4-10】** 输出 100～200 之间的素数,要求每行输出 8 个数据。

```
1   /* Demonstrate the break statement.
2      Written by:
3      Date:
4   */
5   # include  <stdio.h>
6
7   int main (void)
8   {
```

```
 9     /* Local Definitions */
10         int i;
11         int j;
12         int n = 0;
13
14     /* Statements */
15         for( i = 100; i <= 200; i++)          /* 外层 for */
16         {
17           for (j = 2; j < i; j++)               /* 内层 for */
18               if ( i % j == 0 )
19                   break;
20
21         /* 内层 for 结束 */
22         if( i == j )
23           {
24             n++;
25             printf("%5d", i);
26
27             if (n % 8 == 0)
28                 printf("\n");
29           }
30         }/* 外层 for 结束 */
31
32         printf("\n");
33
34         return 0;
35     } /* main */
```

运行结果

```
101   103   107   109   113   127   131   137
139   149   151   157   163   167   173   179
181   191   193   197   199
Press any key to continue_
```

　　**程序 4-10 分析:**本例中第 15～30 行是一个双重 for 循环,外层 for 循环由 i 控制重复执行 101 次。内层 for 循环由 j 控制,判断每个 i 是否为素数。第 22～29 行用来控制以每行 8 个数据的格式输出素数,其中第 27～28 行用来控制每行显示 8 个数据。请大家注意:内层 for 循环的结束有两种情况:一是 break;语句被执行,这种情况若发生,j 就一定小于 i,说明 i 不是素数;二是 break;语句没有被执行,循环是由 j<i 的条件控制正常结束的,这时 j 就一定等于 i,说明在 2 到 i−1 之间没有一个数能整除 i,i 就是素数。因此,在内层 for 循环结束后,需要通过 if(i==j){…}控制输出素数 i。

### 2. continue 语句

（1）语句格式。

**continue；**

（2）作用。

结束 continue 语句所在循环的一次循环，如图 4-11 所示。

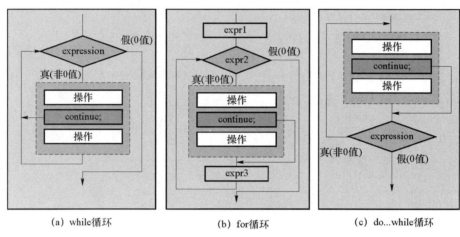

（a）while 循环　　　　　（b）for 循环　　　　　（c）do...while 循环

图 4-11　continue 语句

从图 4-11 中可以看出，一旦 continue 语句被执行，本次循环将结束，执行的控制转到了循环条件的判断，若条件为"真"，将执行下次循环。

【程序 4-11】　从键盘上输入 10 个整数，求输入正数的个数及它们的平均值。

```
1    /* Demonstrate the continue statement.
2       Written by:
3       Date:
4    */
5    # include  < stdio.h >
6
7    int main (void)
8    {
9    /* Local Definitions */
10       int    i = 1;
11       int    n = 0;
12       float  x;
13       float  aver = 0;
14
15    /* Statements */
16       while(i <= 10)              /* while 循环 */
17       {
18          printf("Enter a number:  ");
```

| 19 | scanf("%f", &x); |
|----|----|
| 20 | |
| 21 | if(x <= 0)　　　　　　　　/* if 分支 */ |
| 22 | { |
| 23 | i++; |
| 24 | continue; |
| 25 | } /* if */ |
| 26 | |
| 27 | n++; |
| 28 | i++; |
| 29 | aver += x; |
| 30 | } /* while */ |
| 31 | |
| 32 | aver /= n; |
| 33 | |
| 34 | printf("Aveage of positive number is: %.2f\n", aver); |
| 35 | |
| 36 | return 0; |
| 37 | } /* main */ |

| 运行结果 | ```
Enter a number:　0
Enter a number:　1
Enter a number:　2
Enter a number:　3
Enter a number:　4
Enter a number:　0
Enter a number:　-1
Enter a number:　-2
Enter a number:　-3
Enter a number:　-4
Aveage of positive number is: 2.50
Press any key to continue
``` |
|----|----|

**程序 4-11 分析**:本例中第 16~30 行是一个 while 循环,它由 i 控制重复执行 10 次。其中第 21~25 行是一个 if 分支,它把 while 的循环体分成了上下两部分:第一部分是第 18~19 行,作用是提示输入一个整数 x;第二部分是第 27~29 行,作用是使正数的个数 n 增 1,输入的次数 i 增 1,把 x 累加到 aver 中。第 32 行是求正数的平均值。请大家注意:对于每一次循环来说,如果 x 不是正数,则 if 分支条件成立,其后面的 cotinue;语句被执行,本次循环结束,循环体中第二部分语句得不到执行,程序会回到 while 后面继续判断条件,根据条件是否成立,来决定是继续下一次循环,还是退出循环。对于每一次循环来说,如果 x 是正数,则 if 分支条件不成立,其后面的 cotinue;语句不执行,循环体中第二部分语句得到执行,本次循环属于正常结束,也要回到 while 后面继续判断条件,根据条件是否成立,来决定是否继续下一次循环。
```

# 习 题

## 一、选择题

1. 执行语句 for( i = 1; i < 4; i ++ )后,变量 i 的值是(    )。

   A. 3          B. 4          C. 5          D. 不定

2. 以下程序段的执行结果是(    )。

   ```c
   int x = 3;
   do{
       printf("%d\n", x -= 2);
     }while(!( -- x));
   ```

   A. 输出的是 1          B. 输出的是 1 和 -2

   C. 输出的是 3 和 0          D. 是死循环

3. 若有定义 int n = 10;,则下列循环的输出结果是(    )。

   ```c
   while(n > 7)
   {
       n -- ;
       printf("%3d", n);
   }
   ```

   A. 10  9  8      B. 9  8  7      C. 10  9  8  7      D. 9  8  7  6

4. 执行下面的程序后,a 的值为(    )。

   ```c
   int main(void)
   {
       int a, b;
       for(a = 1, b = 1; a <= 100; a ++)
       {
           if(b >= 20)
             break;
           if(b % 3 == 1)
           {
             b += 3;
             continue;
           }
           b -= 5;
       }
       return 0;
   }
   ```

   A. 7          B. 8          C. 9          D. 10

5. 若 i,j 已定义为 int 型,则以下程序段内循环体总的执行次数是(　　)。

```
for(i = 5;i;i--)
  for(j = 0;j < 4;j++)
  {…}
```

  A. 20      B. 24      C. 25      D. 30

6. 运行以下程序后,如果从键盘输入 65 14<回车>,则输出的结果为(　　)。

```
int main(void)
{
  int m, n;
  printf("Enter m, n: ");
  scanf("%d%d",&m, &n);
  while(m != n)
  {
    while(m > n)
      m -= n;
    while(n > m)
      n -= m;
  }
  printf("m = %d\n",m);
  return 0;
}
```

  A. m=3     B. m=2     C. m=1     D. m=0

## 二、思考与应用题

1. 写出下面每一个代码段的执行结果,并相互比较。

  (1) x = 12;

    while(x > 7)

      printf("%d\n", x);

  (2) for(x = 12;x > 7;)

    printf("%d\n", x);

  (3) x = 12;

    do

      printf("%d\n", x);

    while(x > 7);

2. 写出下面每一个代码段的执行结果,并相互比较。

  (1) x = 12;

    while(x > 7)

    {

      printf("%d\n", x);

```
        x -- ;
        }
(2) for(x = 12;x > 7;x -- )
    printf("%d\n", x);
(3) x = 12;
    do
    {
        printf("%d\n", x);
        x -- ;
    }while(x > 7);
```

3. 写出下面每一个代码段的执行结果，并相互比较。

```
(1) x = 12;
    while(x > 7)
    {
        printf("%d\n", x);
        x -= 2;
    }
(2) for(x = 12;x > 7;x -= 2)
    printf("%d\n", x);
```

4. 写出下面每一个代码段的执行结果，并相互比较。

```
(1) x = 12;
    while(x < 7)
    {
        printf("%d\n", x);
        x -- ;
    } / * while * /
(2) for(x = 12;x < 7;x -- )
    printf("%d\n", x);
(3) x = 12;
    do
    {
        printf("%d\n", x);
        x -- ;
    } while(x < 7);
```

5. 把下面的 while 语句转换为 for 语句和 do...while 语句。

```
(1) x = 0;
    while(x < 10)
    {
```

```
        printf("%d\n", x);
        x++;
    }
```

（2）
```
scanf("%d", &x);
while(x != 9999)
{
    printf("%d\n", x);
    scanf("%d", &x);
}
```

6. 把下面的 for 语句转换为 while 语句和 do...while 语句。

（1）
```
for(x = 1;x < 100;x++)
        printf("%d\n", x);
```

（2）
```
for(;scanf("%d", &x)!=EOF;)
        printf("%d\n", x);
```

7. 把下面的 do...while 语句转换为 while 语句和 for 语句。

（1）
```
x = 0;
do
{
    printf("%d\n", x);
    x++;
} while(x < 100);
```

（2）
```
do
{
    res = scanf("%d", &x);
} while(res != EOF);
```

8. 写出下面每一个代码段的执行结果。

（1）
```
for(x = 1;x <= 20;x++)
        printf("%d\n", x);
```

（2）
```
for ( x = 1;x <= 20;x++)
    {
        printf("%d\n", x);
        x++;
    }
```

9. 写出下面每一个代码段的执行结果。

（1）
```
for(x = 20;x >= 10;x--)
        printf("%d\n", x);
```

（2）
```
for (x = 20;x >= 1;x--)
    {
```

```
          printf("% d\n", x);
          x--;
      }
```

10. 写出下面每一个代码段的执行结果。

    (1) for(x = 1;x < = 20;x++)
       {
       for(y = 1;y < = 5;y++)
         printf("% d", x);
       printf("\n");
       }

    (2) for(x = 20;x > = 1;x--)
       {
           for(y = x;y > = 1;y--)
             printf("% 3d", x);
           printf("\n");
       }

11. 写出下面每一个代码段的执行结果。

    (1) for(x = 1;x < = 20;x++)
       {
           for(y = 1;y < x;y++)
             printf("");
           printf("% d\n", x);
       }

    (2) for(x = 20;x > = 1;x--)
       {
           for(y = x;y > = 1;y--)
             printf("");
           printf("%d\n", x);
       }

12. 写出输出下列执行结果的 for 语句。

    (1) 输出 6，8，10，12，…，66。

    (2) 输出 7，9，11，13，…，67。

    (3) 求 1 到 15 的整数和。

    (4) 求 15 到 45 的偶数和。

    (5) 计算数列：1，4，7，10，…前 50 个数的和。

13. 以下程序的功能是：从键盘输入若干个学生的成绩，统计并输出最高分和最低分，当输入负数时结束输入。请填空。

    int main( )

```
    {
        float x, amax, amin;
        scanf("% f", &x);
        amax = amin = x;
        while(_____)
        {
            if(x > amax)
                amax = x;
            if(_____)
                amin = x;
            scanf("% f",&x);
        }
        printf("\n amax = % f\n amin = % f\n",amax, amin);
        return 0;
    }
```

### 三、编程题

1. 编写程序,使用 for 语句输出一行 60 个" * "。

2. 编写程序,提示用户输入一个整数 $n$ 以及 $n$ 个实数,计算并输出所输入的 $n$ 个实数中正数的和。

3. 编写程序,要求用户输入一个整数 $n$ 以及 $n$ 个整数,计算所输入 $n$ 个数中的最大值以及它出现的次数。举个例子说,若输入的 13 个整数为:5  2  15  3  7  15  8  9  5  2  15  3  7,程序输出的结果是:最大数为 15,重复出现的次数为 3。

4. 编写程序,输出下列的数字图形。

```
1 2 3 4 5 6 7 8 9
1 2 3 4 5 6 7 8
1 2 3 4 5 6 7
1 2 3 4 5 6
1 2 3 4 5
1 2 3 4
1 2 3
1 2
1
```

5. 编写程序,输出下列的图形,要求用户输入行数。

```
* * * * * * * * * * *
* * * * * * * * *
* * * * * * *
* * * * *
* * *
*
```

6. 编写程序,输出下列的图形,要求用户输入行数。

```
*
***
*****
*******
*********
***********
*********
*******
*****
***
*
```

7. 编写程序,要求用户输入 $n$ 个整数($n$ 由用户输入),计算输出这些数的最大值、最小值和平均值。用下列 17 个数据测试你的程序:24　7　31　−5　64　0　57　−23　7　63　31　15　7　−3　2　4　6。

8. 已知欧拉数 e 的值可以通过下列公式近似计算。编写程序近似计算 e 的值,当两项之间的差值小于 0.0000001 时结束。

$$e=1+\frac{1}{1!}+\frac{1}{2!}+\frac{1}{3!}+\frac{1}{4!}+\frac{1}{5!}+\frac{1}{6!}+\cdots+\frac{1}{(n-1)!}+\frac{1}{n!}$$

9. 已知圆周率($\pi$)的计算公式如下:

$$\pi=\sqrt{6\left(\frac{1}{1}+\frac{1}{2^2}+\frac{1}{3^2}+\cdots+\frac{1}{\lim n^2}\right)}$$

编写程序求 $\pi$。

10. 编写程序,创建一年的日历。要求用户输入某一年,然后计算这一年的第一天是星期几(SUN, MON, TUE, WED, THU, FRI, SAT),最后输出这一年的整个日历。例如,如果输入的年数为 2000 年,则这一年中第一个月的输出结果为:

```
JANUARY(1)                    2000
SUN   MON   TUE   WED   THU   FRI   SAT
                                          1
 2     3     4     5     6     7     8
 9    10    11    12    13    14    15
16    17    18    19    20    21    22
23    24    25    26    27    28    29
30    31
```

使用下列公式计算这一年的第一天是星期几:

$$\left((year-1)*365+\left\lfloor\frac{year-1}{4}\right\rfloor-\left\lfloor\frac{year-1}{100}\right\rfloor+\left\lfloor\frac{year-1}{400}\right\rfloor+1\right)\%7$$

使用下列公式计算这一年是否为闰年:

```
!(year % 4)&&(year % 100)||!(year % 400)
```

# 第5章 数 组

数组是一种非常重要的数据类型和结构。它允许用户以集合的形式一次定义多个同类型的变量。有了数组类型和存储结构不仅大大方便了用户编码，而且可以通过它来实现很多算法，如查找、排序等。本章重点研究数组的概念；一维数组和二维数组的用法；查找和排序等知识。

## 5.1 概 念

在前面几章,研究的程序规模都很小,每个程序中处理的数据都是基于标准数据类型有限的几个量。在编码时,定义和处理这些变量时并没有感到有什么不好。不过,当程序要处理的数据量很大时,以前的方法就会出现问题。举个例子来说,假设程序要对 20 个整数进行处理,按照以前的方法,首先必须定义 20 个变量,如图 5-1 所示。

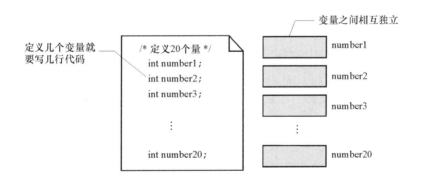

图 5-1　定义 20 个变量

从图 5-1 中不难看出,若按照一行一句的书写原则,定义 20 个变量就要写 20 行代码。由于 20 个变量彼此间没有任何联系,若要为它们输入数据,就需要写 20 条语句来引用它们,若要处理每个量中存储的数据同样也要写 20 条语句来引用它们,若要输出数据,就需要再写 20 条语句来引用它们。图 5-2 给出了对 20 个变量进行读入、求和和输出操作的代码和图例。不难想象,若要处理更多的数据,如 200,2 000,…,要处理它们该是多么庞大的一个工程。人们当然不希望这样,数组(Array)就是为了解决这一问题而提出的。

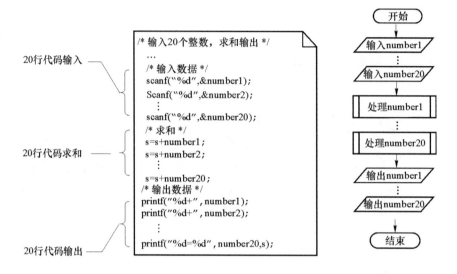

图 5-2　处理 20 个变量

数组是大小固定,按一定顺序存放的相同类型的多个变量的集合(Collection)。数组中的变量称作数组元素(Array Elements)。在 C 语言中,表示数组的一般格式是:

**数组名[整型常量 1][整型常量 2]…[整型常量 *n*]**

其中,数组名是数组的标识。方括号是数组运算符,方括号的对数称作数组的维数(Dimension)。含一对方括号的数组称作一维数组(One-Dimensional Arrays),含两对方括号的数组称作二维数组(Two-Dimensional Arrays)……依此类推。维数大于二的数组称作多维数组(Multiple-Dimensional Arrays)。在实际应用中,用的最多的是一维数组和二维数组,本章将做重点讨论。

a1[10]代表了名字为 a1 的一维数组,它包含了 a1[0]到 a1[9]十个元素。a2[2][3]代表了名字为 a2 的二维数组,它包含了 a2[0][0]、a2[0][1]、a2[0][2]、a2[1][0]、a2[1][1]、a2[1][2]六个元素。对于二维数组,可以看做是一个二维表格,从左边开始,第一个方括号中的数字表示行数,第二个方括号中的数字表示列数,也就是每行中元素的个数。

数组中的元素用数组名加下标(Subscript)表示。对于二维数组而言,下标包括了行标和列标两部分。C 语言中规定,下标从 0 开始。如 a1[2]表示 a1 中的第三个元素,a[0][2]代表第一行的第三个元素。

有了数组的概念,不仅简化了程序代码,而且使编程的方法发生了彻底的改变,为一些复杂问题的处理提供了技术支持。图 5-3 给出了使用数组输入 20 个整数,然后求和输出的代码和流程图。

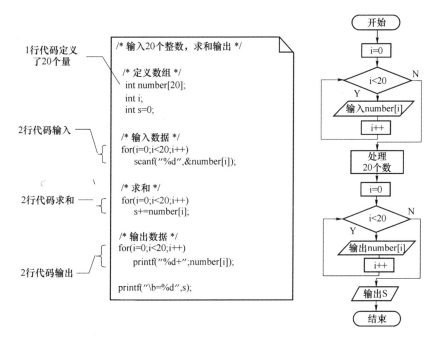

图 5-3　用数组处理 20 个变量的方法

# 5.2　一维数组

　　一维数组（One-Dimensional Arrays）是数组名后只有一对方括号的数组。图 5-4 显示了一个名字为 scores 的一维数组，它是 8 个元素的一个集合。

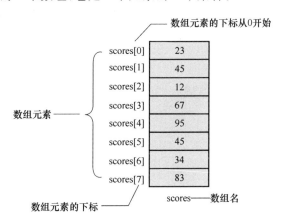

图 5-4　一维数组 scores

## 5.2.1　定义数组

　　和变量一样，数组必须先定义后使用。定义数组就是使用语句为数组指定类型、名字和大小（元素个数）。语句格式是：

数据类型标识符 数组名[元素个数]；

如：

```
int scores[9];          /* 定义了含 9 个元素的整型一维数组 scores */
char name[19];          /* 定义了含 19 个元素的字符型一维数组 name */
float salary[40];       /* 定义了含 40 个元素的 float 型一维数组 salary */
```

注意以下几点：

(1) 在定义时，方括号中的元素个数只能是整型常量表达式（Constant Expression）。

如：

```
#define N 100
int num = 20;
int arr1[N];            /* 正确，因为 N 是常量 */
int arr2[10];           /* 正确，因为 10 是常量 */
int arr3[10 * 2];       /* 正确，因为 10 * 2 是常量表达式 */
int arr5[num];          /* 错误，因为 num 是变量，不是常量表示式 */
```

(2) 数组元素的个数称作数组大小。它在定义中一旦被指定，在程序运行中不可以再改变。因此，必须根据需要来确定合适的大小，大了将浪费内存资源，小了不能满足需求。

(3) 数组首元素的下标为 0，最后一个元素的下标比元素个数少 1。在访问数组元素时一定注意下标不能超出此范围，即不能越界。

(4) 数组元素在内存中按下标递增的原则连续存放，占有一片连续的内存空间，各元素彼此相邻。

(5) 数组名是一个地址常量（Address Constant），是数组存储的开始地址，即首元素的地址。

### 5.2.2 访问数组元素

数组一旦被定义，就可以使用它的元素来处理数据了。访问元素的方法很简单，只要在数组名后加下标。若有定义：int a[10]；，则要访问第一个元素就写 a[0]，要访问第三个元素就写 a[2]。

强调以下几点：

(1) 下标可以是任意的整型表达式。

如：

```
int a[10];
int i = 2;
int j = 1;
```

则 a[0]、a[i]、a[2 * i+j]都是合法的访问方式。

(2) 数组元素本身是变量，也有值和地址之分。若有(1)中的定义，则 a[i]代表的是数组 a 中第三个元素的值，而 &a[i]代表的是第三个元素的存储地址。

(3) a 与 &a[0]的含义是一样的，都代表数组 a 的开始地址。

> 需要特别注意以下两点：一是在定义数组时方括号中不允许出现变量，而在访问数组中的元素时可以出现变量；二是数组名是地址。

### 5.2.3　用数组存数据

数组定义只是为数组元素分配内存空间,没有为它们存储数据。此时,数组中各元素的值是不确定的。可以使用对数组初始化、从键盘输入数据和对元素个别赋值三种方法来存储数据。

**1. 初始化**

在定义数组时,可以对数组整体进行初始化,为每个元素提供一个初始值。格式是:

**数据类型标识符 数组名[元素个数]={ 值列表 };**

如:

```
int a[5] = {1, 2, 3, 4, 5};
```

上面语句的作用是在定义数组 a 的同时分别为 a[0],a[1],a[2],a[3],a[4]存储了初始值 1,2,3,4,5。

注意以下几点:

(1) 值列表是用逗号隔开的多个值。若值的个数多于元素个数就会发生编译错误;若值的个数少于元素个数,多余的元素赋 0 值。

(2) 若定义时赋初值,则数组名后方括号中的元素个数可以省略,系统会根据值的个数自动确定元素个数。

图 5-5 中给出了对数组正确初始化的几个例子。

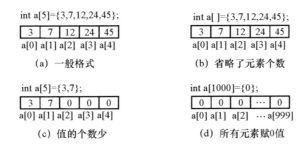

图 5-5　一维数组的初始化

**2. 输入数据**

有了数组,就可以非常方便地使用单重 for 循环为它的元素输入数据。如:

```
int a[5];
int i;
for(i = 0; i < 5; i + + )
    scanf("% d", &a[i]);
```

**3. 单个元素操作**

可以和处理普通变量一样来处理数组中的单个元素,只要注意正确的引用方式就可以了。如:

```
int a[5] = {1, 2, 3, 4, 5}; / * 数组进行初始化 * /
int b[5];
```

```
int i;
b[3] = 100; /* 单个元素操作,为 b[3]存储了 100 */
```

需要注意:数组之间不可以整体赋值,只能通过单个元素进行赋值。若要把数组 a 中各元素的值存储到 b 数组中的对应元素,则下面的方法是错误的。

```
a = b;              /* 错误,数组名是常量 */
a[5] = b[5];        /* 错误,不仅下标越界,而且也达不到要求 */
```

正确的方法是通过循环进行操作。

```
for(i = 0; i < 5; i++)
    b[i] = a[i];      /* 单个元素进行操作 */
```

### 4. 交换数据

在编程时,常常要用到将两个元素的值进行互换,比如说要交换 a[1] 和 a[3] 的值,初学者容易犯的错误是使用以下的方式:

```
a[1] = a[3];
a[3] = a[1];
```

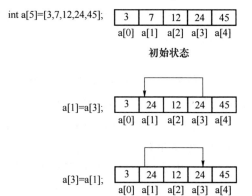

图 5-6 给出了上述操作的图例。不难看出,操作的结果是,a[1] 和 a[3] 都变成了 a[3] 的值,没有做到真正交换。

正确的方式是利用一个中间变量进行,方法是:

```
temp = a[1];
a[1] = a[3];
a[3] = temp;
```

图 5-6　交换数据错误做法

图 5-7 给出了上述操作的图例。

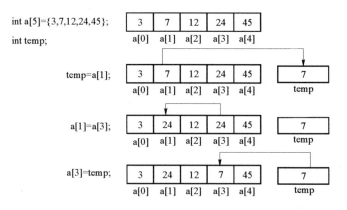

图 5-7　交换数据正确做法

### 5. 输出数据

同输入一样,可以使用单重 for 循环控制输出数组中的数据。如:

```
int a[5] = {1,2,5,7,90};
int i;
for (i = 0; i < 5; i ++)
    printf("%5d", a[i]);
printf("\n");
```

上面的代码是把所有元素在一行输出。在实际应用时,经常需要控制一行输出规定个数的元素。下面的代码就是按每行 10 个元素输出的一种方法。

```
#define  MAX_SIZE  25
int list[MAX_SIZE];
…
numPrinted = 0;
for(i = 0; i < MAX_SIZE; i ++)
{
    printf("%3d",list[i]);
    if(numPrinted < 9)
        numPrinted ++ ;
    else
    {
        printf("\n");
        numPrinted = 0;
    }
}
```

【程序 5-1】　读入至多 50 个整数,然后逆序输出它们,每行 10 个。

```
 1 | /* Read a number series and print it reversed.
 2 |    Written by:
 3 |    Date:
 4 | */
 5 | #include  <stdio.h>
 6 |
 7 | int main(void)
 8 | {
 9 | /* Local Definitions */
10 |     int i;
11 |     int readNum;
12 |     int numPrinted;
13 |     int numbers[50];
```

```
14
15      /*  Statements  */
16          printf("最多可以输入50个整数：\n");
17          printf("你准备输入多少个数？ ");
18          scanf("%d", &readNum);
19
20          if(readNum > 50)
21              readNum = 50;
22      /*  Fill the array  */
23          printf("\n请输入数据：");
24          for(i = 0; i < readNum; i++)
25              scanf("%d", &numbers[i]);
26
27      /*  Print the array  */
28          printf("\n你输入数据的逆序是：  \n");
29          for(i = readNum - 1, numPrinted = 0; i >= 0; i--)
30          {
31              printf("%5d",numbers[i]);
32              if(numPrinted < 9)
33              numPrinted++;
34              else
35              {
36                  printf("\n");
37                  numPrinted = 0;
38              } /* else */
39          } /* for */
40
41          printf("\n");
42
43          return 0;
44
45      }/*  main  */
```

运 行 结 果

```
最多可以输入50个整数：
你准备输入多少个数？     14

请输入数据： 1 2 3 4 5 10 20 30 40 50 100 200 300 400 500

你输入数据的逆序是：
  400  300  200  100   50   40   30   20   10    5
    4    3    2    1
Press any key to continue
```

**程序 5-1 分析**：本例中定义了 3 个变量 i、readNum、numPrinted 和一个大小为 50 的一维数组 numbers。i 用来控制循环，readNum 记录输入数据的个数，numPrinted 用来记录已经输出的数据的个数。

　　第16～18行用来提示要输入数据的个数(最多不超过50个)。第20～21行是对输入的数据一旦超过50时进行的处理。事实上,在实际应用中往往需要根据实际情况对输入数据的合法性进行处理,这个过程叫纠错。第16～21行可以采用循环进行纠错处理,如:

```
do
{
    printf("最多可以输入50个整数: \n");
    printf("你准备输入多少个数?");
    scanf("%d", &readNum);

}while(readNum < 1 || readNum > 50 );
```

　　第24～25行是一个for循环控制,为数组numbers输入readNum个数据。第29～39行是一个for循环,控制按每行10个数据的格式逆序输出数组numbers中的数据,其中第32～38行是一个if...else分支,用来控制每行输出10数据,请大家认真领会,并注意在实际中应用类似技巧。

# 5.3　顺序查找

　　查找(search)是计算机科学领域常用的操作,用于在给定的对象列表中查找目标的位置(Location)。对数组而言,就是确定第一个与给定值相等的元素的位置,即数组元素的下标。

　　顺序查找(Sequential earch)是查找的算法之一。该算法的基本思想是:从头到尾把列表中的每个数据与要查找的目标(Target)进行比较,若有以下两种情形就结束查找:一是查找成功;二是查找不成功,即目标不存在,已到了表尾。图5-8、图5-9分别给出了两种情形的图例。

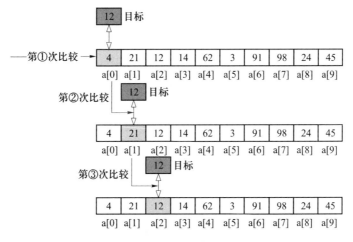

图5-8　查找成功

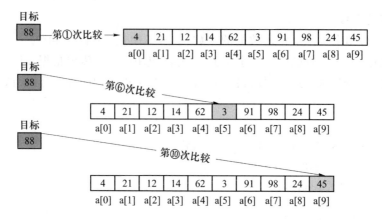

图 5-9　查找不成功

【程序 5-2】　任意输入一个数,查找它是否在给定的数组中,若查找成功则输出位置,若不成功则输出数据不存在信息。

```
1    /*  Read a number,then search if it exsist in an array.
2        Written by:
3        Date:
4    */
5    #include  <stdio.h>
6
7    int main(void)
8    {
9    /*  Local Definitions  */
10       int i;
11       int n;
12       int list[10] = {10, 20, 30, 100, 200, 300, 44, 55, 66, 1000};
13
14   /*  Statements  */
15       printf("Enter an integeral number to srearch:  ");
16       scanf("%d", &n);
17
18       /*  Sequential Sreach  */
19       for(i = 0; i < 10; i++)
20         if( n == list[i])
21         {
22           printf("%d is found. Position is %d\n", n, i);
23           break;
24         }
```

| 25 | |
|---|---|
| 26 | `    if( i == 10)` |
| 27 | `        printf("%d is not exisit.\n", n);` |
| 28 | |
| 29 | `        return 0;` |
| 30 | `} /* main */` |

| 运行结果 | 第一次运行: |
|---|---|
| | ```
Enter an integeral number to srearch:  100
100 is found. Position is 3
Press any key to continue_
``` |
| | 第二次运行: |
| | ```
Enter an integeral number to srearch:  3
3 is not exisit.
Press any key to continue
``` |

**程序 5-2 分析**：本例中定义了两个变量 i、n 和一个大小为 10 的一维数组 list。i 用来控制循环，n 记录要查找的数据，list 用来记录待查找的数据。第 15～16 行用来提示输入要查找的数据。第 19～24 行是一个 for 循环，控制拿目标数据 n 与 list 中每一个元素进行比较，查找成功就输出位置信息结束。第 26～27 行是一个 if 分支语句，用来处理查找失败的情况。

# 5.4 冒泡排序

排序（Sort）也是计算机科学领域常用的操作。含 n 个前后相邻的数据元素叫表结构，排序就是把无序的表变为有序的表的过程，若按由小到大排列则叫升序，反之叫降序。排序的主要目的是为了实现快速查找。排序有很多种算法，在这里只介绍一种冒泡排序（Bubble Sort），其他的算法大家可以查阅算法方面的书籍。

冒泡排序的思想是（以升序为例）：把待排序的 n 个元素的表用隔离墙分成有序和无序的两个子表，开始时有序表中有 0 个元素，无序表中有 n 个元素；从远离有序表的一端开始，对无序表中的数据进行两两比较，若右边的元素比左边的小就交换，使小的元素向有序表的方向移动，等所有元素比较完毕，最小的元素就移到了无序表靠隔离墙的那端，然后隔离墙向无序表方向移动一个位置，使得有序表长度增 1，无序表长度减 1，这样就完成了一趟冒泡排序过程。也就是说经过第一趟排序过程，最小的元素被放到了最左边的位置，经过第二趟排序过程第二小的元素被分在了左边第二的位置……，这样反复进行下去，就可以完成排序。图 5-10 显示了冒泡排序的原理。

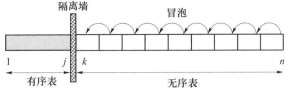

图 5-10　冒泡排序原理图

不难看出，给定含 $n$ 个元素的表，在最坏的情况下需要进行 $n-1$ 趟冒泡排序的过程。事实上，如果某趟排序没有发生任何交换，就说明该表已经是有序的，此时就应该结束排序过程，尽管还没有到达第 $n-1$ 趟。在实际编程时，通常设置一个被称作"哨卡"的变量，通过它的值是否为零来判断究竟有没有数据交换发生，在【程序5-3】中变量 $k$ 就起到这样的作用。

图 5-11 显示了含 5 个元素的数组冒泡排序的过程。

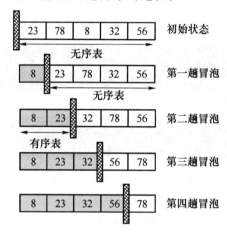

图 5-11　冒泡排序过程

【**程序 5-3**】 冒泡排序。

```
1   / * Bubble sort.
2      Written by:
3      Date:
4   * /
5   # include  < stdio. h >
6
7   # define  N  10
8
9   int main(void)
10  {
11  / * Local Definitions * /
12      int i;
13      int j;
14      int k;
15      int temp;
16      int a[N] = {1, 10, -100, -2, 15, 8, 100, 23, 43, 12};
17  / * Statements * /
```

```
18      printf("Original data is:\n");
19      for(i = 0; i < 10; i++)
20        printf("%5d", a[i]);
21
22      printf("\n");
23
24      /* Bubble sort */
25      j = 0, k = 1;
26
27      while((j < N) && (k > 0))
28      {
29        k = 0;
30
31        for(i = N - 1; i > j; i--)
32        if(a[i] < a[i-1])
33        {
34          temp = a[i];
35          a[i] = a[i-1];
36          a[i-1] = temp;
37          k++;
38        }
39
40        j++;
41
42        printf("Walker %d\n", j);
43        for(i = 0; i < 10; i++)
44            printf("%5d", a[i]);
45
46        printf("\n");
47      } /* End bubble */
48
49      printf("After sorting is:\n");
50      for(i = 0; i < 10; i++)
51          printf("%5d", a[i]);
52
53      printf("\n");
54
55      return 0;
56    } /* main */
```

<table>
<tr><td rowspan="7">运行结果</td><td colspan="2">Original data is:</td></tr>
</table>

```
Original data is:
    1   10 -100   -2   15    8  100   23   43   12
Walker 1
 -100    1   10   -2    8   15   12  100   23   43
Walker 2
 -100   -2    1   10    8   12   15   23  100   43
Walker 3
 -100   -2    1    8   10   12   15   23   43  100
Walker 4
 -100   -2    1    8   10   12   15   23   43  100
After sorting is:
 -100   -2    1    8   10   12   15   23   43  100
Press any key to continue
```

运行结果

**程序 5-3 分析：** 本例中定义了 4 个变量 i、j、k、temp 和一个大小为 10 的一维数组 a。i 和 j 用来控制双重 for 循环，k 用来充当哨卡，temp 用来交换数据。第 18～22 行用来输出数组中排序前的数据。第 25 行是进行排序前的初始化处理。第 27～47 行是使用双重循环进行冒泡排序的部分，外层是 while 循环，内层是 for 循环。其中，第 42～46 行是可以有也可以没有的，作用是输出每一趟冒泡排序之后隔离墙的位置以及数组中数据的变化情况，真正起作用的是第 27～41 行。while 循环的条件是 (j<N) && (k>0)，即只有当还没有达到 n-1 趟 (j<N)，并且前面一趟发生了数据交换 (k>0) 时才进行下一趟排序，否则就结束排序。第 29 行中 k=0; 的作用是每进入新的一趟排序时令 k 清零。第 31～38 行是内层 for 循环，实现第 j+1 趟排序过程，其循环体是一个 if 分支，作用是在后面的数据比前面数据小时就进行交换，同时令 k 增 1。不难看出，对于某趟冒泡过程来说，只有发生了数据交换，k 的值才不为 0，也就满足了进入下一次排序的条件。第 49～53 行的作用是输出排序后的结果。

通过运行结果可以清楚地看出，本例的冒泡排序过程只进行了 4 趟，由于第 4 趟 k 的值为 0，所以排序过程就结束了。

# 5.5 二维数组

从前面研究的内容看，一维数组是在一个方向上线性组织数据的。在很多情况下需要在多个方向上存储数据，最常见的是矩阵。在 C 语言中，使用二维数组来存储矩阵。一个包含了行和列的数组，称为二维数组。图 5-12 显示了一个二维数组的结构。

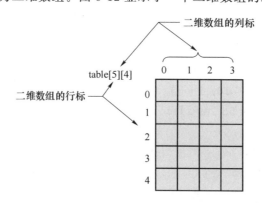

图 5-12　二维数组结构

在 C 语言中,可以把一个二维数组看成是含行数个元素的一维数。其中的每个元素又是一个一维数组,如图 5-13 所示。

注意以下几点:

(1) 二维数组中行标和列标都是从 0 开始的,数组中元素的个数是:行数×列数。

(2) 二维数组元素在内存中按先行后列,下标递增的顺序连续存放。

(3) 二维数组可以等效为含行数个元素的一维数组。其中的每个元素代表一个行,是对应行的行首地址。也就是说,table[i]与 &table[i][0]是等价的。

(4) 二维数组的名字也是地址常量,代表数组在内存中存储的开始地址。按照数组的等效关系,table、table[0]、&table[0][0]三者是等价的。

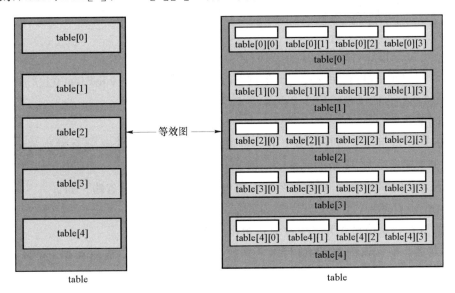

图 5-13　二维数组的等效结构

## 5.5.1　定义数组

与一维数组一样,二维数组也必须先定义后使用,语句格式是:

**数据类型标识符 数组名[行数][列数];**

如:

```
int table[5][4];        /*定义了含 20 个元素的整型二维数组 table*/
char name[3][15];       /*定义了含 45 个元素的字符型二维数组 name*/
```

定义一维数组的注意事项同样适应于二维数组,此处不再赘述。

## 5.5.2　访问数组元素

访问二维数组中元素的方法与访问一维数组中元素的方法类似,也是在数组名后加下标,只不过包含了行标和列标两部分。如有以下定义:

```
int table[5][4];
```

```
int i = 1;
int j = 2;
```

则 a[0][0]、a[i][0]、a[i][j]都是对数组元素正确的访问方式。

### 5.5.3　用数组存数据

与使用一维数组一样，可以使用对数组初始化、从键盘输入数据和对元素个别赋值三种方法来存储数据。

**1.初始化**

在定义数组时，可以对数组的整体进行初始化，为每个元素提供一个初始值。格式是：

**数据类型标识符 数组名[行数][列数]={ 值列表 };**

如：

```
int a[2][3] = {1, 2, 3, 4, 5,6};
```

上面语句的作用是，在定义数组 a 的同时分别为 a[0][0],a[0][1],a[0][2],a[1][0],a[1][1],a[1][2]存储了初始值1,2,3,4,5,6。

注意以下几点：

（1）值列表是用逗号隔开的多个值。若值的个数多于元素个数就会发生编译错误；若值的个数少于元素个数，多余的元素赋 0 值。

（2）若定义时赋初始值，则数组名后行数可以省略，列数不可省略。如：

```
int a[][3] = {1, 2, 3, 4, 5,6};
```

（3）可以按行赋值格式为二维数组初始化。格式是：

**数据类型标识符 数组名[行数][列数]={ {值列表 1},{值列表 2},… };**

如：

```
int a1[2][3] = {{1, 2, 3},{4, 5, 6}};    /* 第一行赋 1,2,3,第二行赋 4,5,6 */
int a2[3][3] = {{0},{0},{0}};            /* 三行中的元素全部赋 0 值 */
```

**2.输入数据**

由于二维数组有行和列的概念，因此要使用双重循环来控制为二维数组输入数据，且一般使用 for 语句。如：

```
int a[2][3];
int i,j;
for(i = 0; i < 2; i++)
    for(j = 0; j < 3; j++)
        scanf("%d", &a[i][j]);
```

**3.输出数据**

与输入数据一样，一般使用双重 for 循环控制输出数据。如：

```
int a[2][3] = {1,3,5,7,9,11};
int i,j;
for(i = 0; i < 2; i++)
```

```
{
    for(j = 0; j < 3; j++)
        printf("%5d", a[i][j]);
    printf("\n");
}
```

【程序 5-4】 将二维数组转化为一维数组。

```
 1    /* This program changes a two-dimensional array to the
 2       corresponding one-dimensional array.
 3       Written by:
 4       Date:
 5    */
 6    #include  <stdio.h>
 7
 8    #define  ROWS 2
 9    #define  COLS 5
10
11    int main(void)
12    {
13    /* Local Definitions */
14        int table[ROWS][COLS] = { {00,01,02,03,04},
15                                  {10,11,12,13,14} };
16        int line[ROWS * COLS];
17        int row;
18        int column;
19
20    /* Statements */
21        for (row = 0; row < ROWS; row++)
22            for (column = 0; column < COLS; column++)
23                line[row * COLS + column] = table[row][column];
24
25        for (row = 0; row < ROWS * COLS; row++)
26            printf("%5d", line[row]);
27
28        printf("\n");
29
30        return 0;
31    } /* main */
```

运行结果

```
00   01   02   03   04   10   11   12   13   14
Press any key to continue
```

**程序 5-4 分析**：本例中定义了两个符号常量 ROWS 和 COLS；两个变量 row 和 column；一个二维数组 table 和一个一维数组 line。第 21～23 行是双重 for 循环，用来实现二维数组 table 与一维数组 line 的转换。第 25～26 行是单重 for 循环用来输出一维数组 line 中的数据。

**【程序 5-5】** 编写程序填充方阵，其中对角线上的元素为 0，左下三角元素为 −1，右上三角元素为 +1，如图 5-14 所示。

图 5-14　填充方阵

```
1   /* This program fills the diagonal of a matrix (square array) with 0, the
        lower left triangle with − 1, and the upper right triangle with + 1.
2      Written by:
3      Date:
4   */
5   # include  < stdio. h>
6
7   int main (void)
8   {
9   /* Local Definitions */
10      int table[6][6];
11      int row;
12      int column;
13
14  /* Statements */
15      for (row = 0; row < 6; row ++ )
16          for (column = 0; column < 6; column ++ )
17              if (row == column)
```

| 18 | | table[row][column] = 0; |
| 19 | | else if(row > column) |
| 20 | | table [row] [column] = -1; |
| 21 | | else |
| 22 | | table[row][column] = 1; |
| 23 | | |
| 24 | | for (row = 0; row < 6; row ++ ) |
| 25 | | { |
| 26 | | for (column = 0; column < 6; column ++ ) |
| 27 | | printf("%3d", table[row][column]); |
| 28 | | |
| 29 | | printf("\n"); |
| 30 | | } |
| 31 | | |
| 32 | | return 0; |
| 33 | | } / * main * / |

```
 0  1  1  1  1  1
-1  0  1  1  1  1
-1 -1  0  1  1  1
-1 -1 -1  0  1  1
-1 -1 -1 -1  0  1
-1 -1 -1 -1 -1  0
Press any key to continue_
```
运行结果

**程序 5-5 分析**：本例中定义了两个变量 row 和 column，一个二维数组 table。第 15～22 行是双重 for 循环，其循环体是一个 if... else if 分支，用来实现对二维数组 table 的处理。第 24～30 行是双重 for 循环，用来输出二维数组 table 中的数据。

# 习 题

**一、选择题**

1. 数组中的元素通过(　　　)来引用。

　　A. 常量　　　　　B. 数字　　　　　C. 元素　　　　　D. 变量　　　　　E. 下标

2. 下面数组初始化正确的是(　　　)。

　　A. int ary{ } = {1,2,3,4};

　　B. int ary[ ] = [1,2,3,4];

　　C. int ary[ ] = {1,2,3,4};

　　D. int ary{4} = {1,2,3,4};

　　E. int ary[4] = [1,2,3,4];

3. 下面(    )将变量 x 的值正确赋给了数组 ary 中的第一个元素。

    A. ary = x;

    B. ary = x[0];

    C. ary = x[1];

    D. ary[0] = x;

    E. ary[1] = x;

4. 根据数据值进行重新排列的过程是(    )。

    A. 安排          B. 查找          C. 列表          D. 排序          E. 分解

## 二、思考与应用题

1. 写出程序的执行结果。

```c
#include  <stdio.h>
int main (void)
{
    int list[10] = {0};
    int i;
    for(i = 0; i < 5; i++)
        list[2 * i + 1] = i + 2;
    for (i = 0; i < 10; i++)
        printf ("%d\n", list [i]);
    return 0;
}
```

2. 写出程序的执行结果。

```c
#include  <stdio.h>
int main (void)
{
    int list [10] = {2, 1, 2, 1, 1, 2, 3, 2, 1, 2};
    printf("%d\n", list[2]);
    printf("%d\n", list[list[2]]);
    printf("%d\n", list[list[2] + list[3]]);
    printf ("%d\n", list[list[list[2]]]) ;
    return 0;
}
```

3. 写出程序的执行结果。

```c
#include  <stdio.h>
int main (void)
{
    int list[10] = {2, 1, 2, 4, 1, 2, 0, 2, 1, 2};
    int line[10];
    int i;
```

```
    for(i = 0; i < l0; i + + )
        line[i] = list[9 − i];
    for(i = 0; i < 10; i + + )
        printf ("% d % d\n", list[i], line[i]);
    return 0;
}
```

### 三、编程题

1. 帕斯卡三角形可以用来计算表达式$(a+b)^n$的系数。编写程序创建二维数组方阵存放帕斯卡三角形数据。在帕斯卡三角形中,每个元素是其正上方元素及其正上方元素左边相邻元素之和。大小为 7 的帕斯卡三角形如下所示。

```
1
1        1
1        2        1
1        3        3        1
1        4        6        4        1
1        5        10       10       5        1
1        6        15       20       15       6        1
```

在上面的例子中,第 0 行元素和第 1 行两个元素分别置 1。然后求每一行元素数值的伪代码如下:

(1) pascal[0][0] = 1

(2) pascal[1][0] = 1

(3) pascal[1][1] = 1

(4) prevRow      = 1

(5) currRow      = 2

(6) loop (currRow < = size)

　　1) pascal[row][0] = 1

　　2) col = 1

　　3) Loop (col < = currRow)

　　　　① pascal[row][col] =
　　　　　　pascal[row − 1][col − 1]
　　　　　　+ pascal[row − 1][col]

　　　　② col = col + 1

注意:程序必须对创建任何大小的帕斯卡三角形都有效。

2. 写一程序输入学生学号与成绩数据,按要求统计和输出相关信息。假设学生人数为 40 人,每个学生学号为 4 位数字,一学期有 5 次测验。要求:

(1) 程序应可输出学生成绩和每次测验的统计表。输出学生信息应与输入学生学号顺序一致。学生信息由键盘输入。输出信息形式如下。

| Student | Quiz1 | Quiz2 | Quiz3 | Quiz4 | Quiz5 |
|---------|-------|-------|-------|-------|-------|
| 1234 | 78 | 83 | 87 | 91 | 86 |

| | | | | | |
|---|---|---|---|---|---|
| 2134 | 67 | 77 | 84 | 82 | 79 |
| 3124 | 77 | 89 | 93 | 87 | 71 |
| High Score | 78 | 89 | 93 | 91 | 86 |
| Low Score | 67 | 77 | 84 | 82 | 71 |
| Average | 74.0 | 83.0 | 88.0 | 86.7 | 78.7 |

(2) 程序中只使用一维数组和二维数组，运用下列数据进行验证。

| **Student** | **Quiz1** | **Quiz2** | **Quiz3** | **Quiz4** | **Quiz5** |
|---|---|---|---|---|---|
| 1234 | 52 | 7 | 100 | 78 | 34 |
| 2134 | 90 | 36 | 90 | 77 | 30 |
| 3124 | 100 | 45 | 20 | 90 | 70 |
| 4532 | 11 | 17 | 81 | 32 | 77 |
| 5678 | 20 | 12 | 45 | 78 | 34 |
| 6134 | 34 | 80 | 55 | 78 | 45 |
| 7874 | 60 | 100 | 56 | 78 | 78 |
| 8026 | 70 | 10 | 66 | 78 | 56 |
| 9893 | 34 | 9 | 77 | 78 | 20 |
| 1947 | 45 | 40 | 88 | 78 | 55 |
| 2877 | 55 | 50 | 99 | 78 | 80 |
| 3189 | 22 | 70 | 100 | 78 | 77 |
| 4602 | 89 | 50 | 91 | 78 | 10 |
| 5405 | 11 | 11 | 0 | 78 | 10 |
| 6999 | 0 | 98 | 89 | 78 | 20 |

3. 写一程序进行方阵的填充，要求左对角线元素置 0，左上方元素置 1，右下方元素置－1。例如，对于 6×6 的方阵，输出结果如图 5-15 所示。

| | | | | | |
|---|---|---|---|---|---|
| 1 | 1 | 1 | 1 | 1 | 0 |
| 1 | 1 | 1 | 1 | 0 | -1 |
| 1 | 1 | 1 | 0 | -1 | -1 |
| 1 | 1 | 0 | -1 | -1 | -1 |
| 1 | 0 | -1 | -1 | 1 | 1 |
| 0 | -1 | -1 | -1 | -1 | -1 |

图 5-15　编程题 3

# 第6章　指　针

指针是C语言中一个重要概念，通过它不仅可以编写高效的程序，还可以实现动态内存分配。前面几章研究的都是通过变量名直接访问内存，本章将研究使用指针间接访问内存的方法，主要介绍指针的基本概念；使用指针处理单个变量；使用指针处理数组；使用指针进行动态内存分配等问题。

## 6.1　概　念

### 6.1.1　指针常量

为了方便对内存的管理,操作系统对内存以字节(Byte)为单位用十六进制整数进行连续编号,这些编号称作地址(Address)。CPU就是通过这些地址来访问内存(Memory)的。

指针常量是计算机中有效内存地址的统称,只能使用不能改变。

如果知道了数据存储在内存中的位置(Location),然后能采用一定的方法通过该地址访问内存区域,就实现了通过地址来处理数据的目的,这种方法称作间接访问内存。

### 6.1.2　取地址运算

如果想知道某一变量在内存中的地址,可以通过对它进行取地址运算(&)实现,格式是:

& 变量名

强调以下两点:

(1) 变量的地址是该变量在内存中首字节(First Byte)的地址。

假设有两个短整型变量 a 和 b,每个变量占 2 个字节且系统连续对它们进行空间分配,若 a 的首字节地址是 234560,则 b 的首字节地址将是 234562,于是变量 a 和 b 的地址,即表达式 &a 和 &b 的值分别是 234560 和 234562,如图 6-1 所示。

(2) 使用 % p 可以输出地址,如图 6-2 所示。

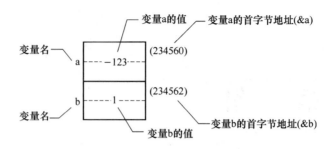

图 6-1　变量的地址

```
/* 输出变量地址 */
#include<stdio.h>

int main(void)
{
/* 局部声明 */
    short int a=−123;
    short int b=1;

/* 执行语句 */
    printf( "%p%p\n" ,&a,&b);

    return 0;
} /*main */
```

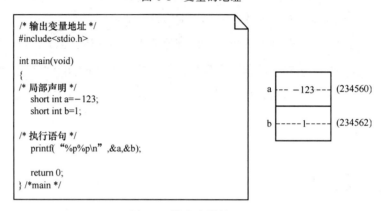

图 6-2　输出变量的地址

### 6.1.3　指针变量

为了方便对数据的操作，常常要把变量的地址存储起来。这种只能用来存储地址的变量称作指针变量(Pointer Variable)，简称为指针。

需要注意以下三点：

(1) 指针是变量，它也要占用内存空间，一般为 4 个字节（见本章第 168 页【程序 6-1】）；

(2) 指针变量也有自己的地址，要获得指针变量的地址同样使用取地址运算(&)，如指针 p 的地址是 &p；

(3) 若把一个变量的地址赋给指针，就说指针指向了该变量。

如图 6-3 所示，a 是一般变量，它存储了−123，指针 p 存储了 a 的地址，那么 p 就指向了 a，以后就可以通过 p 来间接操作 a 中的数据。

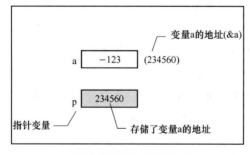

把变量a的地址存储到指针变量p

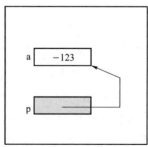

指针p指向了变量a

图 6-3　指针与变量

为了区分一般变量和指针变量,本书中指针变量全部用带阴影的矩形表示,一般变量使用空白矩形表示,用带箭头的线条表示指针变量与一般变量的指向关系。

> 要注意理解指针常量、变量地址与指针变量三者的关系:
> 指针常量是计算机内部有效内存地址的统称;变量的地址就是一个指针常量;指针变量则是用来存储指针常量(变量地址)的变量。

# 6.2 指针与变量

## 6.2.1 定义指针变量

同一般变量一样,指针变量也必须先定义后使用。定义指针变量的格式同定义一般变量类似,只不过要在指针变量名前加星号(Asterisk)。格式如下:

**数据类型标识符　* 指针变量名;**

指针的数据类型(Type_Identifier)是指针所指向数据区的类型(见第 168 页【程序 6-1】)。

图 6-4 中给出了定义一般变量和指针变量的对照。其中变量 a,n,x 是一般变量,它们的内容(Contents)分别是字符型数据'z',整数 15 和小数 3.3。变量 p,q,r 是指针变量,分别用来存储字符型、整型和浮点型数据区的地址,使它们分别指向字符型、整型和浮点型的数据区。

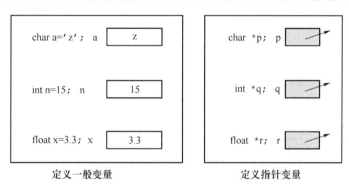

定义一般变量　　　　　　　　定义指针变量

图 6-4　定义指针变量

## 6.2.2 指针的初始化

同使用一般变量一样,如果不对指针进行初始化处理,指针里的地址值是不确定的(Undefinable),如图 6-5 所示。

在图 6-5 中,变量 a 和指针 p 均未初始化,因此 a 中的数据值不确定,p 中的地址值不确定。对指针 p 而言无非有两种情况,一是获得了计算机中不存在的一个地址值;二是获得了计算机中一个有效的地址值。对于第二种情况来说是很危险的,因为一旦不小心对指针进行了相关操作的话就会破坏它所指向区域的数据,甚至造成系统崩溃。因此使用指针前一定要进行初始化。初始化的方法有以下两种。

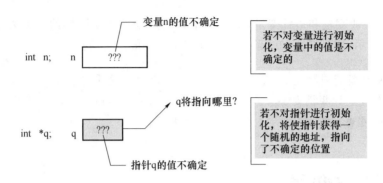

图 6-5　未初始化的指针

方法一：定义指针的同时初始化。如：

int a;　　　　　　　　　/＊定义整型变量 a＊/

int * p = &a;　　　　　　/＊定义指针变量 p 并使其指向了 a＊/

方法二：先定义指针后初始化。如：

int a = － 123;　　　　　/＊定义整型变量 a 并初始化为 － 123＊/

int * p, * q;　　　　　　/＊定义指针 p 和 q＊/

…

p = &a;　　　　　　　　/＊为 p 初始化,p 指向了 a＊/

q = p;　　　　　　　　　/＊为 q 初始化,q 也指向了 a＊/

以上代码段（Code Segment）说明,同类型的两个指针之间可以相互赋值,结果是指针 p 和 q 都指向了同一变量 a,如图 6-6 所示。

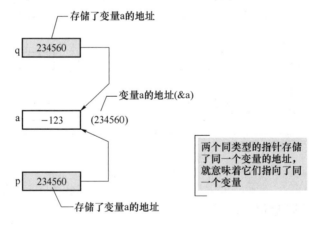

图 6-6　多个指针指向一个变量

注意以下几点：

（1）指针可以初始化为 NULL 或 0 值,这样的指针称作空指针（NULL Pointer）。如：

int * p1 = NULL;

char * p2 = 0;

NULL 是 C 语言内部定义的符号常量,代表 0 值,其定义在头文件 stdio. h 中。上面的语句事实上使指针 p1 和 p2 都指向了地址为 0 的单元。由于系统保证 0 地址单元不存放有效数据,所以初始化为 NULL 或 0 的作用是使该指针不指向有效的内存区。

（2）指针的类型必须与其指向变量的类型一致。如：

double x = -1.5;

int *px = &x;　　　/*错误！指针与变量的类型不一致*/

（3）先定义指针后初始化时千万不能在指针名前加星号。如：

int a = -123;

int *p, *q;

…

*p = &a;　　　　　/*错误！指针名前不能加星号*/

请大家一定注意：

指针一旦指向了某个变量，比如指针 p 指向了变量 x，则表达式 p 和 &x 的值是一样的，都是变量 x 的地址。

### 6.2.3　用指针处理变量

指针指向变量后，可以通过对指针实施间接运算（Indirection Operator），即在指针变量名前加星号（ * ）来处理它所指向的变量中的数据。格式是：

* 地址表达式

图 6-7 给出了使用指针间接处理变量的示例。图中显示：指针 p 和 q 都指向了变量 x，左边一列显示了变量 x 的初态，中间一列给出了执行的语句，右边一列显示的是执行语句后 x 的变化情况。其中，第一、二行显示的是通过变量名直接处理 x 的情况；后面几行显示的是通过指针 p 和 q 间接处理 x 的情形。

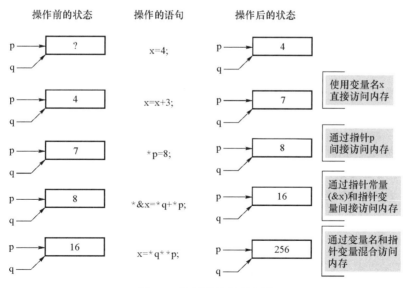

图 6-7　使用指针处理变量

注意以下四点：

（1）同一符号（Notation）在不同的场合作用不同。比如星号（ * ），在指针定义语句里它只是个语法符号（Syntactical Notation），而出现在其他地方就是运算符号。如：

```
int a;
int * pa = &a;          /* 星号是标识指针类型的语法符号 */
…
* pa = 8;               /* 星号是间接运算符号 */
…
a = a * 10;             /* 星号是算术乘运算符号 */
```

（2）间接运算（*）的对象只能是地址量。如：

```
int a;
int * pa = &a;
…
* pa = 8;               /* 通过指针 pa 给 a 存了 8 */
…
* &a = 100;             /* 通过指针常量 &a 给 a 存了 100 */
```

（3）取地址运算（&）与间接运算（*）互为逆运算（Inverse），当两者在一个表达式中相遇时相互抵消（Cancel）。若有上面的定义，则 * &a 等价于 a；& * pa 等价于 pa，也等价于 &a。

（4）可以定义空类型（void Type）的指针。

空类型的指针又称万能型指针（Universal Pointer），可以使用它指向任意类型的数据区。由于 void 型指针所指向的数据区类型不确定，所以不可以对 void 型指针进行间接运算。如：

```
void * pVoid;           /* 定义 void 型的指针 pVoid */
char  c;
int   a;
int  * pa = &a;         /* 定义整型指针 pa 并指向了 a */
char * pc = &c;         /* 定义字符型指针 pc 并指向了 c */
pVoid = pa;             /* pVoid 存储了 a 的地址 */
pVoid = pc;             /* pVoid 存储了 c 的地址 */
```

使用指针处理单个变量的步骤。

第一步：定义指针，并使其指向要处理的变量。

第二步：通过对指针取间接运算去处理变量。

### 6.2.4　程序举例

【程序 6-1】　关于指针类型和指针占用空间问题。

```
 1    /* Demonstrate the size of pointers
 2       Written by:
 3       Date:
 4    */
 5    #include  <stdio.h>
 6
 7    int main (void)
 8    {
 9    /* Local Definitions */
10       char     c;
11       char     *pc;
12       int      sizeofc      = sizeof(c);
13       int      sizeofpc     = sizeof(pc);
14       int      sizeofStarpc = sizeof(*pc);
15
16       double   x;
17       double   *px;
18       int      sizeofx      = sizeof(x);
19       int      sizeofpx     = sizeof(px);
20       int      sizeofStarpx = sizeof(*px);
21
22    /* Statements */
23       printf("sizeof(c):    %3d|",           sizeofc);
24       printf("sizeof(pc):   %3d|",           sizeofpc);
25       printf("sizeof(*pc):  %3d\n",     sizeofStarpc);
26
27       printf("sizeof(x):    %3d|",           sizeofx);
28       printf("sizeof(px):   %3d|",           sizeofpx);
29       printf("sizeof(*px):  %3d\n",     sizeofStarpx);
30
31       return 0;
32    }/* main */
```

运行结果

```
sizeof(c):    1|sizeof(pc):    4|sizeof(*pc):   1
sizeof(x):    8|sizeof(px):    4|sizeof(*px):   8
Press any key to continue
```

**程序 6-1 分析**：本例中第 10～20 行是变量定义语句，其中第 11 行定义了一个 char 型指针 pc，第 17 行定义了一个 double 型指针 px。通过程序的运行结果可以看出：指针 pc 和 px 都占用 4 个字节的空间，与它们的类型无关；而 * pc 和 * px 两个表达式分别代表它们指向区域的数据，所以它们的大小分别是 1(char 型)和 8(double)。

**【程序 6-2】**　使用指针处理单个变量。

| | |
|---|---|
| 1 | /* Demonstrate pointer use |
| 2 | 　 Written by: |
| 3 | 　 Date: |
| 4 | */ |
| 5 | #include ＜stdio.h＞ |
| 6 | |
| 7 | int main (void) |
| 8 | { |
| 9 | /* Local Definitions */ |
| 10 | 　 int　a; |
| 11 | 　 int　* p; |
| 12 | |
| 13 | /* Statements */ |
| 14 | 　 a = 14; |
| 15 | 　 p = &a;　　　　　　　　　　　　　　/* p指向了a */ |
| 16 | |
| 17 | 　 printf ("%d %p\n", a,　&a);　　　　　/* 输出a的值和地址 */ |
| 18 | 　 printf ("%d %p\n", * p, p);　　　　　/* 通过指针输出a的地址和值 */ |
| 19 | |
| 20 | 　 return 0; |
| 21 | } /* main */ |

| 运行结果 | ```
14 0012FF7C
14 0012FF7C
Press any key to continue_
``` |
|---|---|

**程序 6-2 分析**：本例中第 10 行定义了一个一般整型变量 a，第 11 行定义了一个同类型的指针变量 p。第 14 行是给变量 a 赋初值 14。第 15 行是把 a 的地址赋给了指针 p，使得指针 p 指向了变量 a。第 17 行是通过变量名输出 a 的值及其地址；第 18 行是通过指针 p 控制输出 a 的值及其地址，前者叫直接访问，后者叫间接访问。通过运行的结果不难看出：&a 和 p 的值一样，* p 和 a 的值一样。

**【程序 6-3】**　通过指针操作数据。
```

```
1    / *  Accessing data with pointers
2       Written by:
3       Date:
4    * /
5    # include  < stdio. h >
6
7    int main (void)
8    {
9    / *  Local Definitions  * /
10       int   a;
11       int   b;
12       int   c;
13       int   * p;
14       int   * q;
15       int   * r;
16
17   / *  Statements  * /
18       a = 6;
19       b = 2;
20       p = &b;
21
22       q = p;
23       r = &c;
24
25       p = &a;
26       * q = 8;
27
28       * r =  * p;
29
30       * r = a +  * q +  * &c;
31
32       printf("% d % d % d\n", a, b, c);
33       printf("% d % d % d\n", * p, * q, * r);
34
35       return 0;
36   } / * main * /
```

<table>
<tr><td rowspan="4">运<br>行<br>结<br>果</td><td>6 8 20<br>6 8 20<br>Press any key to continue</td></tr>
</table>

**程序6-3分析**：本例中第10～12行定义了3个整型变量a、b、c，第13～15行定义了3个整型指针变量p、q、r。第18～19行是给变量a、b赋初值，第20行是使指针p指向了变量b。第22行是通过两个同类型指针之间赋值操作，使得指针q也指向了变量b。第23行是使指针r指向了变量c。第25行是使指针p重新指向了a。第26行是通过指针q间接把数据8赋给了变量b。第28行是通过指针p和r间接把a中的数据6赋给了变量c。第30行是一个混合表达式语句，其中既有通过变量名a直接访问数据的形式，又有通过指针间接访问数据的形式（*r、*q、*&c），最终的结果是把a+b+c的值赋给了c。第32行、第33行是分别以直接访问数据和间接访问数据的形式输出了a、b、c的值。

**【程序6-4】**　通过指针输入和操作数据。

```
1    /* This program adds two numbers using pointers to demonstrate the concept
          of pointers.
2        Written by:
3        Date:
4    */
5    #include  <stdio.h>
6
7    int main(void)
8    {
9    /* Local Definitions */
10       int  a;
11       int  b;
12       int  r;
13       int  *pa = &a;
14       int  *pb = &b;
15       int  *pr = &r;
16
17   /* Statements */
18       printf("Enter the first nunber :    ");
19       scanf("%d", pa) ;
20       printf("Enter the second number:    ");
21       scanf("%d", pb);
22
```

| 23 | 　　* pr = * pa + * pb; |
| 24 | |
| 25 | 　　printf("\n%d + %d is %d\n", * pa, * pb, * pr); |
| 26 | |
| 27 | 　　return 0; |
| 28 | } /* main */ |
| 运行结果 | ```
Enter the first number :  15
Enter the second number:  51

15 + 51 is 66
Press any key to continue_
``` |

　　**程序 6-4 分析**：本例中第 10~12 行定义了 3 个整型变量 a、b、r，第 13~15 行定义了 3 个整型指针变量 pa、pb、pr，并使它们分别指向了变量 a、b、r。第 18~19 行是通过指针 pa 为 a 输入数据，第 20~21 行是通过指针 pb 为 b 输入数据。第 23 行是一个表达式语句，通过指针间接访问数据的形式把 a+b 的值赋给了 r。第 25 行再次以指针间接访问数据的形式输出了 a、b、r 的值。

# 6.3　多级指针

　　指针可以直接指向变量，也可以指向其他指针。直接指向变量的指针称作一级指针（One － Level Pointer），指向一级指针的指针称作二级指针（Two-Level Pointer），指向二级指针的指针称作三级指针（Three-Level Pointer），依次类推。一级以上的指针称作多级指针（Pointer to Pointer）。

　　注意以下几点：

　　（1）定义几级指针，就要在指针名前加几个星号。如：

```
int a = 10;
int * p;              /* 定义一级指针 p */
int ** pp;            /* 定义二级指针 pp */
int *** ppp;          /* 定义三级指针 ppp */
p = &a;               /* 一级指针 p 指向变量 a */
pp = &p;              /* 二级指针 pp 指向一级指针 p */
ppp = &pp;            /* 三级指针 ppp 指向二级指针 pp */
```

　　（2）只有同类型同级别的指针才可以相互赋值。

　　这也就是说，一级指针只能指向一个同类型的变量，二级指针只能指向一个同类型的一级指针，三级指针只能指向一个同类型的二级指针……依此类推。图 6-8 中给出了正确使用指针和错误使用指针的一些例子。
```

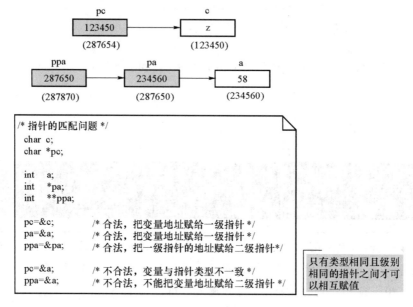

图 6-8　指针匹配问题

（3）使用多级指针处理数据时，几级指针就要实施几次间接运算。

图 6-9 中显示了如何使用一级指针和二级指针处理数据的情况。因为 p 是一级指针，q 是二级指针，p 指向了 a，q 指向了 p，所以 * p，** q 与 a 都是等价的。

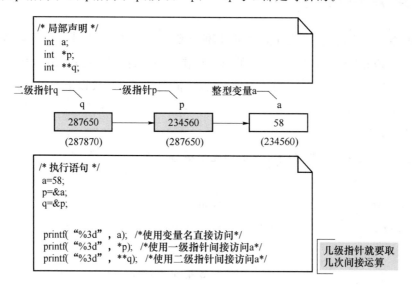

图 6-9　使用指针处理变量

【程序 6-5】　使用多级指针操作数据。

| 1 | /* Show how pointers to pointers can be used by different scanf functions to read data to the same variable. |
|---|---|
| 2 | Written by: |

```
3          Date:
4      */
5      #include  <stdio.h>
6
7      int main (void)
8      {
9      /* Local Definitions */
10         int   a;
11         int   * p;
12         int   ** q;
13         int   *** r;
14
15     /* Statements */
16         p = &a;
17         q = &p;
18         r = &q;
19
20         printf ("Enter a number: ");
21         scanf ( "%d", &a) ;
22         printf ("The number is : %d\n", a);
23
24         printf ("\nEnter a number: ");
25         scanf ("%d", p) ;
26         printf ("The numbbr is : %d\n", a);
27
28         printf ("\nEnter a number: ");
29         scanf ("%d", * q);
30         printf ("The number is : %d\n", a);
31
32         printf ("\nEnter a number: ");
33         scanf ("%d", ** r);
34         printf("The number is : %d\n", a);
35
36         return 0;
37     } /* main */
```

运行结果

```
Enter a number: 10
The number is : 10

Enter a number: 20
The number is : 20

Enter a number: 30
The number is : 30

Enter a number: 40
The number is : 40
Press any key to continue
```

**程序 6-5 分析**：本例中第 10 行定义了整型变量 a，第 11～13 行各定义了一级指针 p，二级指针 q，三级指针 r。第 16～18 行是对指针进行初始化——一级指针 p 指向了数据区 a，二级指针 q 指向了一级指针 p，三级指针 r 指向了二级指针 q。第 20～22 行是通过变量名直接为 a 录入和输出数据。第 25 行、第 29 行、第 33 行是分别通过一级指针 p、二级指针 q、三级指针 r 间接为 a 录入数据。请大家注意理解：表达式 p、＊q、＊＊r 的值都是变量 a 的地址，而 ＊p、＊＊q、＊＊＊r 的值都是变量 a 的值。

# 6.4　指针与数组

### 6.4.1　指针与一维数组

根据第 5 章的知识，数组是具有相同类型多个变量的集合，这些变量在内存中连续存放，这是数组显著的特点。每个数组元素（Array Elements）都有自己的地址，它们占用连续的一片地址空间。C 语言中规定，数组名（Array Name）是数组中首元素的地址，它是个指针常量，a 与 &a[0]完全等价（Equivalent），如图 6-10 所示。

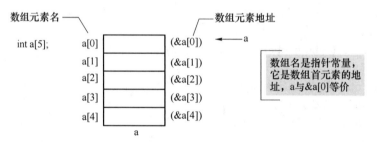

图 6-10　数组名的含义

正因如此，可以使用如图 6-11 所示的两种方法来访问数组中的第一个元素，即 a[0]和 ＊a。前者是通过数组名加下标（Subscript）的方法直接访问数组元素，后者则是通过对地址取间接运算来间接访问数组元素。

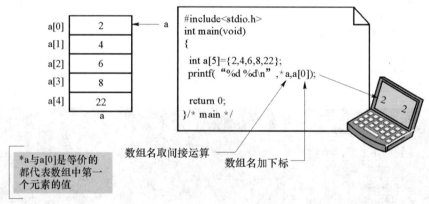

图 6-11　使用数组名处理首元素

### 1. 用指针指向数组元素

同指向一般变量一样,只要把数组元素的地址赋给指针,指针就指向了该元素。若有以下定义:

```
int a[5];
int * p;
```

要使 p 指向元素 a[i],可以通过语句 p=&a[i];实现。图 6-12 显示了使用指针 p 指向和处理数组 a 中首元素 a[0]的一种方法。图 6-13 显示了使指针 p 指向数组中元素a[1]的方法以及使用指针名加下标访问数组元素的另一种方法。

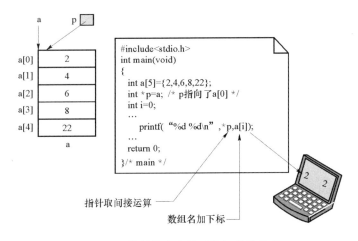

图 6-12　指针指向和处理数组的首元素

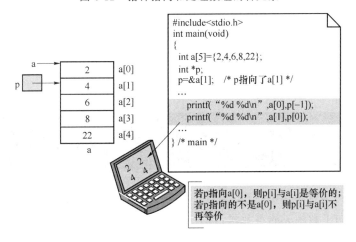

图 6-13　使用指针名加下标访问数组元素的方法

强调以下两点:

(1) 有两种方法可以使指针 p 指向 a[0]。方法一是:p=&a[0];方法二是:p=a;在这种情况下,可以用指针名替换数组名来处理数组元素,即 a[i]与 p[i]完全等价。

(2) 若指针 p 指向的不是首元素 a[0]而是 a[i],这时如果要用指针名替换数组名来访问数组元素,则 a[i]与 p[i]不再对应,而是 a[i]与 p[0]对应。就像图 6-13 中显示的,因为 p

指向的是 a[1]，所以 p[0]与 a[1]对应，p[−1]与 a[0]对应。注意：与使用数组名加下标不一样，使用指针名加下标时下标可以出现负数。

**【程序 6-6】** 用指针名替换数组名处理数组元素。

| | |
|---|---|
| 1 | /* Use pointer name instead of array name. |
| 2 | Written by: |
| 3 | Date: |
| 4 | */ |
| 5 | #include <stdio.h> |
| 6 | |
| 7 | int main (void) |
| 8 | { |
| 9 | /* Local Definitions */ |
| 10 | int a[5] = {1 ,2 ,3 ,4 ,5}; |
| 11 | int *p = a; |
| 12 | int i; |
| 13 | |
| 14 | /* Statements */ |
| 15 | for( i = 0; i < 5; i++ ) |
| 16 | printf("%3d", p[i]); |
| 17 | |
| 18 | printf("\n"); |
| 19 | |
| 20 | return 0; |
| 21 | } /* main */ |
| 运行结果 | `1 2 3 4 5`<br>`Press any key to continue` |

**程序 6-6 分析：**本例中第 10 行定义了一维数组 a，同时进行了初始化。第 11 行定义了一个指针 p，并指向了数组 a 的首元素，这时 a[i]和 p[i]是完全等价的。第 15～16 行是一个 for 循环，通过指针名 p 加下标方式输出了 a 中各元素的值，从运行的结果可以看出是完全正确的。

**2. 指针算术运算**

上面讨论的是使用指针处理数组中单个元素的问题，这与处理单个变量的方法是一样的。在介绍数组的时候讲过，数组是一种重要的数据结构（Data Structure），有了它不仅可以实现很多算法，比如查找、排序，而且可以使用循环来遍历（Move Through）数组中的每个元素。因此，指针指向数组后应该想办法移动指针使其能依次指向其他元素，以达到处理整个数组的目的。指针移动是由指针的算术运算实现的。

（1）指针与整数的加、减运算

C语言中规定，一个指针量（不管它是指针常量还是指针变量）可以进行加或减整数 n 运算，作用是获得了当前位置前方或后方第 n 个元素的地址，即指向了当前位置的前方或后方第 n 个元素的位置，n 称作偏移量（Offset）。如图 6-14 所示，a 是数组名，它是一个指针常量，p 是指针变量，它指向了 a[1]。那么 a+i 的值是 &a[i]，是 a 后方第 i 个元素的位置。p+1 的值是 &a[2]，作用是指向了 p 后方第 1 个元素的位置，p−1 的值是 &a[0]，作用是指向了 p 前方第 1 个元素的位置。需要注意的是，此时指针 p 本身的值没有改变，指针 p 本身的指向没有改变。

由于不同类型的数据所占用存储空间的大小不同，因此新的地址值与指针的类型有关，可以按下列的公式计算（Compute）：

**新地址＝原来的地址 ± n ∗ 每个元素大小（字节）**

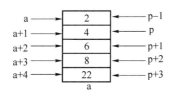

图 6-14　指针算术运算的意义

图 6-15 中定义了两个不同类型的数组，字符型数组 a[3] 和 float 型数组 b[3]，由于两个数组的类型不同，它们各自元素的大小不同，分别是 1 个字节和 4 个字节。假设两个数组的首地址都是 100，那么 a+1 和 b+1 的作用尽管都是指向了其后方一个元素的位置，但是它们的值是不一样的，前者是 101，移动了 1 个字节，后者是 104，移动了 4 个字节。

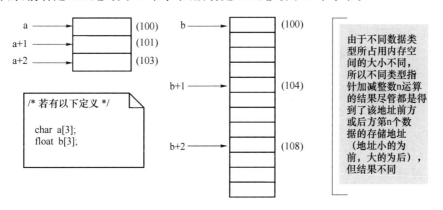

图 6-15　不同类型指针算术运算

有了指针算术运算后，若有数组 a[5]，指针 p 指向了 a[0]，则处理数组的方法可以总结成表 6-1。

表 6-1　处理一维数组元素的方法

| 取元素的地址 | | | 取元素的值 | | | |
|---|---|---|---|---|---|---|
| a+0 | p+0 | &a[0] | *(a+0) | *(p+0) | a[0] | p[0] |
| a+1 | p+1 | &a[1] | *(a+1) | *(p+1) | a[1] | p[1] |
| a+2 | p+2 | &a[2] | *(a+2) | *(p+2) | a[2] | p[2] |
| a+3 | p+3 | &a[3] | *(a+3) | *(p+3) | a[3] | p[3] |
| a+4 | p+4 | &a[4] | *(a+4) | *(p+4) | a[4] | p[4] |

【程序 6-7】　用指针处理一维数组。

```
1    /* Use array name and pointer to access one-dimensional array.
2        Written by:
3        Date:
4    */
5    #include <stdio.h>
6
7    int main (void)
8    {
9    /* Local Definitions */
10       int a[5];
11       int *p = a;
12       int i;
13   /* Statements */
14       printf("请输入 5 个整数：  ");
15       for( i = 0; i < 5; i++ )
16           scanf("%d", a + i);          /* a + i 等价于 &a[i] */
17
18       for( i = 0; i < 5; i++ )
19           printf("%5d", *(p + i));     /* *(p + i)等价于 a[i] */
20
21       printf("\n");
22
23       return 0;
24   } /* main */
```

运
行
结
果

```
请输入5个整数:  10 20 30 40 50
    10    20    30    40    50
Press any key to continue
```

**程序 6-7 分析:**本例中第 10 行定义了一维数组 a,第 11 行定义了一个指针 p,并指向了数组 a 的首元素。第 15～16 行是一个 for 循环来为数组 a 的元素输入数据,访问元素是通过数组名实现的,因为 a+i 与 &a[i] 是一样的。第 18～19 行又是一个 for 循环,用来输出数组中各元素的值,访问元素是通过指针来实现的,因为 *(p+i) 与 a[i] 是一样的。

(2) 指针自增、自减运算

同一般变量一样,指针变量可以进行自增(＋＋)或自减(－－)运算,作用是使指针向后或向前移动一个元素的位置。因为数组名是指针常量,它不可以进行自增(＋＋)或自减(－－)运算。同一般变量的自增、自减运算一样,指针自增、自减运算也有前置和后置之分,使用时要加以注意。要特别注意指针自增、自减运算与取间接运算混合使用时的情况。若有以下的定义和初始化:

int a[5] = {1, 2, 3, 4, 5};

int * pa = &a[2];　　　/* 指针 pa 指向了元素 a[2] */

int b[5];

int * pb = b;　　　/* 指针 pb 指向了元素 b[0] */

int y;

那么,单独执行以下各条语句的作用是:

y = * pa ++ ;　　　/* 把 a[2] 的值赋给 y 后,pa 指向了 a[3] */

y = * (pa ++) ;　　　/* 和上面作用完全等价 */

y = ( * pa) ++ ;　　　/* 把 a[2] 的值赋给 y 后,a[2] 的值增加 1 */

y = * ++ pa;　　　/* pa 先指向 a[3],然后把 a[3] 的值赋给 y */

y = ++ * pa;　　　/* a[2] 值先增加 1,然后把 a[2] 的值赋给 y */

* pb ++ = * pa ++ ;　　　/* 把 a[2] 的值赋给 b[0] 后,pa 指向 a[3],pb 指向 b[1] */

很多读者认为指针部分难学,其实不是难在指针的概念,也不是难在用指针处理单个变量的情况,而是难在通过指针的混合运算来处理数组的情况。不过这种混合运算在实际编程中,特别是在字符串处理方面非常有用。引进指针的概念和研究指针与数组的关系在很大程度上是为了字符串编程需要(详细内容见第 7 章)。经验表明,在研究这类问题时,画图是帮助理解问题一种很好的方法,表 6-2 是上面部分例子的图形表示。

**表 6-2　指针混合运算**

| 初 态 | 操 作 | 终 态 |
| --- | --- | --- |
| a[0] a[1] a[2] a[3] a[4]<br>1 2 3 4 5<br>↑pa<br><br>b[0] b[1] b[2] b[3] b[4]<br>? ? ? ? ?<br>↑pb<br><br>y ? | y = * pa ++ ; | a[0] a[1] a[2] a[3] a[4]<br>1 2 3 4 5<br>y 3　pa↑ |
| | y = ( * pa) ++ ; | a[0] a[1] a[2] a[3] a[4]<br>1 2 4 4 5<br>y 3　pa↑ |
| | y = * ++ pa; | a[0] a[1] a[2] a[3] a[4]<br>1 2 3 4 5<br>y 4　pa↑ |
| | y = ++ * pa; | a[0] a[1] a[2] a[3] a[4]<br>1 2 4 4 5<br>y 4　pa↑ |
| | * pb ++ = * pa ++ ; | a[0] a[1] a[2] a[3] a[4]<br>1 2 3 4 5<br>pa↑<br><br>b[0] b[1] b[2] b[3] b[4]<br>3 ? ? ? ?<br>↑pb |

### 3. 指针其他运算

除了上面提到的运算外，指针还可以进行以下运算。

（1）指针相减运算

两个指向同一个数组的指针之间可以进行相减运算，结果是两个指针跨过该类型数据的个数。若有以下定义：

```
int a[5] = {2, 4, 6, 8, 10};
int * p1 = a, * p2 = &a[3];
```

则 p2－p1 的结果是 3，因为 p2 与 p1 之间跨过 3 个数据的位置。

（2）指针关系运算

两个相同类型的指针之间可以进行关系运算（Relational Operator），用来比较（Compare）两个指针所指向内存空间的前后位置关系。如：

```
if(p1 > = p2) …
if(p1 != p2) …
```

指针最常用的关系运算是与 NULL 之间进行比较。如：

```
if(ptr = = NULL) …        / * 等价于 if( !ptr ) * /
if(ptr != NULL) …         / * 等价于 if( ptr ) * /
```

> 掌握指针处理一维数组的方法十分重要,它是处理二维数组的基础。处理一维数组的方法可以总结为:(1)定义指针,并使其指向数组首元素;(2)通过指针去处理它所指向的元素;(3)对指针实施算术运算,移动指针指向其他元素。

### 6.4.2　指针与二维数组

要理解好用指针处理二维数组问题,就必须先理解好二维数组的等效问题。一个二维数组 array[M][N]可以等效成一个含行数(M)个元素的一维数组,其中每个元素又是一个含列数(N)个元素的一维数组。如图 6-16 所示,a[3][4]可以等效为含三个元素 a[0],a[1],a[2]的一维数组,而 a[0],a[1],a[2]又分别是含四个元素的一维数组,各代表二维数组的一行。a[0],a[1],a[2]都是数组名,是地址常量,这是研究指针与二维数组必须要很好地理解的一个问题。

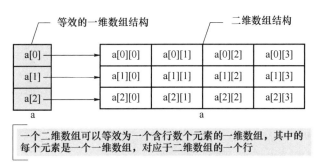

图 6-16　二维数组等效图

之所以要建立以上的等效关系,主要是为了把使用指针处理二维数组的问题转化为处理一维数组的问题。有了上面的等效关系,根据前面讨论过的指针与一维数组关系的理论不难得出:数组名 a 与 &a[0]等价,a+1 与 &a[1]等价,a+2 与 &a[2]等价,这表明对二维数组而言,对数组名 a 进行算术运算的结果是使指针在行间进行移动,而不是在元素之间进行移动。因为 a[0],a[1],a[2]也都是一维数组,所以又有 a[0]与 &a[0][0]等价,a[1]与 &a[1][0]等价,a[2]与 &a[2][0]等价,也就是说 a[0]是第一行行首的地址,a[1]是第二行行首的地址,a[2]是第三行行首的地址,更多的关系如表 6-3 所示。

表 6-3 二维数组处理

| 表达式 | 含 义 |
|---|---|
| a，a+1，a+2 | 分别对应于 &a[0]，&a[1]，&a[2] |
| *a，*(a+1)，*(a+2) | 分别对应于 a[0]，a[1]，a[2] |
| a[0]，a[1]，a[2] | 分别对应于 &a[0][0]，&a[1][0]，&a[2][0] |
| *a+1，a[0]+1 | 第一行第二个元素的地址，即 &a[0][1] |
| *(a+1)+2，a[1]+2 | 第二行第三个元素的地址，即 &a[1][2] |
| *(*(a+i)+j)，*(a[i]+j) | 第 i 行第 j 列个元素的值，即 a[i][j] |

**【程序 6-8】** 二维数组的等效关系。

```
1   /* To access two-dimensional array with array name.
2      Written by:
3      Date:
4   */
5   #include  <stdio.h>
6
7   int main (void)
8   {
9   /* Local Definitions */
10      int a[3][3] = {1 ,2 ,3 , 4 , 5, 6, 7, 8, 9};
11      int i, j;
12  /* Statements */
13      printf("第一次输出:\n");
14      for( i = 0; i < 3; i++ )
15      {
16        for( j = 0; j < 3; j++ )
17          printf("%3d", *(*(a + i) + j));     /* 使用数组名处理 */
18
19          printf("\n");
20      }
21
22      printf("第二次输出:\n");
23      for( i = 0; i < 3; i++ )
24      {
```

| 25 | `        for( j = 0; j < 3; j++ )` |
|----|-----|
| 26 | `          printf("%3d", *(a[i] + j));       /* 使用a[i]处理 */` |
| 27 | |
| 28 | `          printf("\n");` |
| 29 | `      }` |
| 30 | |
| 31 | `      return 0;` |
| 32 | `} /* main */` |

| 运行结果 | 第一次输出:<br>　 1　 2　 3<br>　 4　 5　 6<br>　 7　 8　 9<br>第二次输出:<br>　 1　 2　 3<br>　 4　 5　 6<br>　 7　 8　 9<br>Press any key to continue_ |
|----|----|

**程序 6-8 分析:** 本例中第 10 行定义了 3 行 3 列的二维数组 a,同时进行了初始化。第 14~20 行是一个双重 for 循环,用来控制输出二维数组 a 各元素的值,元素的访问是通过数组名实现的,*( *(a+i)+j)与 a[i][j]等价。第 23~29 行又是一个双重 for 循环,用来再次输出二维数组 a 各元素的值,元素的访问是通过等效的一位数组中的元素 a[i]实现的,* (a[i]+j)与 a[i][j]等价。

根据前面的分析,可以通过两种办法来解决利用指针处理二维数组的问题:一种是定义一个在行间可以进行移动的行指针;另一种是定义一个元素个数与二维数组行数相同的指针数组,使它的每个元素指向二维数组的一行,把处理二维数组问题转化为处理一维数组的问题。

**1. 行指针**

可以指向二维数组中的行并可以在行间进行移动的指针称作行指针(Row Pointer)。定义行指针的格式是:

数据类型 (*指针名)[行中元素个数];

如:

`int (*p)[4];`

上面的语句定义了一个名字为 p 的行指针,它可以指向一个含 4 列的二维数组的行。若有数组 a[3][4],则 p=a 和 p=&a[0]的作用一样,都使 p 指向了数组 a 第一行的行首;而 p=&a[2]的作用是使 p 指向了第三行行首。若 p 指向了第一行,则 p+1 的值就是第二行行首的地址,如图 6-17 所示。

使用行指针可以单独处理二维数组的一行,也可以处理整个数组。

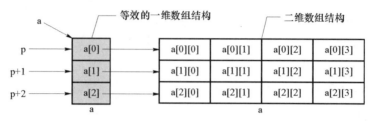

图 6-17　行指针与二维数组

（1）使用行指针处理数组的某一行

若有行指针（＊p)[4]和二维数组 a[3][4]，使用 p 处理某一行中元素的方法如图6-18所示。

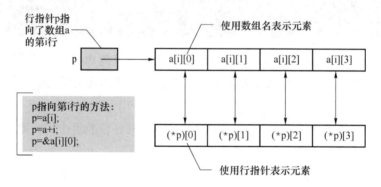

图 6-18　用行指针处理二维数组某一行

【**程序 6-9**】　用行指针处理二维数组的某一行。

```
1   /* To access one row of two-dimensional array with row-pointer.
2      Written by:
3      Date:
4   */
5   #include <stdio.h>
6
7   int main (void)
8   {
9   /* Local Definitions */
10      int a[3][4] = {1 ,2 ,3 , 4 , 5, 6, 7, 8, 9, 10, 11, 12};
11      int  i, j;
12      int  (*p)[4];
```

```
13    /* Statements */
14       p = a[1];
15       for( i = 0; i < 4; i++ )
16         printf("%4d", (*p)[i]);
17
18       printf("\n");
19
20       return 0;
21    } /* main */
```

| 运行结果 | <br>　5　6　7　8<br>Press any key to continue<br> |
|---|---|

**程序6-9分析:** 本例中第10行定义了3行4列的二维数组a,同时进行了初始化。第12行定义了行指针p,它可以指向一个4列的二维数组。第14行是使p指向了数组a的第二行行首。第15～16行是一个for循环,用来控制输出数组a第二行各元素的值,元素的访问是通过行指针p实现的,(*p)[i]与a[1][i]等价。

(2) 使用行指针处理整个数组

使用行指针处理整个数组的方法与使用数组名处理二维数组的方法一样。

**【程序6-10】** 使用行指针处理整个二维数组。

```
1    /* To access two-dimensional array with row-pointer.
2       Written by:
3       Date:
4    */
5    int main (void)
6    {
7    /* Local Definitions */
8       int   a[3][3] = {1, 2, 3, 4, 5, 6, 7, 8, 9};
9       int   i, j;
10      int   (*p)[3] = a;
11   /* Statements */
12      for( i = 0; i < 3; i++ )
13      {
14        for( j = 0; j < 3; j++ )
15          printf("%3d", *(*(p + i) + j));
```

| | |
|---|---|
| 16 | |
| 17 | `        printf("\n");` |
| 18 | `    }` |
| 19 | |
| 20 | `    return 0;` |
| 21 | `} /* main */` |
| 运行结果 | ```
1 2 3
4 5 6
7 8 9
Press any key to continue
``` |

**程序 6-10 分析：** 本例中第 8 行定义了 3 行 3 列的二维数组 a，同时进行了初始化。第 10 行定义了可以指向一个 3 列的二维数组的行指针 p，并使其指向了 a 的首行。第 12～18 行是双重 for 循环，用来控制输出数组 a 各元素的值，元素的访问是通过行指针 p 实现的，＊（＊(p＋i)＋j)与 a[i][j]等价。

**2. 指针数组**

类型为指针型的数组称作指针数组（Pointer Array）。定义指针数组的方法与定义一般数组类似，只是要在数组名前面加星号。如：

int＊p[3];

上面的语句定义了整型指针数组 p，它含有三个整型指针变量 p[0]，p[1]，p[2]。可以让数组中的每个元素指向一个二维数组的行，这样就可以把对二维数组的处理问题转化为处理一维数组的问题。

**【程序 6-11】** 使用指针数组处理二维数组。

| | |
|---|---|
| 1 | `/* To access two-dimensional array with pointer array.` |
| 2 | `   Written by:` |
| 3 | `   Date:` |
| 4 | `*/` |
| 5 | `#include  <stdio.h>` |
| 6 | |
| 7 | `int main (void)` |
| 8 | `{` |
| 9 | `/* Local Definitions */` |
| 10 | `    int  a[3][3] = {1 ,2 ,3 , 4 , 5, 6, 7, 8, 9};` |
| 11 | `    int  i, j;` |
| 12 | `    int  *p[3];` |
| 13 | |
| 14 | `/* Statements */` |
```

| 15 | for( i = 0; i < 3; i++ ) |
|---|---|
| 16 |   p[i] = a[i]; |
| 17 | |
| 18 | for( i = 0; i < 3; i++ ) |
| 19 | { |
| 20 |   for( j = 0; j < 3; j++ ) |
| 21 |     printf("%3d", *(p[i] + j)); |
| 22 | |
| 23 |   printf("\n"); |
| 24 | } |
| 25 | |
| 26 |   return 0; |
| 27 | } /* main */ |
| 运行结果 | ``` 1  2  3 4  5  6 7  8  9 Press any key to continue ``` |

**程序 6-11 分析**:本例中第 10 行定义了 3 行 3 列的二维数组 a,同时进行了初始化。第 12 行定义了一个含 3 个元素的指针数组 p。第 15～16 行是一个 for 循环,用来使数组 p 中的每个元素指向数组 a 的对应行,即 p[0]指向第一行,p[1]指向第二行,p[2]指向第三行,如图 6-19 所示。第 18～24 行是双重 for 循环,用来控制输出数组 a 各元素的值,元素的访问是通过指针 p[i]实现的,*(p[i]+j)与 a[i][j]等价。

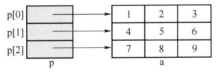

图 6-19　【程序 6-11】的图

# 6.5　动态内存分配

## 6.5.1　概念

在 C 语言中,可以使用两种不同的技术(Technology)为所使用的对象分配内存空间,一种是静态内存分配(Static Memory Allocation);另一种是动态内存分配(Dynamic Memory Allocation)。静态内存分配是程序员在源程序中使用定义语句申请的对象,这些对象在程序运行后不允许改变其占用内存空间的大小,因此比较适合规模确定的问题的情况。载止现在,以前讨论的问题都是基于静态内存分配的。动态内存分配则是在程序运行后,使用库函数(Predefined Functions)为数据分配内存空间,这就有效地把数据定义延伸到了程序运行时刻(Run Time)，为某些问题的解决提供技术支持。

　　要想弄懂动态内存分配的执行情况，就必须要了解内存的使用情况。从概念上来说，内存可以划分为程序和数据两个区。程序区存储了程序中所有函数的代码；数据区则包含了程序中的常量(Constant)、全局数据(Global Data)、局部数据(Local Data)和动态数据(Dynamic Data)。局部数据在栈(Stack)中分配空间，动态数据在堆(Heap)中分配空间。栈和堆是计算机科学中非常重要的两个概念，有关它们的介绍请参阅数据结构及计算机组成方面的书籍。图 6-20 显示了内存的使用情况。

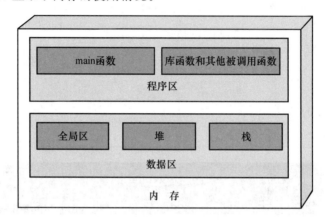

图 6-20　C 程序使用内存情况

### 6.5.2　内存管理函数

　　在 C 语言中，动态内存分配是由四个内存管理函数(Memory Management Functions)**malloc,calloc,realloc 及 free** 实现的，如图 6-21 所示。其中前面三个是内存分配函数，后面一个是内存释放函数。它们的函数原型均包含在头文件 stdlib.h 中。

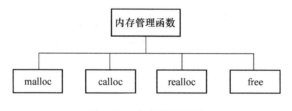

图 6-21　内存管理函数

**1. malloc 函数**

（1）函数原型

$$\textbf{void} \quad * \textbf{malloc(unsigned int size)};$$

（2）函数功能

分配 size 个字节的内存块(Block of Memory)并返回一个指向该内存块首字节的 void 型的指针。

（3）注意事项

① 正常返回时为分配空间的首地址；异常返回时为空指针(NULL)，即空间分配失败。

② 由于正常返回时为 void 型的地址，若要把它赋给某种类型的指针就必须要进行强制

类型转换。如：

　　int * pInt;

　　pInt = (int * )malloc(2);

　　③ 为了操作方便,函数的实参(Actual Parameter)经常用 sizeof 运算得出。如：

　　pInt = (int * )malloc( sizeof(int) );

　　④ 在实际编程时,通常需要检查其返回值是否为 NULL,以确定所需的空间是否成功分配。处理方法如图 6-22 所示。

图 6-22　malloc 函数

在图 6-22 中,exit(1)是 C 语言的库函数,其作用是结束 main 函数的执行,其函数原型包含在 stdlib.h 中。

> 请大家注意把握：
>
> 　　利用动态内存分配来处理单个数据的过程分为两步:第一步先定义一个指针;第二步使用 malloc 函数分配空间,并使指针指向该空间。这样一来,就可以利用前面的知识使用指针来间接处理数据。

### 2. calloc 函数

（1）函数原型

$$void \quad * calloc(unsigned\ int\ elementCount,$$
$$unsigned\ int\ elementSize);$$

（2）函数功能

分配含 elementCount 个元素,每个元素的大小为 elementSize 的数组,返回一个指向该数组首地址的 void 型的指针。如图 6-23 所示。

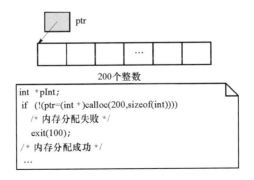

图 6-23　calloc 函数

使用 calloc 函数的注意事项同 malloc 函数。

请大家注意把握：

利用动态内存分配来处理多个数据的过程也分为两步：第一步先定义一个指针；第二步使用calloc函数分配空间，并使指针指向该空间的开始地址。这样一来，就可以利用指针处理数组的知识来处理数据了。

### 3. realloc 函数

（1）函数原型

$$void \quad * \ realloc(void * ptr，unsigned \ int \ newSize)；$$

（2）函数功能

在指针 ptr 指向的内存块尾部进行删除或扩展（extend）空间，在扩展不成的情况下，它将彻底分配另一块空间，并把原内存块中的内容复制到新空间，然后把原内存空间删除。所以使用 realloc 函数的执行效率是很低的，应该有节制地使用。

图 6-24 给出了使用 **realloc** 函数扩展内存的情形。

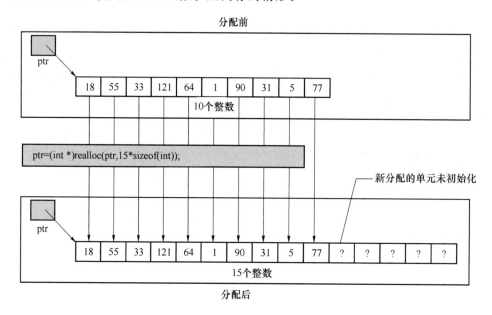

图 6-24　realloc 函数

### 4. free 函数

（1）函数原型

$$void \ free(void \quad * ptr)；$$

（2）函数功能

把由指针 ptr 指向的内存空间交还给堆。

（3）注意事项

① ptr 所指向的必须是使用 **malloc**，**calloc** 或 **realloc** 函数分配的空间。

② 若出现下列情况之一，使用 **free** 函数就会出错：

- ptr 是一空指针,即没有指向任何数据区;
- ptr 指向了已分配空间的非首字节地址;
- ptr 指向的空间已经释放。

【**程序 6-12**】 动态内存分配函数的使用。

```
1    / *  To use dynamic memory allocation functions.
2        Written by:
3        Date:
4         * /
5        # include  < stdio. h >
6        # include  < stdlib. h >
7
8        int main (void)
9        {
10       / *  Local Definitions  * /
11           int    * p;
12           int    i;
13           if(!(p =  (int  * )calloc( 5, sizeof(int))))
14           {
15               printf("内存分配失败!\a\a\n");
16               exit(1);
17           }
18
19       / *  Statements  * /
20           for( i =  0; i < 5; i + + )
21             * (p +  i) =  rand() %  100 +  1;
22
23           for( i =  0; i < 5; i + + )
24             printf("% 8d ", * (p +  i));
25
26           printf("\n");
27
28           free(p);
29
30           return 0;
31       } / *  main  * /
```

| 运行结果 | ```
42       68       35        1       70
Press any key to continue
``` |
| --- | --- |

　　**程序 6-12 分析**：本例中第 11 行定义了一个整型指针 p。第 13～17 行是一个 if 分支，作用是使用 calloc 函数分配一个含 5 个元素的整型数组，并把首元素的地址赋给了指针 p，若为 0，即内存分配失败，就结束程序运行。第 20～21 行是一个 for 循环，作用是为分配的数组元素赋值，这些值是由 rand() % 100 + 1 产生，范围在 1～100 之间。第 23～24 行又是一个 for 循环，作用是输出数组中的 5 个元素的值。第 28 行是释放分配的数组空间。

　　请大家注意几点：一是在把动态内存分配函数返回的值赋给指针时一定要进行强制类型转换，如第 13 行中 p = (int *)calloc( 5，sizeof(int))；二是动态分配的空间是没有名字的，所以只能通过指针间接进行操作，如第 21 行和第 24 行中的 *(p+i)。

# 习 题

**一、选择题**

1. 以下用来对指针实施间接运算的运算符是（　　）。

　　A. &　　　　　B. ˆ　　　　　　C. =　　　　　　D. —>　　　　　E. *

2. 若指针 p 指向了变量 a，则以下不能使 a 的值增 1 的语句是（　　）。

　　A. a++；　　B. *p = *p+1；　C. a+=1；　　D. *p++；　　E. a=a+1；

3. 以下（　　）是用来定义直接指向整型变量指针的语句。

　　A. int &ptr；　B. int ** ptr；　C. int &&ptr；　D. int ˆptr；　　E. int * ptr；

4. 以下是正确定义指针同时使其指向变量 x 的是（　　）。

　　A. int * ptr = * x；　　　　　　B. int &ptr = * x；　　　　　　C. int * ptr = ˆx；

　　D. int &ptr=ˆx；　　　　　　E. int * ptr = &x；

5. 以下关于二级指针的描述正确的是（　　）。

　　A. 指向变量的指针　　　　　　　　　B. 指向同一个变量的两个指针

　　C. 指向相同类型两个变量的两个指针　　　D. 其内容是一级指针地址的指针

6. 若有下列的定义，则表示变量 x 中值的是（　　）。

```
int x;
int * p = &x;
int ** pp = &p;
```

　　A. p　　　　　B. * pp　　　　　C. pp　　　　　D. ** pp　　　　E. &p

7. 若有下列的定义，则错误的操作是（　　）。

```
int i;
float f;
int * pd;
```
```

```
float * pf;
```

  A. i = 5;  B. pf = &f;  C. f = 5;  D. pd = pf;  E. pd = &i;

8. 以下关于指针与数组关系的描述中正确的是(　　)。

  A. 若 ary 是数组,则表达式 * ary 与 &ary[0]是等价的

  B. 若 ary 是数组,则表达式 * ary 与 * ary[0]是等价的

  C. 数组名是一指针变量

  D. 可以通过对数组名取间接运算来访问数据

9. 以下关于指针运算的描述中正确的是(　　)。

  A. 任何运算都可以改变指针的值

  B. 若有指针 p,则 p＋n 是 p 后方第 n 个元素的地址

  C. 指针加减整数运算用来改变指针所指向数据区的值

  D. 可以通过对数组名取间接运算来访问数据

  E. 数组名也可以进行自增或自减运算

10. 以下(　　)不是 C 语言的内存分配函数。

  A. alloc( ) B. malloc( )  C. calloc( )  D. realloc( )  E. free( )

11. 以下关于动态内存分配的描述中正确的是(　　)。

  A. 动态分配的内存没有自己的名字,只能通过指针引用(Be Referred)

  B. calloc 函数用来改变先前使用 malloc 函数分配的内存空间

  C. malloc 函数用来分配数组空间

  D. realloc 函数用来释放内存

12. 在 C 语言中,用来进行动态分配数组的函数是(　　)。

  A. alloc( ) B. malloc( )  C. calloc( )  D. realloc( )  E. free( )

13. 以下关于释放动态内存分配空间的描述中正确的是(　　)。

  A. 若指针指向的内存空间已释放,则对该指针取间接运算就会出错

  B. 若指针指向了动态数组的非首元素,则通过该指针释放该数组空间就会出错

  C. 动态分配的空间一旦不再使用就该释放

  D. 要释放使用 calloc 函数分配的数组,只需调用一次 free 函数

**二、思考与应用题**

1. 写出定义以下各对象的语句:

  (1) 一个一级整型指针变量 pi。  (2) 一个二级整型指针变量 ppi。

  (3) 一个一级浮点型指针变量 pf。  (4) 一个二级字符型指针变量 ppc。

2. 若 a 为一整型变量,下面的说法哪个是正确的,哪个是错误的?

  (1) 表达式 * &a 和 a 是等价的。  (2) 表达式 * &a 和 & * a 是等价的。

3. 若有以下的定义:

```
int x;

double d;

int * p;
```

```
double * q;
```

以下哪些表达式语句是非法的，为什么？

(1) p = &x;　　　(2) p = &d;　　　(3) q = &x;　　　(4) q = &d;　　　(5) p = x;

4. 若有以下的定义：

```
int a = 5;
int b = 7;
int * p = &a;
int * q = &b;
```

假设各表达式求值互不影响，则以下各表达式的值是多少？

(1) ++a　　　　(2) ++( * p)　　(3) --( * q)　　(4) --b

5. 指出下列表达式中的错误。

(1) int a = 5;　　(2) int * p = 5;　(3) int a;　　　(4) int a;

　　　　　　　　　　　　　　　　　int * p = &a;　　int ** q = &a;

6. 下列各代码段中，哪些是非法的，为什么？

(1) int * p;　　　　　　　　(2) int * p

　　scanf("% d", &p);　　　　　scanf("%d", & * p)

(3) int * p;　　　　　　　　(4) int a;

　　scanf("% d", * p);　　　　　int * p = &a;

　　　　　　　　　　　　　　　scanf("% d", p)

7. 下列各代码段中，哪些有错误，为什么？

(1) int ** p;　　(2) int ** p;　　(3) int ** p;　　(4) char c = "A";

　　int * q;　　　　int * q;　　　　int ** q;　　　char ** p;

　　q = &p;　　　　p=&q;　　　　p=&q;　　　　char * q;

　　　　　　　　　　　　　　　　　　　　　　　q=&c;

　　　　　　　　　　　　　　　　　　　　　　　printf("%c", * p);

8. 若 p 和 q 是指针，a 是数组名，则以下哪些是非法操作，为什么？

(1) * p = * p + 2;　　　　　　(2) &p=&a[0];

(3) q = &(p+2);　　　　　　　(4) a[5] = 5;

9. 若所有指针与变量均已定义，它们间的关系如图 6-25 所示。则连续执行以下赋值操作后各变量中的数据是多少？

　　a = *** p;　　s = ** p;　　t = * p;　　b = ** r;　　** q = b;

10. 若所有指针与变量均已定义，它们间的关系如图 6-26 所示。则连续执行以下赋值操作后各变量中的数据是多少？

　　t = ** p;　　b = *** q;　　*t = c;　　v = r;　　w = * s;　　a = ** v;　　*u = * w;

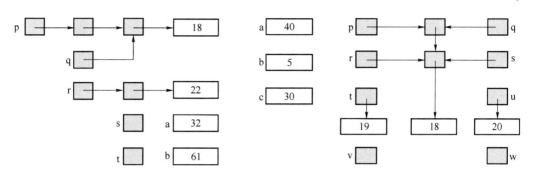

图 6-25　思考与应用题 9　　　　　　　　图 6-26　思考与应用题 10

11. 使用取间接运算(＊)改写以下各表达式。

(1) tax[6]　　　(2) score[7]　　　(3) num[4]　　　(4) prices[9]

12. 使用取下标运算([…])改写以下各表达式。

(1) ＊(tax＋4)　(2) ＊(score＋2)　(3) ＊(num＋0)　(4) ＊prices

13. 若有以下的定义：

int ary[10];

int ＊p = &ary[3];

试写出使用指针 p 访问数组 ary 中第 6 个元素的方法。

14. 写出以下代码段的输出结果。

```
{
    int num[5] = { 3, 4, 6, 2, 1 };
    int * p = num;
    int * q = num + 2;
    int * r = &num[1];
    printf ("\n%d %d", num[2], * (num + 2));
    printf ("\n%d %d", *p, * (p + 1));
    printf ("\n%d %d", *q, * (q + 1));
    printf ("\n%d %d", *r, * (r + 1));
}
```

15. 指出以下两条语句的不同含义。

(1) int ＊x[5];　　　　　　　　(2) int (＊x)[5];

16. 写出以下代码段的输出结果。

```
{
/ * Local Definitions * /
    int x[2][3] = { {4, 5, 2},
                    {7, 6, 9}
                  };
    int ( * p)[3] = &x[1];
```

```
    int ( * q)[3] = x;
/ * statements * /
    printf("\n%d %d %d", ( * p)[0],( * p)[1],( * p)[2]);
    printf("\n%d %d", * q[0], * q[1]);
}
```

17. 若有以下定义：

int num[26] = {23, 3, 5, 7, 4, −1, 6};

int * n = num;

int i = 2;

int j = 4;

写出以下各表达式的值：

(1) n　　(2) * (n+1)　　　(3) * n　　　(4) * n+j　　　(5) * n+1　　　(6) * &i

18. 若有以下定义：

char a[20] = {´z´, ´x´, ´m´, ´s´, ´e´, ´h´};

char * pa = a;

int i = 2;

int j = 4;

int * pi = &i;

写出以下各表达式的值：

(1) * (pa+j)　　　　　　　(2) * (pa+ * pi)

19. 若有以下定义：

int data[15] = {5, 2, 3, 4, 1, 3, 7, 2, 4, 3, 2, 9, 12};

写出以下各表达式的值：

(1) data+4　　　　　　(2) * data+4

(3) * (data+4)　　　　(4) * (data+( * data+2))

20. 若有以下定义：

int i = 2;

int j = 4;

int * pi = &i;

int * pj = &j;

写出以下各表达式的值：

(1) * &j　(2) * & * &j　　　(3) * &pi　　(4) ** &pi　　　(5) & ** &pi　　(6) &i+8

21. 若有以下定义：

char a[20] = {´z´,´x´,´m´,´s´,´e´,´h´};

int j = 4;

试写出与下列各式子的值相同的指针表达式：

(1) a[0]　　　　　　　　　　　(2) a[5]

(3) a[0]前面一个元素的地址　　　(4) 最后一个元素的地址

（5）最后一个元素后面元素的地址　　（6）a[3]后面的元素

（7）a[12]后面的元素　　　　　　　（8）a[j]后面的元素

22. 若有以下定义：

```
int num[2000] = {23, 3, 5, 7, 4, -1, 6};
```

试写出两个表示 &num[0]的指针表达式。

23. 若有以下定义：

```
int num[2000] = {23, 3, 5, 7, 4, -1, 6};
int * pn = num;
```

试写出用来判断指针 pn 是否越出数组 num 界限的表达式。

### 三、编程题

1. 编写程序建立图 6-27 中所示的结构，先给 a 输入一个整数，然后依次通过指针 p,q, r,s,t,u 和 v 输出 a 的值。

2. 编写程序建立图 6-28 中所示的结构，先通过指针 p,q,r 分别给 a,b,c 输入数据，然后使指针 p,q,r 各自指向 c,a,b,最后通过 p,q,r 输出它们所指向对象的内容。

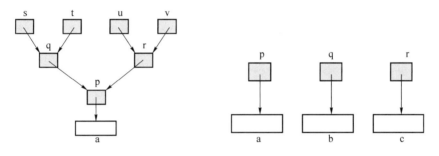

图 6-27　编程题 1　　　　　　　　　　图 6-28　编程题 2

3. 编写程序建立图 6-29 中所示的结构，先通过指针 x,y 分别给 a,b 输入数据，然后通过指针 x,y,z 求 a 和 b 的乘积，结果存放到 c 中，最后通过指针 x,y,z 输出 a,b,c 的值。

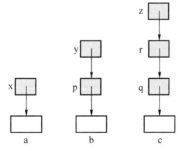

图 6-29　编程题 3

4. 若有以下定义：

```
int num[20];
```

使用指针编写程序，为数组 num 输入和输出数据。

5. 编写程序实现从键盘输入 10 个整数存储到数组中，然后分别按升序和降序对数组中的数据进行排序并输出结果。要求：不能改变原始数组中数据的存放顺序，也不得建立任何其他数组。提示：可以申请两个指针数组，一个用于按升序排序，另一个用于按降序排序，如图 6-30 所示。

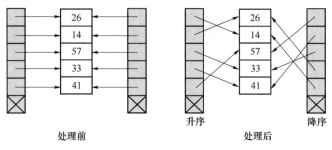

图 6-30　编程题 5

# 第7章 字符串

在实际应用中，字符串处理占有很大的比重。C语言中没有提供字符串型的数据类型，字符串的存储借助于字符型的数组实现；字符串的操作借助于系统提供的库函数来完成。本章重点研究字符串的存储、字符串输入/输出和常用字符串处理函数。

## 7.1 字符串的存储

字符串（Character String）简称为串（String）。在 C 语言中，没有字符串数据类型（String Data Type），字符串由字符型的数组进行存储。存放字符串时，是从左向右依次存放每个字符的 ASCII 码值，末尾以空字符（null Character）结束，空字符又称定界符（Delimiter）。以"Hello"为例，它的存储形式如图 7-1 所示。

图 7-1　串的存储

强调以下几点：

（1）要把含 $n$ 个字符的字符串存储起来，要申请至少含 $n+1$ 个元素的一个数组，因为需要存储'\0'字符。

（2）可以使用两种方法把一个串存储到数组中。

① 使用字符串常量，格式是：

**char 数组名[元素个数]＝字符串常量；**

如：

```
char str1[9] = "Good Day";        /* 8 个字符的串，至少要 9 个元素 */
char str2[ ] = "Good Day";        /* 元素个数可以省略 */
char str3[11] = "Good Day";       /* 元素个数比字符个数多 3 个 */
```

上面的语句均实现了把串"Good Day"存储到了字符型的数组中，存储形式如图 7-2

所示。

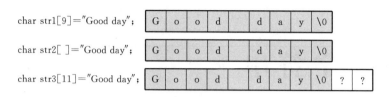

图 7-2　用串常量格式存储串

② 使用字符常量，格式是：

**char 数组名[元素个数]＝{字符常量列表}；**

如：

  char str1[6] = {´H´,´e´,´l´,´l´,´o´,´\0´};

  char str2[ ] = {´H´,´e´,´l´,´l´,´o´,´\0´};

  char str2[8] = {´H´,´e´,´l´,´l´,´o´,´\0´};

上面的语句均实现了把串"Hello"存储到了字符型的数组中，存储形式如图 7-3 所示。

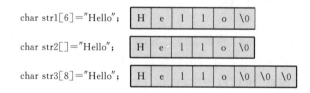

图 7-3　用字符常量格式存储串

需要注意的是：使用第二种方法时，一定要注意最后一个字符必须是'\0'。下面的两条语句的作用是完全不同的，第一条语句是在把一个字符串存储到了数组，第二条语句存储的不是字符串。

  char str[ ] = {´H´,´e´,´l´,´l´,´o´,´\0´};

  char str[ ] = {´H´,´e´,´l´,´l´,´o´};

　　一定要记住：

　　一个串在内存中以空字符(\0)结束。在实际编程中，它是人们判断一个串是否处理完毕的重要标志。

# 7.2　指针与字符串

在第 6 章中，研究了使用指针处理数组的方法。既然字符串存储在字符型数组中，当然就可以使用前面的方法，用指针来处理字符串。事实上，C 语言中引进指针的概念，在一定程度上是为了处理字符串方便。可以使用多种不同的方法让指针指向字符串。

**1. 把字符串常量直接赋给指针**

在第 1 章介绍字符串常量时已经提到过,一个字符串常量的值是该字符串首字符在内存中的地址。因此,可以直接把一个字符串常量赋给字符型的指针。

如:

　　char * ps = ″Good Day″;

**2. 用指针指向数组**

字符串存储到数组后,可以用指针指向数组,然后通过指针来处理串。

如:

　　char s[10] = ″Good Day″;

　　char * ps = s;

**3. 用指针数组指向多个串**

可以用指针数组指向多个串。

如:

　　char * ps[3] = {″Wangli″,″Sunli″,″Zhaona″};

在上面的语句中,ps[0]指向了"Wangli",ps[1]指向了"Sunli",ps[2]指向了"Zhaona"。

# 7.3　字符串输入/输出

可以使用格式化输入/输出函数(scanf/printf)输入/输出字符串,也可以使用专门的字符串输入/输出函数(gets/puts)来输入/输出字符串。gets 和 puts 两个函数的原型也包含在头文件 stdio. h 中。

**1. 使用 scanf 函数输入字符串**

(1) 格式

$$\text{scanf}(″\%s″, \text{数组名});$$

(2) 作用

将用户从键盘上输入的字符序列以字符串的形式存储到数组中。

如:

　　char name[20];

　　scanf(″ % s″,name);

(3) 注意事项

该函数遇到回车符才执行,若用户输入的字符序列中不含空格、水平制表符(Tab键),系统将把用户输入的回车符转换成空字符。若用户输入的字符序列中包含了空白字符〔空格字符和水平制表符(Tab 键)〕,则系统把它转换成空字符,这就是说 scanf 是不能录入空白字符的。也可以使用 % ms 的格式,其中 m 是整数,来指定输入字符的个数,如图7-4 所示。

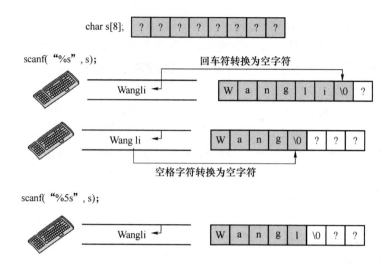

图 7-4　使用 scanf 函数录入字符串

**2. 使用 printf 函数输出串**

（1）格式

$$printf("\%s",地址);$$

（2）作用

将指定地址开始的字符串输出到屏幕。

如：

char str[20] = "abcdef123";

printf("% s\n",str);　　　　　→结果是：abcdef123

printf("% s\n",str + 4);　　　→结果是：ef123

printf("% s\n",&str[2]);　　　→结果是：cdef123

（3）强调一点

字符串在内存中既然是以空字符(\0)结束的字符序列,因此就可以使用％c 来控制输出一个字符串。

如：

char str[] = "Today";

char * pstr = str;

while( * pstr)

　　printf("% c", * pstr ++ );

**【程序 7-1】**　输入一个字符串,把其中的大写字母转换为小写字母后输出。

| | |
|---|---|
| 1 | /* Read a string , access it , and print it. |
| 2 | 　Written by: |
| 3 | 　Date: |
| 4 | */ |
| 5 | # include ＜ stdio.h ＞ |

```
6     #define   BUF   256
7
8     int main(void)
9     {
10    /* Local Definitions */
11        char s[BUF];
12        int   i;
13
14    /* Statements */
15        printf("Please enter a string:  ");
16        scanf("%s", s);
17
18        printf("Original string is:        %s\n",s);
19
20        i = 0;
21        while(s[i] != '\0')
22        {
23          if(s[i] >= 'A' && s[i]<= 'Z')
24            s[i] += 'a' - 'A';
25          i++;
26        }
27
28        printf("Final string is:          %s\n",s);
29
30        return 0;
31    } /* main */
```

运行结果

第一次运行:

```
Please enter a string:  1234ABC?:abc
Original string is:     1234ABC?:abc
Final string is:        1234abc?:abc
Press any key to continue
```

第二次运行:

```
Please enter a string:  ABCD   123abc
Original string is:     ABCD
Final string is:        abcd
Press any key to continue
```

**程序 7-1 分析:** 本例中第 6 行定义了符号常量 BUF,第 11 行引用 BUF 定义了一个 char

型数组 s。第 16 行使用 scanf 函数向数组 s 中录入了一个字符串。第 18 行输出了 s 中的字符串。第 20～26 行是 while 循环部分，实现对 s 中的串进行处理，其中第 23～24 行是一个 if 分支，实现当 s[i] 为大写字母时就把它转换为小写字母，第 24 行是实现转换的语句，也可以写成：s[i] += 32；，前者的可读性好。第 28 行用来输出转换后的串。请大家注意：一是使用 scanf 录入串时不能录入空格字符，从两次运行结果的比较就清楚地看出这点；二是在处理字符串时一贯的做法是从左边开始逐个字符进行处理，直到遇到了空字符 '\0' 就结束，所以说结束标志 '\0' 是很重要的。

**3. 使用 gets 函数输入串**

(1) 格式

**gets(数组名);**

(2) 作用

将用户从键盘上输入的字符序列以字符串的形式存储到数组中。

如：

```
char name[20];
gets(name);
```

(3) 注意事项

该函数遇到回车符才执行，系统将把用户输入的回车字符转换成空字符，如图 7-5 所示。

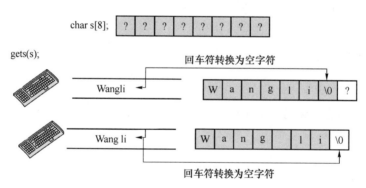

图 7-5　使用 gets 函数录入字符串

从图 7-5 中可以看出，与 scanf 函数不同的是，gets 函数可以录入空白字符。

**4. 使用 puts 函数输出串**

(1) 格式

**puts(地址);**

(2) 作用

将指定地址开始的字符串输出到屏幕后换行。

如：

```
char str[20] = "abcdef123";
puts(str);        /* 结果是:abcdef123 ↵ */
```

```
    puts(str + 4);    /* 结果是:ef123 ↵ */
    puts(&str[2]);    /* 结果是:cdef123 ↵ */
```

其中,↵符号代表换行符。

**【程序 7-2】** 输入一个字符串,把其中的空格字符删除后输出。

```
1   /* Read a string from keyboard, delete all space character, then print it.
2       Written by:
3       Date:
4   */
5   #include  <stdio.h>
6   #define   BUF   256
7
8   int main(void)
9   {
10  /* Local Definitions */
11      char s[BUF];
12      int  i;
13      int  k;
14
15  /* Statements */
16      printf("Please enter a string:  ");
17      gets( s );
18
19      printf("Original string is   : %s  \n",s);
20
21      i = 0;
22      k = 0;
23      while(s[i] != '\0')
24      {
25        if(s[i] != ' ')
26          s[k++] = s[i];
27        i++;
28      }
29
30      s[k] = '\0';
31
32      printf("Final string is       :  ");
```

| 33 | puts(s); |
|---|---|
| 34 | |
| 35 | return 0; |
| 36 | } /* main */ |
| 运行结果 | ```
Please enter a string:  123   abc   FED
Original string is    :  123   abc   FED
Final string is       :  123abcFED
Press any key to continue
``` |

**程序 7-2 分析：**本例中第 17 行使用 gets 函数向数组 s 中录入了一个字符串。第 19 行使用 printf 输出了 s 中的字符串。第 23～28 行是 while 循环部分，实现把 s 中的空格字符删除。实现的原理是：设置了两个变量 k 和 i，它们的初始值都是 0，都指向串中最左边的一位，循环用来控制从最左边开始一位一位地取串中的字符，如果不是空格就把它复制到 k 指向的那位，然后 k 指向下一位；如果当前位是空格就不复制，k 不变化，由 i 控制继续取下一位，这样重复下去，一直到 i 取到了空字符位就结束循环。不难看出，对于每一次循环来说 i 都变化，k 却只有当前取出的不是空格字符时才变化，否则就不变化。第 26 行用来实现字符复制和改变 k 的操作，这条语句的作用等价于两条语句：s[k]＝s[i]；k＋＋；，使用一条语句代码更加简洁、紧凑、高效。第 30 行是 while 循环结束后要执行的语句，作用是把 s[k] 设置为'\0'。请大家注意分析：在 while 循环结束时，k 前面的内容就是原串中删除了空格后的部分，为了把它们作为一个串，就必须把 k 指向的位设置为结束标志'\0'。第 33 行使用 puts 函数输出了处理后的新串。

**【程序 7-3】** 输入月份号码（1～12），输出对应月份的英文名字。

| 1 | /* Read a month number, then print it's month name. |
|---|---|
| 2 | Written by: |
| 3 | Date: |
| 4 | */ |
| 5 | # include <stdio.h> |
| 6 | |
| 7 | char * monName[13] = { "", "January", "Febrary", "March", |
| 8 | "April", "May", "June", |
| 9 | "July", "August", "September", |
| 10 | "October", "November", "December" }; |
| 11 | int main(void) |
| 12 | { |
| 13 | /* Local Definitions */ |
| 14 | int monN; |
| 15 | |
```

| 16 | /* Statements */ |
|----|------------------|
| 17 | do |
| 18 | { |
| 19 | printf("请输入一个月号(1-12)： "); |
| 20 | scanf("%d", &monN); |
| 21 | }while(monN < 1 \|\| monN > 12); |
| 22 | |
| 23 | printf("\n月份是%d月,月份名是：%s\n", monN, monName[monN]); |
| 24 | |
| 25 | return 0; |
| 26 | } /* main */ |

| 运行结果 | 请输入一个月号(1-12)： -1<br>请输入一个月号(1-12)： 0<br>请输入一个月号(1-12)： 16<br>请输入一个月号(1-12)： 9<br><br>月份是9月,月份名是：September<br>Press any key to continue_ |
|----|----|

**程序 7-3 分析**：本例中第 7 行是在全局区定义了一个指针数组 monName,同时进行了初始化,使每个指针指向了一个串。请大家注意：第一个串设置成了空串,而后面的每个串是月份的名字,这样做的目的是使指针数组元素的下标与该数字为月份的名字相对应。第 17~21 行是一个 do-while 循环,用来控制输入正确的月份号码,起到纠错的目的,也就是说只有当输入了正确的数字才结束输入向后进行,否则就让用户继续输入下去。第 23 行是输出月份号码及对应月份的英文名,请注意表达式 monName[monN]中用输入的月份号码作下标的处理技巧。

【**程序 7-4**】 输入 5 个国家的英文名字,按每行一个输出。

| 1 | /* Read 5 country's names, then output them. |
|----|------------------|
| 2 | Written by: |
| 3 | Date: |
| 4 | */ |
| 5 | #include <stdio.h> |
| 6 | |
| 7 | int main(void) |
| 8 | { |
| 9 | /* Local Definitions */ |
| 10 | char couName[5][20]; |
| 11 | int i; |
| 12 | |

| | |
|---|---|
| 13 | `/* Statements */` |
| 14 | `    for( i = 0; i < 5; i++ )` |
| 15 | `    {` |
| 16 | `        printf("Please enter a country name:  ");` |
| 17 | `        scanf("%s", couName[i]);` |
| 18 | `    }` |
| 19 | |
| 20 | `    for( i = 0; i < 5; i++ )` |
| 21 | `        puts(couName[i]);` |
| 22 | |
| 23 | `    return 0;` |
| 24 | `} /* main */` |
| 运行结果 | ```
Please enter a country name:  China
Please enter a country name:  Denmark
Please enter a country name:  Russia
Please enter a country name:  France
Please enter a country name:  Japana
China
Denmark
Russia
France
Japana
Press any key to continue
``` |

　　**程序 7-4 分析**：本例中第 10 行定义了一个 5 行 20 列的 char 型数组 couName，每行用来录入一个串（英文国家名）。第 14～18 行是一个 for 循环，控制录入国家名。请大家注意：对于二维数组 couName 来说，表达式 couName[i] 是第 i 行的行首地址。第 20～21 行又是一个 for 循环，控制输出 5 个国家名。

> 一定要注意：
> 　　使用 scanf 函数录入字符串时不能含空白字符。要想录入包含空白字符（空格或水平制表符）的字符串就要使用 gets 函数。

# 7.4　字符串处理函数

　　字符串不是标准数据类型，对串的操作需要借助库函数完成。

　　C 语言提供了丰富的字符串处理函数。所有函数的原型包含在 string.h 中，函数的名字有一个共同的特点——一般都含前缀 str，如 strcpy、strcmp 等。在这里将介绍几个常用的串处理函数。
```

**1. strlen 函数**

（1）函数原型

$$\text{int strlen}(\text{const char} * \text{string});$$

（2）函数功能

返回参数 string 所指向串的长度，即除空字符外的字符个数。

如：

    char * p = ″I\′m a student,you too\. \61\x32\a\n″;

    char s[ ] = ″Hello″;

则下列函数调用的结果是：

strlen(p)          / * 结果是:26 * /

strlen(s)          / * 结果是:5 * /

strlen(s + 2)     / * 结果是:3 * /

【程序 7-5】 测字符串串长度函数 strlen。

| | |
|---|---|
| 1 | `/ *  This program demonstrates function strlen.` |
| 2 | `    Written by:` |
| 3 | `    Date written:` |
| 4 | `* /` |
| 5 | `# include  < stdio. h >` |
| 6 | `# include  < string. h >` |
| 7 | |
| 8 | `int main (void)` |
| 9 | `{` |
| 10 | `/ * Local Definitions * /` |
| 11 | `    char s[81];` |
| 12 | |
| 13 | `/ * Statements * /` |
| 14 | `    printf (″Enter a string:  ″);` |
| 15 | `    gets(s);` |
| 16 | |
| 17 | `    printf(″String is:\″ % s\″.″ , s);` |
| 18 | `    printf(″It′s length is % d\n″ , strlen(s));` |
| 19 | |
| 20 | `    return 0;` |
| 21 | `} / * main * /` |

| 运行结果 | Enter a string:  abcd...123<br>String is:"abcd...123".It's length is 10.<br>Press any key to continue |
|---|---|

**程序 7-5 分析：** 本例中第 11 行定义了一个 char 型数组 s，用来录入一个长度不大于 80 的串。第 15 行调用 gets 函数为 s 录入一个串。第 17 行输出了这个串，其中 \" 的作用是输出一个"。第 18 行输出了串的长度 strlen(s)。

**【程序 7-6】** 从键盘输入一个字符串，输出这个串和它的逆串（如串"abc"的逆串是"cba"）。

```
 1   /* Read a string from keyboard, then output it reversed.
 2       Written by:
 3       Date written:
 4   */
 5   # include  < stdio.h >
 6   # include  < string.h >
 7
 8   int main (void)
 9   {
10   /* Local Definitions */
11       char   s[81];
12       char   temp;
13       int    i;
14       int    n;
15
16   /* Statements */
17       printf ("Enter a string:  ");
18       gets(s);
19
20       printf("String is:\"%s\".", s);
21
22       for( i = 0, n = strlen(s); i < n/2 ; i++)
23       {
24         temp       = s[i];
25         s[i]       = s[n-1-i];
26         s[n-1-i] = temp;
27       }
28
29       printf("\nReversed string is:\"%s\".\n", s);
30
31       return 0;
32   } /* main */
```

<table>
<tr><td rowspan="3">运 行 结 果</td><td>Enter a string: abc 123<br>String is:"abc 123".<br>Reversed string is:"321 cba".<br>Press any key to continue▁</td></tr>
</table>

**程序 7-6 分析**：本例中第 11 行定义了一个 char 型数组 s，用来录入一个长度不大于 80 的串。第 18 行调用 gets 函数为 s 录入一个串。第 20 行输出了这个串。第 22～27 行是一个 for 循环，实现把 s 中的串进行逆转。基本方法是：从左边第一个字符开始，令第一个与倒数第一个交换，第二个与倒数第二个交换……这样反复进行下去，一直进行到中间一个元素为止。若 n＝strlen(s)，则第一个为 s[0]，倒数第一个为 s[n－1]，第二个为 s[1]，倒数第二个为 s[n－1－1]……由此可得，与下标 i 对应的首和尾两个元素分别是 s[i] 和 s[n－1－i]。第 29 行是再次输出了 s 中的串，从运行结果可以看出的确进行了逆转。

**2. strcpy 函数**

（1）函数原型

　　　　char ＊ strcpy(char ＊ to_string，const char ＊ from_string)；

（2）函数功能

用来把参数 from_string 指向的串（称作源串）连同结束符'\0'一起复制到参数 to_string 指向的另一个串（称作目标串），返回目标串的首地址。若有以下定义：

char s1[20]；

char s2[] = "C language"；

char ＊ p = "World"；

则下面的语句都是合法的：

strcpy(s1,"Hello")；　　　　/＊ s1 的内容为串"Hello"＊/

strcpy(s1,p)；　　　　　　/＊ s1 的内容为串"World"＊/

strcpy(s1,s2 + 2)；　　　　/＊ s1 的内容为串"language"＊/

（3）注意事项

第一个参数 to_string 一定是字符型的数组，且长度要足够大。如果源字符串长度大于目标串，与目标串相邻的后方内存中的数据将被破坏，这是很危险的。图 7-6 给出了串复制的例子。

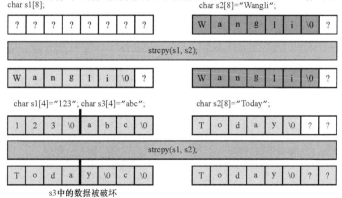

图 7-6　字符串复制函数 strcpy

**3. strcmp 函数**

（1）函数原型

$$\text{int strcmp(const char * string1, const char * string2);}$$

（2）函数功能

比较两个参数所指向的字符串的大小，返回一个整数。

若 string1 > string2，返回值为 1。

若 string1 == string2，返回值为 0。

若 string1 < string2，返回值为 −1。

表 7-1 给出了字符串比较的一些例子。

**表 7-1　字符串比较函数 strcmp 返回值**

| string1 | string2 | 比较结果 | 函数返回值 |
|---------|---------|---------|-----------|
| "ABC123" | "ABC123" | string1 等于 string2 | 0 |
| "ABC123" | "ABC456" | string1 小于 string2 | < 0 |
| "ABC" | "ABC123" | string1 小于 string2 | < 0 |
| "ABC123" | "ABC" | string1 大于 string2 | > 0 |

（3）注意事项

两个字符串比较时，是从头到尾依次比较对应位置字符的 ASCII 码值的大小，结果一旦确定就停止。两个串只有长度相同且每个位置的字符也相同才是相等关系，如图 7-7 所示。

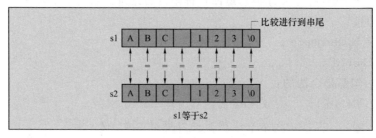

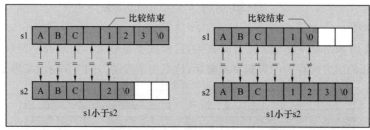

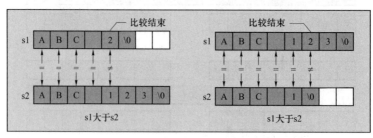

图 7-7　字符串比较函数 strcmp

【程序 7-7】 从键盘上输入 5 个国家的名字,使用冒泡法按降序排列后输出。

```
1    /* Demonstrate how to use the functions strcpy and strcmp.
2       Written by:
3       Date written:
4    */
5    # include  <stdio.h>
6
7    int main (void)
8    {
9    /* Local Definitions */
10       char strName[5][20];
11       char temp[20];
12       int  i;
13       int  j;
14       int  k;
15   /* Statements */
16       for(i = 0; i < 5; i++)
17       {
18           printf ("Enter a country name:  ");
19           gets(strName[i]);
20       }
21
22       /* Bubble sorting */
23        k = 1;
24        for( i = 0; i < 4 && k; i++)
25          for(k = 0,j = 4; j > i ; j--)
26            if(strcmp(strName[j], strName[j-1])> 0)
27            {
28               strcpy( temp          ,      strName[j]);
29               strcpy( strName[j]    , strName[j-1]);
30               strcpy( strName[j-1],          temp);
31               k++;
32            }
33        /* Output country's name */
34        for( i = 0; i < 5;i++)
35          puts(strName[i]);
36
37       return 0;
38   } /* main */
```

| 运行结果 | Enter a country name: Japan<br>Enter a country name: France<br>Enter a country name: China<br>Enter a country name: Austrilia<br>Enter a country name: Russia<br>Russia<br>Japan<br>France<br>China<br>Austrilia<br>Press any key to continue |
|---|---|

**程序 7-7 分析**：本例中第 10 行定义了一个 char 型二维数组 strName，用来存入 5 个国家的名字。第 12 行定义了一个 char 型的一维数组 temp，用来进行交换串。第 16～20 行是一个 for 循环，用来输入 5 个国家的名字。第 24～32 行是双重 for 循环进行的冒泡排序，请大家与第 152 页【程序 5-3】进行以下比较，并注意两个问题：一是本例使用了双重 for 循环实现冒泡排序，二是和数字交换不同，字符串交换必须使用 strcpy 函数来完成。

**4. strcat 函数**

（1）函数原型

$$\text{char} * \text{strcat}(\text{char} * \text{string1}, \text{const char} * \text{string2});$$

（2）函数功能

把 string2 连接到 string1 的后面生成一个新串，返回新串的首地址。若有以下定义：

char s1[20] = "123";

char s2[ ] = "C language";

char * p = "World";

则下面的语句都是合法的：

strcat(s1,"Hello");　　　/ * s1 的内容为新串"123Hello" * /

strcat(s1,p);　　　　　/ * s1 的内容为新串"123World" * /

strcat(s1,s2 + 2);　　　/ * s1 的内容为新串"123language" * /

（3）注意事项

第一个参数 string1 一定是字符型的数组，且长度要足够大。图 7-8 给出了串连接的图示。

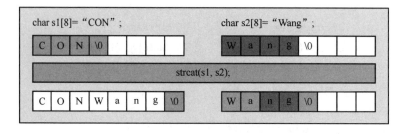

图 7-8　字符串连接函数 strcat

# 习　题

**一、选择题**

1. (　　)是可以作为整体处理的字符序列。

　　A. 数组　　　　　B. 记录　　　　　C. 字符　　　　　D. 字符串

2. 字符串中的定界符是(　　)。

　　A. 换行符　　　　B. 空字符　　　　C. 删除符　　　　D. 由程序员指定

3. (　　)函数实现从键盘上读入一个字符串。

　　A. fgets　　　　B. getstr　　　　C. fputs　　　　D. puts　　　　E. gets

4. 假设两字符串都已正确定义和初始化,下面可以正确判断出 string1 和 string2 内容相同的是(　　)。

　　A. if (string1 = = string2)

　　B. if (strcmp (string1, string2))

　　C. if (strcmp (string1, string2) == 0)

　　D. if (strcmp (string1, string2) < 0)

　　E. if (strcmp (string1, string2) > 0)

5. (　　)函数的功能是在一个字符串末尾连接另一个字符串。

　　A. stradd　　　　B. strcpy　　　　C. strcat　　　　D. strtok　　　　E. strcmp

6. 下列程序执行后的输出结果是(　　)。

```c
int main(void)
{
    char arr[2][4];
    strcpy(arr,"you");
    strcpy(arr[1],"me");
    arr[0][3] = '&';
    printf("%s\n",arr);
    return 0;
}
```

　　A. you&me　　　　B. you　　　　C. me　　　　D. err

**二、思考与应用题**

1. 若有以下定义,试写出 * x, * (x+1)和 * (x+4)的值。

　　char * x = "The life is beautiful";

2. 若有以下定义,试写出 * y, * (y+1)和 * (y+4)的值。

　　char x[ ] = "Life is beautiful";

　　char * y = &x [3];

3. 指出下面程序段中的错误。

```
{
    char * x;
    scanf ("%s", x);
}
```

4. 写出下面程序段的输出结果。

```
{
    char s1[50] = "xyzt";
    char * s2 = "xyAt";
    int dif;
    dif = strcmp (s1, s2);
    printf ("\n%d", dif);
}
```

5. 写出下面程序段的输出结果。

```
{
    char * w = "BOOBOO";
    printf ("%s\n", "DOO");
    printf ("%s\n", "DICK" + 2);
    printf ("%s\n", "DOOBOO" + 3);
    printf ("%c\n", w[4]);
    printf ("%s\n", w + 4);
    w ++ ;
    w ++ ;
    printf ("%s\n", w);
    printf ("%c\n", * (w + 1));
}
```

6. 写出下面程序段的输出结果。

```
{
    char * a[5] = {"GOOD", "BAD", "UGLY", "WICKED", "NICE"};
    printf ("%s\n", a[0]);
    printf ("%s\n", * (a + 2));
    printf ("%c\n", * (a[2] + 2));
    printf ("%s\n", a[3]);
    printf ("%s\n", a[2]);
    printf ("%s\n", a[4]);
    printf ("%c\n", * (a[3] + 2));
    printf ("%c\n", * ( * (a + 4) + 3));
}
```

7. 写出下面程序段的输出结果。

```
{
    char c[ ] = "programming";
    char * p;
    int i;
    for(p = &c[5]; p > = &c[0]; p -- )
        printf ("%c", * p);
    printf ("\n");
    for(p = c + 5, i = 0; p > = c; p -- ,i ++ )
        printf("%c", * (p - i));
}
```

### 三、编程题

1. 编写程序把从键盘上输入字符串中的小写字母转换为大写字母输出。

2. 编写程序实现:从键盘输入字符串,分别统计串中的字母、数字、空格和其他字符的个数并输出。

3. 编写程序求从键盘输入字符串的长度(字符个数)。

4. 使用指针编写程序把从键盘上录入的串 str1 复制到字符型数组 str2 中。

5. 编写程序将代表罗马数字的字符串转换为相应的十进制数字形式。与罗马数字符号对应的十进制数值如下:

| I | 1 |
| V | 5 |
| X | 10 |
| L | 50 |
| C | 100 |
| D | 500 |
| M | 1000 |

例如,罗马数字与其相应的十进制数字分别为:XⅡ(12);CⅡ(102);XL(40)。其中转换的步骤要求如下:

(1) 置十进制数为 0;

(2) 从左至右扫描包含罗马符号的字符串。如果字符不是数字符号之一,则输出错误信息并终止程序,否则进行下一步处理(注意:在罗马数字中没有与 0 相等的符号)。

- 如果下一个字符为空字符(即当前字符为最后一个字符),将当前字符的数值加入十进制数值。
- 如果当前字符大于或等于其后字符,则将当前字符数值加入十进制数值。
- 如果当前字符小于其后字符,则从十进制数值中减去当前字符数值。

提示:定义两个相关联的数组,一个存放罗马字符,另一个存对应的十进制数。

6. 根据上题的方法编写程序实现将一个十进制数字转换为一个罗马数字。

# 第8章 函 数

函数是C程序的基本组成单位。前面几章讨论的问题都比较简单，只有一个main函数。在编写较大规模程序时就要根据结构化程序设计原理，自上而下地把其分解为若干个功能独立的模块，每个模块对应一个函数。本章将重点介绍编写函数的方法；函数调用的方法；函数间参数传递的方法；变量的存储类型及向main函数传递参数等问题。

## 8.1 结构化程序设计

### 8.1.1 自上而下程序设计

结构化程序设计(Structured Programming)是指在编写较大规模程序时，按照自上而下(Top-Down Design)的设计原理(Principle of Top-down Design)把问题分解为一个主模块(Main Module)和若干与其相关的子模块(Submodule)。每个模块又可以分解成若干个子模块，这样一直进行下去，直到每个模块意义足够清晰，功能上容易实现为止，这一处理过程称作问题分解(Factoring)。

自上而下的设计通常用结构图(Structure Chart)来表示。结构图描绘了一个系统的模块划分情况及模块间的相互关系。图 8-1 是一个系统的结构图，它是由 main module 及与其相关的三个模块 module1、module2 和 module3 组成，而 module1、module2、module3 又由其各自的子模块组成。各模块通过调用其下层的子模块实现其功能。一般把包含了子模块的模块称作调用模块(Calling Module)，而每一个子模块称作被调用模块(Called Module)。不难看出，最顶层的主模块只能做调用模块，最底层的模块只能做被调用模块，中间的模块既可做调用模块，又可以做被调用模块。模块之间只存在调用和被调用的关系，每一个模块只能被包含了该模块的上一层唯一一个模块所调用。按照这一规则，若 Module 1a 要给 Module 3b 传递数据，则首先要把数据传递给 Module1，再由 Module1 传递给 Main Module，然后由 Main Module 传递给 Module 3，最后由 Module 3 传递给 Module 3b。模块间传递数据又称作模块间的通信(Communication Between Modules)。

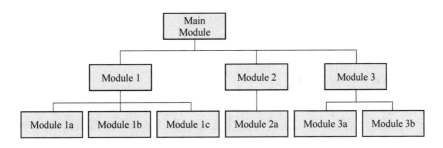

图 8-1　一个系统的结构图

### 8.1.2　C 程序的结构化

C 语言支持结构化程序(Structured Programming In C)设计。在 C 语言中,与模块相对应的是函数(Function)。任何一个 C 程序都是由一个或多个函数组成的,其中必须有且只能有一个名字为 main 的函数,程序由它的执行而开始,由它的结束而结束。图 8-2 是一个 C 程序的结构图。

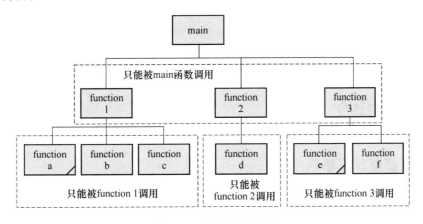

图 8-2　C 程序的结构图

函数是 C 程序的基本组成单位。每个函数(包括 main 函数)都是一个具有特殊功能的独立模块(Independent Module)。各函数的地位平等,相互间只存在调用和被调用关系。被调用函数(Called Function)由调用函数(Calling Function)控制执行,运行结束后返回到调用函数。main 函数只能由操作系统(Operating System)调用,运行结束后返回操作系统。main 函数可以调用其他函数,其他函数间可以相互调用。

在一般情况下,函数调用时调用者(Caller)把数据传递给被调用者处理,函数间传递数据称作函数间的通信(Communication Between Functions),又称参数传递(Parameter Passing)。参数传递有两种方式:传值(Pass by Value)和传地址(Pass by Adress),详细内容请参阅第 228 页的 8.4 和 8.5 节。

使用函数有以下几方面好处。

(1)经问题分解可以降低复杂度,容易实现。

(2)可以解决代码的重用(Reuse),提高开发效率(Development Efficiency)。

一方面,在程序内部可以把多处要用到的相同代码(如多次要按一定格式输出数据)写成一个函数,需要时就调用,而不是重新去写代码。另一方面,C语言提供了预编译功能(参见第 347 页附录 E),用户可以把编写好的函数以文件的形式存放,需要时就包含到其他程序文件中,从而可以实现不同程序间的代码重用。

(3) 可以保护数据(Protect Data)。

一个函数内部定义的变量(也称局部变量),只有在函数执行时才有效,且只能被该函数访问,对于函数以外的代码是不可访问的。这就保证了一个函数内部数据的安全性。

可以从不同的角度对函数进行分类。根据函数的来源不同可以把函数分为两大类:库函数(Library Functions)和用户自定义函数(Usre-Defined Functions)。前者是由开发商提供的,如第 1 章介绍的输入、输出函数 scanf 和 printf,这类函数用户可以直接使用。后者则是用户根据需要自己编写的函数,本章将详细介绍如何根据需要编写和使用自己的函数。根据函数是否需要接收数据,可以把函数分为有参数函数(Functions With Parameters)和无参数函数(Functions With No Parameters)。根据函数是否有返回结果,可以把函数分为有返回值函数(Functions Return Value)和无返回值函数(Void Functions),无返回值函数又称空类型函数。

> C 程序中的函数与模块化程序设计中的模块相对应。它是程序中最小的设计与执行单位。

# 8.2 函数定义

## 8.2.1 函数定义格式

函数定义(Function Definition)是指按照一定的格式(Format)编写实现函数功能的代码(Code)。函数定义的格式如图 8-3 所示。从图 8-3 中可以清楚地看出一个函数的代码包含了函数头(Function Header)和函数体(Function Body)两部分。

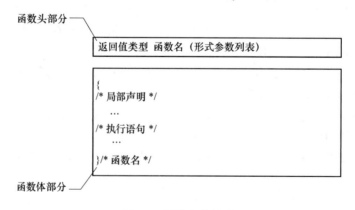

图 8-3 函数定义格式

函数头由三部分组成:返回值类型、函数名和形式参数列表(Formal Parameter List)。

函数体是用大括号括起来的部分,是函数的功能部分。

做以下几点说明:

(1) 要明确指定函数返回值类型。

返回值类型又称函数值类型,是函数返回结果的数据类型。返回值类型允许省略不写,默认为 int 型,但不提倡这样做。函数无返回值时必须指定为 void 型。需要特别注意:有返回值的函数在调用时可以出现在表达式中参加运算,而 void 型的函数不可以出现在表达式中,参见第 225 页【程序 8-1】。

(2) 函数名是一个地址常量,函数名后面必须带括号。

函数名是用户命名的标识符。同数组名一样,函数名也是一个地址常量,它代表函数代码在内存中的首地址。函数名后的括号不能省略,末尾不能加分号(Semicolon)。

(3) 形式参数列表是用逗号隔开的多个对象,可以是变量、数组和指针。

若要接收来自函数外部的数据,在函数定义时就必须用列表的形式把数据的类型、名字等列出来放在函数名后的括号中,称作形式参数(Formal Parameter),简称形参。若有多个参数,最好采用一行一个的书写格式,以增强程序的可读性。函数也可以不带形式参数,这时括号内可以什么也不写,但最好写上 void。下面给出了几个函数头的例子。

```
void fun1(int x,
          int y)          /* 带两个参数,无返回值函数 fun1 */
float fun2(int x,
           float y)       /* 带两个参数,返回 float 型值的函数 fun2 */
fun3(int x)               /* 省略了返回值类型的函数 fun3,合法但不提倡 */
void fun4( )              /* 无返回值无形参的函数 fun4,合法但不提倡 */
void fun5(void)           /* 无返回值无形参的函数 fun5 */
```

(4) 函数体是函数的功能部分。

函数体紧跟在函数头后面,是用一对大括号括起来的复合语句,是函数的功能部分。函数体通常包含局部变量定义部分和执行语句部分。局部变量定义(Local Definition)位于开头,也称局部声明,用于定义函数内部所需的变量,这些变量称作局部变量(Local Variables)。声明语句后面是完成函数功能的操作语句,常常以一条 return 语句结束。

(5) return 语句往往是必须要有的。

return 语句有两个作用:一是结束函数执行;二是返回处理结果。格式分别是:

① return ;                          /* 结束函数执行,返回调用处 */
② return 表达式; 或 return(表达式);    /* 结束函数执行,返回结果 */

正是因为遇到 return 语句就意味着函数执行的结束,因此一个函数只能有一条 return 语句起作用,这就意味一个函数最多只能返回一个值。无论函数是否有返回值,通常都要带 return 语句,以增强程序的可读性。这里大家或许会问,要让一个函数返回多个结果该怎么办呢?那就要使用另一种技术了,将在第 228 页 8.5 节中介绍。

### 8.2.2 函数定义举例

**1. 一个无返回值无形参的函数定义**

```
void greeting (void)          /* 前一个 void 必须有,后一个可以没有 */
```

```
{
    printf("Hello World!\n");        /* 无局部声明 */
    return ;                          /* return 语句不是必须有的,但提倡要用 */
} /* greeting */
```

**2. 一个无返回值有一个形参的函数定义**

```
void printOne (int x)                 /* void 是必须要有的 */
{
    printf("% d\n",x);                /* 无局部声明 */
    return ;
} /* printOne */
```

**3. 一个有返回值有两个形参的函数定义**

```
float multiply (int   x,
                float y)
{
/* Local Definition */
    float mul;                        /* 局部声明 */
    return x * y;                     /* 返回 x * y 的值 */
} /* multiply */
```

# 8.3　原型声明与函数调用

### 8.3.1　原型声明

函数一经定义就可以调用它来实现其功能了。不过,当程序中有多个函数时,函数与函数间就形成了前后位置关系。不同位置函数的作用域（Scope）不同。作用域是指可以调用函数的程序范围,又称作用范围。在 C 语言中,一个函数的作用域是从该函数定义位置起到程序结束的代码区。也就是说,只有位于该函数定义之后的代码才可以调用该函数。若能调用函数,则说函数对这部分代码是可见的或透明的。作用域与可见性是密切相关的,在自己的作用范围内函数必然是可见的。调用一个不可见的函数会发生错误。为了使函数调用与定义位置无关,确保函数间可以相互调用（main 函数除外）,就要对函数进行原型声明（Prototype Declaration）。

原型声明就是使用语句的形式对函数头进行描述。声明的格式很简单,只要把函数定义的头部复制一份末尾加上分号就可以了,8.2.2 节中定义的几个函数的声明如下:

```
void greeting (void);                 /* 前一个 void 必须有,后一个可以没有 */
void printOne (int x);
float multiply (int x,float y);
```

原型声明的作用是使函数的可见性扩大到了从声明位置到程序结束的范围。显而易见,如果在程序开头对每个函数进行声明,那么所有函数的作用范围就成了整个程序,调用时就不再受谁先定义谁后定义的影响了。

注意以下两点：

(1) 原型声明中形式参数的名字可以与函数定义中的不同，也可以省略不写。

上面的两个例子也可以写为：

```
void printOne (int number);      /* 与定义中的形参不同 */
void printOne (int);             /* 省略了形参名字(类型不能省) */
float multiply (int number1,float number2);          /* 与定义中的形参不同 */
float multiply (int,float);      /* 省略了形参名字 */
```

(2) 原型声明不是必须有的，但建议要有，并最好将其放在程序的开头。有两种情况可以不声明：

① 函数的返回值为 int 型，这就意味着 int 型的函数对整个程序都可见；

② 被调用函数在调用函数之前定义。

> 函数的定义是编写函数代码的过程，而函数声明是使用语句格式对函数头进行描述。一定要注意：不是说函数定义了就可以随便调用，而是有条件的。解决的最好办法就是在程序开头，对所有函数进行原型声明。

### 8.3.2　函数调用

一个函数在其作用范围内可以被其他函数任意调用。调用发生时，调用函数的执行将暂时停下来去执行被调用函数，被调用函数执行结束就返回调用函数，恢复调用函数的执行。函数调用的一般格式是：

函数名(实参列表)

有关函数调用的具体方法，请大家看下面的【程序 8-1】。

【**程序 8-1**】　函数定义、声明与调用。

```
1   /* This program reads a number and prints its square.
2      Written by:
3      Date:
4   */
5   #include  <stdio.h>
6
7   int getNum(void);
8   int sqr(int x);
9   void printOne (int x);
10
11  int main (void)
12  {
13  /* Local Definitions */
14      int a;
15      int b;
```

```
16
17   /* Statements */
18       a = getNum();
19       b = sqr(a);
20       printOne (b);
21
22       return 0;
23   } /* main */
24
25   /* ================== getNum ==================== */
26   int getNum(void)
27   {
28   /* Local Definitions */
29       int numIn;
30
31   /* Statements */
32       printf("Enter a number to be squared:  ");
33       scanf("%d", &numIn);
34
35       return numIn;
36   } /* getNum */
37
38   /* ================== sqr ==================== */
39   int sqr(int x)
40   {
41   /* Statements */
42       return (x * x);
43   } /* sqr */
44
45   /* ================== printOne ==================== */
46   void printOne (int x)
47   {
48   /* Statements */
49       printf("The value is: %d\n",x);
50
51       return;
52   } /* printOne */
```

运行结果

```
Enter a number to be squared:  12
The value is: 144
Press any key to continue
```

**程序 8-1 分析**：本例中一共包含了四个函数——main、getNum、sqr 和 printOne。第 7～9 行是三条函数声明语句，把它们放在全局区，这样三个函数的作用范围就扩大到了整个程序。

第 26～36 行是 getNum 函数的定义。该函数有整型返回值，无形式参数。函数的功能是提示从键盘输入一个整数，并返回该整数。第 35 行也可以写成"return (numIn);"。

第 39～43 行是 sqr 函数的定义。该函数有整型返回值，有一个整型的形式参数 x。函数的功能是求 $x^2$ 返回。第 42 行也可以写成"return x * x;"。

第 46～52 行是 printOne 函数的定义。该函数没有返回值，有一个整型的形式参数 x。函数的功能是把 x 的值输出到屏幕上。第 51 行可以没有，但不提倡。

在 main 函数中，第 18～20 行是三条函数调用语句，分别调用了 getNum、sqr 和 printOne。其中，getNum 和 sqr 的调用出现在赋值表达式中，把各自的返回值分别赋给了变量 a 和 b，printone 函数的调用是以单独的语句出现的。在调用过程中，a 做了 sqr 函数的实参，b 做了 printOne 函数的实参。

请大家注意：函数调用发生时，调用函数的执行就会停止，程序转到被调用函数中执行，被调用函数执行结束后，就重新回到调用函数并继续往后执行。

强调以下三点：

（1）有返回值的函数其调用可以出现在表达式中参加其他运算；无返回值的函数不能出现在表达式中，只能以语句的形式单独出现。如第 225 页【程序 8-1】中：

```
a = getNum();           /* 调用出现在赋值表达式中 */
b = sqr(a);             /* 调用出现在赋值表达式中 */
printOne (b);           /* 调用只能做单独语句使用 */
```

（2）实参列表（Actual Parameter List）是调用函数向被调用函数传递的数据。在类型、顺序和个数上与形参必须对应一致。实参可以是任意有意义的表达式，相互间以逗号隔开。如：

```
int a = 5,b = 3,c;
c = sqr(5);             /* 实参为常量 */
c = sqr(b);             /* 实参为变量 */
c = sqr(b)/ sqr(a + b); /* 实参为变量和表达式 */
c = sqr(sqr(a + b));    /* 实参本身为函数调用 */
```

（3）无形参的函数在调用时括号中必须是空的，这与函数定义和原型声明时的情况完全不同。如：

```
a = getNum();           /* 括号中必须是空的,不能带 void */
```

> 函数调用就是去执行已定义的函数。函数调用是一种优先级很高的运算，函数调用是以一个后缀表达式的形式出现的。一定要记住：对有返回值的函数，其调用表达式既可以参加其他运算，又可以以语句的形式出现；而无返回值的函数，其调用表达式只能以语句的形式单独出现。

# 8.4 向函数传值

向函数传值(Pass Value to Functions)是函数间传递数据的基本方式,简称传值方式(Pass by Value)。顾名思义,传值就是调用函数把一个或多个值传递给了被调用函数的形参。使用传值方式时,被调用函数的形参必须是变量形式,调用函数的实参可以是任意表达式,不过在实际应用中常常以变量做实参。传值方式的实质是调用函数把实参的值复制了一份传给了被调用函数的形参,使形参获得了初始值(Original Value)。

图 8-4 是一个函数间传值的例子。main 函数调用 exchange。exchange 有两个参数 x和 y(它们都是变量的形式)。main 函数用变量 a、b 作实参。调用发生时,系统把 a 和 b 的值复制了一份,分别传递给了 x 和 y,使 x 和 y 获得了初始数据。由于 a 和 b,x 和 y 是两对不同的变量,前两个属于 main 函数,后两个属于 exchange 函数。因此,exchange 对 x 和 y的修改,不会影响 main 函数中 a 和 b 的值(事实上,exchange 根本就访问不了 a 和 b,详细内容见第 246 页 8.11 节)。这样一般就说被调用函数对调用函数无副作用(Side Effect),这是传值方式的显著特点。

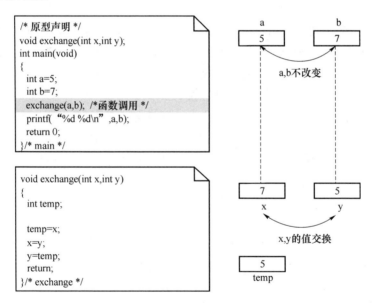

图 8-4 向函数传值

# 8.5 向函数传地址

向函数传地址(Pass Address to Functions)是函数间传递数据的又一种常用方式,简称传址方式(Pass by Address)。与传值不同,传地址是调用函数把一个或多个内存地址传递给被调用函数的形参,使形参指向了内存中的指定位置。使用传地址方式时被调用函数的形参必须是指针形式,调用函数的实参必须是地址。传址方式的实质是调用函数把变量的地址传给了被调用函数的形参,使形参指向了实参,其最终结果是被调用函数可以直接通过其形参来操作调用函数内部的数据。显然,传址方式是有副作用的。

图 8-5 是一个函数间传地址的例子。main 函数调用 exchange。exchange 有两个指针型的形式参数 x 和 y。main 函数用变量 a 和 b 的地址作实参。调用发生时,系统把 a 和 b 的地址分别传递给了 x 和 y,使 x 和 y 分别指向了 a 和 b。尽管 a 和 b,x 和 y 是两对不同的变量,前面两个属于 main 函数,后面两个属于 exchange 函数。由于 x 和 y 存储的分别是 a 和 b 的地址,那么 exchange 对指针 x 和 y 的操作,实质上就是对 main 函数中 a 和 b 操作。利用传址方式的这一特点,就可以解决向调用函数返回多个值的问题。

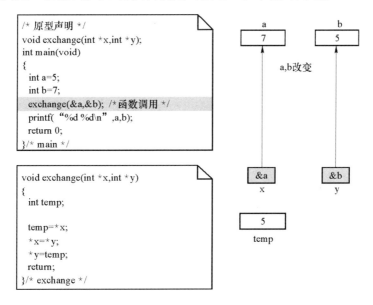

图 8-5　向函数传地址

上面的两节分开讨论了向函数传值和传地址问题,主要目的是为了让大家对比掌握两种不同的技术。不过在实际应用时,两种技术在很多时候是配合使用的,下面来看一个例子。

【程序 8-2】 求一元二次方程 $ax^2+bx+c=0$ 的根。

```
1    /*  Test driver for quadratic function.
2         Written by:
3         Date:
4    */
5    # include  <stdio.h>
6    # include  <math.h>
7
8    /*  Prototype Declaration */
9    void    getData(int *a,
10                   int *b,
11                   int *c);
```

```
12   int        quadratic(int         a,
13                          int        b,
14                          int        c,
15                          double    * pRoot1,
16                          double    * pRoot2);
17   void printResults( int           numRoots,
18                          int        a,
19                          int        b,
20                          int        c,
21                          double    root1,
22                          double    root2);
23
24   int main(void)
25   {
26   /* Local Definltions */
27       int       a;
28       int       b;
29       int       c;
30       int       numRoots;
31       double    rootl;
32       double    root2;
33       char      again = 'Y';
34
35   /* Statements */
36       printf ("Solve quadratic equations.\n\n") ;
37       while (again == 'Y' || again == 'y')
38       {
39         getData (&a, &b, &c);
40         numRoots = quadratic (a, b, c, &rootl, &root2);
41         printResults (numRoots, a, b, c, rootl, root2);
42
43         getchar();
44
45         printf ("\nDo you have another equation (Y/N):   ");
46         scanf ("% c", &again);
47       } /* while */
48
```

```
49          printf ("\nThank you. \n" );
50
51      return 0;
52  } / * main * /
53
54  / * ==================== getData ==================== * /
55  void getData ( int  * pa,
56                 int  * pb,
57                 int  * pc )
58  {
59  / * Stataments * /
60      printf("Please enter coefficients a, b and c: ");
61      scanf ( " % d % d % d", pa, pb, pc);
62
63      return;
64  } / * getData * /
65
66  / *  ==================quadratic ================== * /
67  int quadratic ( int      a,
68                  int      b,
69                  int      c,
70                  double   * pRoot1,
71                  double   * pRoot2 )
72  {
73  / * Local Definitions * /
74      int      result;
75      double   discriminant;
76      double   root;
77
78  / * Statements * /
79      if(a == 0 && b == 0)
80        result = - 1;
81      else if (a == 0)
82      {
83        * pRoot1 = - c / (double) b;
84        result = 1;
85      }/ * a = = 0 * /
```

```
86          else
87          {
88            discriminant = b * b - (4 * a * c);
89            if(discriminant >= 0)
90            {
91              root      = sqrt(discriminant);
92              * pRoot1  = (-b + root)/(2 * a);
93              * pRoot2  = (-b - root)/(2 * a);
94              result    = 2;
95            } / * if >= 0 * /
96            else
97                result = 0;
98          } / * else * /
99
100          return result;
101
102   } / * quadratic * /
103
104   / * ================= printResults ================ * /
105   void printResults ( int      numRoots,
106                       int      a,
107                       int      b,
108                       int      c,
109                       double   root1,
110                       double   root2 )
111   {
112   / * statements * /
113      printf("Your equation: % dx^2 +  % dx  + % d\n", a, b, c);
114      switch (numRoots)
115      {
116        case 2: printf("Roots are: % 6.3f & % 6.3f\n", root1, root2);
117                break;
118        case 1: printf ("Only one root: % 6.3f\n", root1);
119                break;
120        case 0: printf ("Roots are imaginary. \n");
121                break;
122        default: printf("Invalid coefficients\n");
```

| 123 | 　　　　　break; |
| 124 | 　　} /* switch */ |
| 125 | |
| 126 | 　　return; |
| 127 | |
| 128 | } /* printResults */ |

运行结果

```
Solve quadratic equations.

Please enter coefficients a, b and c: 2 4 2
Your equation: 2x^2 + 4x + 2
Roots are: -1.000 & -1.000

Do you have another equation (Y/N): y
Please enter coefficients a, b and c: 0 4 2
Your equation: 0x^2 + 4x + 2
Only one root: -0.500

Do you have another equation (Y/N):  y
Please enter coefficients a, b and c: 2 2 2
Your equation: 2x^2 + 2x + 2
Roots are imaginary.

Do you have another equation (Y/N):  Y
Please enter coefficients a, b and c: 0 0 2
Your equation: 0x^2 + 0x + 2
Invalid coefficients

Do you have another equation (Y/N): y
Please enter coefficients a, b and c: 1 -5 6
Your equation: 1x^2 + -5x + 6
Roots are:  3.000 &  2.000

Do you have another equation (Y/N):  n

Thank you.
Press any key to continue
```

**程序 8-2 分析:** 本例中共定义了四个函数 main、getData、quadratic 和 printResults, main 函数调用其他三个函数实现了整个程序的功能。各函数间的通信情况如图 8-6 所示。

图 8-6(a)部分是 main 函数与 getData 函数间的通信情况。main 函数把 a、b、c 三个量的地址分别传给了 getData 函数的三个形参——pa、pb、pc, getData 通过指针 pa、pb、pc 分别为 main 函数中的变量 a、b、c 录入了数据,两个函数之间是传地址方式。

图 8-6(b)部分是 main 函数与 quadratic 函数间的通信情况, main 函数把 a、b、c 的值和 root1、root2 的地址分别传给了 quadratic 函数的形参 a、b、c, proot1 和 proot2, quadratic 函数的作用是接收三个系数 a、b、c 的值,求出对应方程的根通过指针间接写到 main 函数中的两个变量 root1 和 root2 中,同时还返回了一个整数——实根的个数,两个函数之间既有传值又有传地址,通过传地址实现了 quadratic 函数向 main 函数返回多个数据的问题。

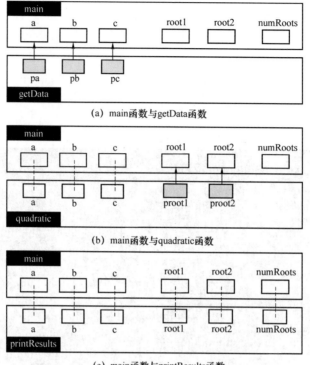

(a) main函数与getData函数

(b) main函数与quadratic函数

(c) main函数与printResults函数

图 8-6　函数间的通信情况

图 8-6(c)部分是 main 函数与 printResults 间的通信情况，main 函数把 a、b、c、root1、root2、numRoots 的值传给了 printResults 函数的形参。printResults 函数的作用是输出对应的方程以及它的根，两个函数之间是传值方式。

> 传值和传地址是函数间传递数据最基本的方式。前者往往是为了把要处理的数据传给被调用函数处理，对原始的数据实施了保护，被调用函数无法修改，这类函数最多只能返回一个结果。后者则通过指针指向了调用函数的数据区，可以直接修改数据，这一技术解决了两个函数间共享一块数据区和一个函数返回多个数据的问题，但数据的安全性降低了。

# 8.6　向函数传数组

把数组传递给函数(Pass Arrays to Functions)在编程时十分常见，用的最多的是传一维数组和二维数组。

## 8.6.1　传一维数组

把一维数组传递给函数时要把握两点：
（1）被调用函数可以使用数组或指针作形参；

（2）调用函数必须使用数组名作实参。

用数组作形参时，方括号中的元素个数可带可不带。函数运行时，系统并不为形参数组分配空间，形参只是调用函数传递数组的一个别名，对它的操作也就是对调用函数传递数组的操作。因此，对调用函数和被调用函数来说是共享了同一块空间。

图 8-7 就是一个用数组作形参的例子。main 函数调用 multiply2 函数。multiply2 使用数组形式作形参（int x[]），省略了元素个数。main 函数用数组名 base 作实参。这样一来，x 就成了 base 的一个别名，传递数组实质上是使 main 和 multiply2 函数共同拥有了 base 数组的空间，multiply2 对 x 的操作就是对 base 的操作。

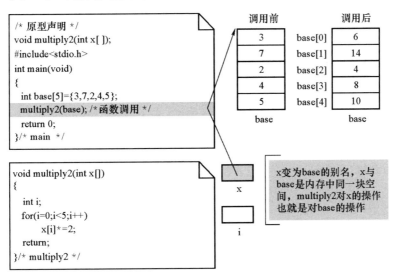

图 8-7　用数组的形式作形参

用指针作形参时，是调用函数把数组的起始地址传给了指针，使指针指向了该数组。于是被调用函数对数组的访问就变成了用指针处理数组的问题，其实质也是调用函数和被调用函数共同享有了同一块空间，看下面的程序。

【程序 8-3】　用指针做形参传递一维数组。

```
1   /* Read integers from keyboard & print them multiplied by 2.
2      Written by:
3      Date:
4   */
5   #include <stdio.h>
6   #define  SIZE  5
7
8   void multiply (int * pAry, int size); /* 函数原型声明 */
9
10  int main (void)
11  {
```

```
12   /* Local Definitions */
13       int   ary [SIZE];
14       int  * pLast;
15       int  * pWalk;
16   /* Statements */
17       pLast = ary + SIZE - 1;
18       for (pWalk = ary; pWalk <= pLast; pWalk ++ )
19       {
20          printf("Please enter an integer: ");
21          scanf(" % d", pWalk);
22       } /* for */
23
24       multiply (ary, SIZE);
25
26       printf ("Doubled value is: \n");
27       for (pWalk = ary; pWalk <= pLast; pWalk ++ )
28          printf (" % 8d", * pWalk);
29
30       printf("\n");
31
32       return 0;
33   } /* main */
34
35   /* ================= multiply =================== */
36   void multiply (int * pAry,
37                  int size )
38   {
39   /* Local Definitions */
40       int * pWalk;
41       int * pLast;
42   /* Statements */
43       pLast = pAry + size - 1;
44       for (pWalk = pAry; pWalk <= pLast; pWalk ++ )
45           * pWalk = * pWalk * 2;
46
47       return ;
48   } /* multiply */
```

运行结果

```
Please enter an integer: 1
Please enter an integer: 2
Please enter an integer: 3
Please enter an integer: 10
Please enter an integer: 20
Doubled value is:
   2    4    6   20   40
Press any key to continue
```

**程序 8-3 分析**：本例中一共包含了两个函数——main 和 multiply。第 8 行是对函数 multiply 进行声明的语句。

第 36～48 行是 multipl 函数的定义部分。该函数没有返回值，有两个形式参数。第一个是整型指针 pAry，用来接收一维整型数组的首地址，第二个是整型变量 size，用来接收一维数组中元素个数。第 40～41 行定义了两个指针 pWalk 和 pLast。第 43 行是令指针 pLast 指向了数组的最后一个元素。第 44～45 行是一个 for 循环，实现对 pAry 所指向的数组中每个元素进行乘 2 操作。第 46 行可以没有，但不提倡。

第 10～33 行是 main 函数的定义部分。在 main 函数中，第 13～15 行分别定义了一个一维数组 ary 和两个指针 pWalk、pLast。第 18～22 行是通过指针对 ary 输入数据的代码。第 24 行是函数调用语句，实参分别是数组名 ary 和符号常量 SIZE。请大家注意：不管被调用函数形参是数组还是指针，实参都是数组名。第 27～28 行是控制输出了 ary 中元素的值。

通过运行结果不难看出，被调用函数 multiply 通过指针 pAry 对 main 函数中的一维数组 ary 实施了操作，使得每个元素的值变为原来的两倍。

### 8.6.2　传二维数组

把二维数组传递给函数时也要把握两点：

（1）被调用函数可以使用数组或行指针作形参；

（2）调用函数必须使用数组名作实参。

用行指针作形参时，实质上是使行指针指向了调用函数中的数组，问题的处理转化成了使用行指针处理二维数组的问题。如图 8-8 所示，被调用函数 averageScores 使用行指针 pa 作形参，调用函数 main 使用数组名 scores 做实参，averageScores 通过 pa 来操作 scores。

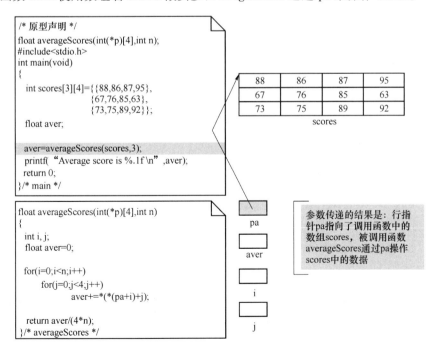

图 8-8　用行指针作形参

　　用数组作形参时,第一个方括号中的元素个数(行标)可带可不带,第二个方括号中的元素个数(列标)必须要带。同传一维数组一样,函数运行时,系统也不为形参数组分配空间,它只是调用函数传递数组的一个别名,对它的操作也就是对调用函数传递数组的操作。有关这点请参阅【程序 8-4】。

　　**【程序 8-4】**　向函数传递二维数组,被调用函数使用数组作形参。

```
1    /*  Find the maximum value,column number and row number of a matrix.
2        Written by:
3        Date:
4    */
5    #include  <stdio.h>
6    #define  C  3
7    #define  R  3
8
9    float findMax(float [ ][C], int * , int * );
10
11   int main(void)
12   {
13   /* Local Definitions */
14       float table[R][C] = {
15                           {55.5, 77, 99.5},
16                           {67.5, 77.5, 96 },
17                           {88, 79.5, 91.5}
18                         };
19       int    r;
20       int    c;
21       float  max;
22
23   /* Statements */
24       max = findMax(table, &r, &c);
25
26       printf("Max is %.1f. Position is: %d , %d\n", max, r, c);
27
28       return 0;
29   } /* main */
30
31   /* ================ findMax ==================  */
```

```
32    float findMax(float x[][C],
33                    int   * rr,
34                    int   * cc )
35    {
36    /* Local Definition */
37        float max;
38        int    i;
39        int    j;
40        int    r;
41        int    c;
42
43    /* Statements */
44        max = x[0][0], r = c = 0;
45        for( i = 0; i < R; i++ )
46            for( j = 0; j < C; j++ )
47                if( max < x[i][j])
48                    max = x[i][j], r = i, c = j;
49
50        * rr = r;
51        * cc = c;
52
53        return max;
54    } /* findMax */
```

运行结果

```
Max is 99.5. Position is: 0 , 2
Press any key to continue
```

**程序 8-4 分析**：本例中一共包含了两个函数——main 和 findMax。第 9 行是对函数 findMax 进行声明的语句。请注意在声明语句中,各参数的名字可以不写。

第 32～54 行是 findMax 函数的定义部分。该函数有返回值,有三个形式参数,第一个参数是 float 型的二维数组 x,第二个和第三个是整型指针 rr、cc。findMax 函数的功能是查找并返回二维数组 x 中的最大值以及它的位置(行标与列标)。前者通过 return 语句返回,后者通过指针 rr 和 cc 间接送到调用函数中。在函数的定义中,第 45～48 行是一个双重 for 循环完成查找 x 中的最大值 max 以及它的行标 r 和列标 c,其中第 44 行是一条逗号表达式语句,是为进入循环做准备。第 48 行也是一条逗号表达式语句,是条件 max < x[i][j] 成立时要执行的操作。请大家注意:写成一条逗号表达式语句,要比写成三条语句:{max = x[i][j]; r = i;c = j;}效率高。第 50～51 行是退出循环后执行的语句,作用是把行标 r 和列标 c

的值通过指针 rr、cc 间接写到它们所指向的变量。第 53 行是把 max 的值返回给调用函数。

第 11～29 行是 main 函数的定义部分。在 main 函数中，第 24 行是函数调用语句，实参是数组名 table、地址表达式 &r 和 &c。函数调用的结果是把二维数组 table 中的最大值及其行标、列标经由 findMax 函数处理后分别存储到了 main 函数内部的三个变量 max、r 和 c 中。

请大家注意：第 9 行和第 32 行代码，在使用数组形式做形参时，数组的行数可以省略，列数不可以省略。

> 无论传递一维数组还是传递二维数组，实现的方法无非就两种：一种是用数组处理数组问题；另一种是用指针处理数组问题。不论使用哪种方法，数组只有一个，就是调用函数传来的那一个。

# 8.7　向函数传字符串

由于字符串是由字符型的数组存储的，因此把字符串传递给函数（Pass Strings to Functions）的方法和传数组类似，只不过数组的类型是 char 而已。与处理一般的数组相比，向函数传递字符串的方法更灵活。被调用函数可以使用数组或指针（包括指针数组）作形参，不过多使用指针形式。调用函数不仅可以使用数组名、指针作实参，还可以使用字符串常量，甚至是指针表达式作实参。

图 8-9 是一个向函数传递字符串的例子，其中有两个函数 main 和 printStr。printStr 函数使用数组做形参，作用是输出给定的字符串。main 函数先后使用数组名、指针和串常量作实参调用了 printStr。

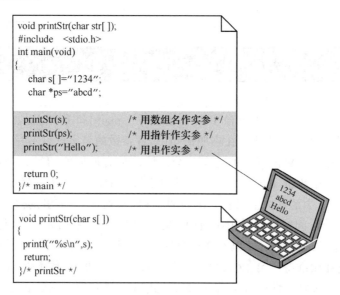

```
void printStr(char str[ ]);
#include  <stdio.h>
int main(void)
{
    char s[ ]="1234";
    char *ps="abcd";

    printStr(s);            /* 用数组名作实参 */
    printStr(ps);           /* 用指针作实参 */
    printStr("Hello");      /* 用串作实参 */

    return 0;
}/* main */

void printStr(char s[ ])
{
    printf("%s\n",s);
    return;
}/* printStr */
```

图 8-9　用数组作形参

图 8-10 是另一个向函数传递字符串的例子,其中有两个函数 main 和 strLen。strLen
函数使用指针作形参,作用是求给定字符串的长度并返回。main 函数先后使用数组名、指
针、串常量和指针表达式作实参调用了 strLen。

```
#include<stdio.h>
int main(void)
{
  char s[ ]="1234";
  char *ps="abcd";
  int n1,n2,n3;
  n1=strLen(s);              /* 用数组名作实参 */
  n2=strLen(ps);             /* 用指针作实参 */
  n3=strLen("Hello");        /* 用串作实参 */
  printf("%d %d %d \n",n1,n2,n3);

  n1=strLen(s+1);            /* 合法调用 */
  n2=strLen(ps+2);           /* 合法调用 */
  printf("%d %d\n",n1,n2);

  return 0;
}/* main */
```

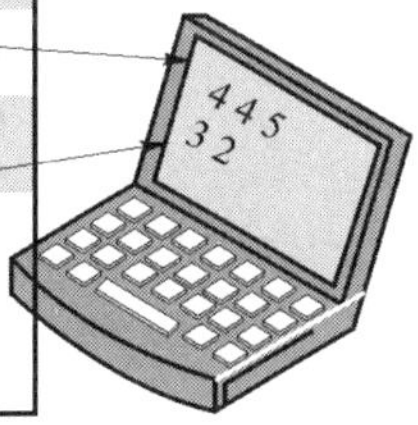

```
int strLen(char *p)
{
  int n;
  n=0;
  while(*p++)
        n++;
  return n;
}/* strLen */
```

图 8-10　用指针作形参

使用指针数组作形参的情形,大家可以参阅第 250 页 8.12 节命令行参数。

# 8.8　指针型的函数

在实际应用中,有时需要函数返回的不是数据而是一个地址量。返回地址的函数称作
指针型的函数(Pointer Type Functions)。定义指针型的函数时除了要在函数名前面加星号
(＊)外,其他方面与一般函数完全一样。需要注意的是:不可以把一个局部变量的地址作为
指针型函数的返回值,具体原因见第 246 页 8.11 节变量的存储类型。

【程序 8-5】 指针型的函数。

```
1   /* Return address of a month name.
2       Written by:
3       Date:
4    */
5   # include  < stdio. h >
6
7   char  * monthName( int n);
```

```
 8
 9   char * monName[13] = {"Illegal month",
10                          "January",
11                          "Febrary",
12                          "March",
13                          "April",
14                          "May",
15                          "June",
16                          "July",
17                          "August",
18                          "September",
19                          "October",
20                          "November",
21                          "December"
22                          };
23   int main( void )
24   {
25   /* Local Definition */
26       int   n;
27       char  * pmon;
28
29   /* Statements */
30       printf("Please enter a month number:  ");
31       scanf(" % d", &n);
32
33       pmon = monthName(n);
34
35       printf("Month No. % d----->% s\n", n, pmon);
36
37       return 0;
38   } /* main */
39
40   /* =============== monthName ================== */
41   char * monthName( int n )
42   {
43       return ((n < 1 || n > 12)? monName[0] : monName[n]);
44   } /* monthName */
```

| | 第一次运行: |
|---|---|
| 运行结果 | `Please enter a month number: -1`<br>`Month No.-1----->Illegal month`<br>`Press any key to continue` |
| | 第二次运行: |
| | `Please enter a month number: 12`<br>`Month No.12----->December`<br>`Press any key to continue` |

**程序 8-5 分析:** 本例中一共包含了两个函数——main 和 monthName。第 1~22 行是全局区。其中第 7 行是函数声明语句,请注意函数名前的星号。第 9~22 行定义了一个全局指针型数组,并进行了初始化,使每个指针指向了一个串。

第 41~44 行是 monthName 函数的定义部分。该函数返回值是字符型的地址,所以在函数名前面加了星号。该函数有一个整型的形式参数 n。该函数的功能是:接收一个月份号 n,若 n 合法,就返回对应的英文名字,不合法就返回"Illegal month"。第 43 行中巧妙地使用了一个三项条件表达式完成了全部功能,请注意领会。

第 23~38 行是 main 函数的定义部分。在 main 函数中,第 33 行是函数调用语句,把函数的返回值赋给了一个同类的指针 pmon。请大家注意:指针型函数的调用格式和一般函数一样,函数名前不需要加星号。

或许大家已经发现,在 main 函数中定义了一个名字为 n 的变量,而在 monthName 函数中也有一个名字为 n 的变量,这就意味着在整个程序中存在了两个名字为 n 的变量,那么系统究竟是如何区分和处理它们的呢? 有关这点请参阅第 246 页 8.11 节变量的存储类型。

# 8.9 函数指针

程序运行时,函数的代码也存储在内存中,函数名就是函数代码在内存中存储的起始位置,是一个地址常量,如图 8-11 所示。假设程序中有四个函数——main、fun、pun 和 sun,那么每个函数的名字就代表了该函数存储的开始地址。

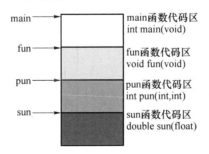

图 8-11 函数指针的概念

如同把变量的地址存储到指针变量一样,可以把函数的地址存储到指针变量中。用来存储函数地址的指针称作函数指针(Pointers To Functions)。定义函数指针的格式如下:

**数据类型标识符 (＊指针名)(形式参数列表);**

如：

```
void      ( * f1)(void);
int       ( * f2)(int,int);
double    ( * f3)(float);
```

上面的三行代码分别定义了三个函数指针变量 f1、f2、f3。其中 f1 可以指向一个无返回值无参数的函数；f2 可以指向一个有两个整型参数，返回值为整型数的函数；f3 可以指向一个有一个浮点型参数，返回值为 double 型的函数。把函数的地址（函数名）赋给函数指针，指针就指向了函数。如：

```
f1 = fun;    / * f1 指向了函数 fun * /
f2 = pun;    / * f2 指向了函数 pun * /
f3 = sun;    / * f3 指向了函数 sun * /
```

强调以下两点：

（1）可以定义函数指针数组。如：

```
int ( * f[4])(void);    / * 定义了含四个元素的函数指针数组 f * /
```

（2）通过函数指针调用函数。

指针指向函数后，就可以通过指针来调用函数。有两种方法：

① 直接用指针名替代函数名，格式是：

**指针名(实参)**

② 对指针取间接运算，格式是：

**( * 指针名)(实参)**

图 8-12 是一个使用函数指针调用函数的例子。例子中含有六个函数。main 函数中定义了一个函数指针数组 f[4]，main 函数调用 execute，execute 通过函数指针调用其他四个函数。

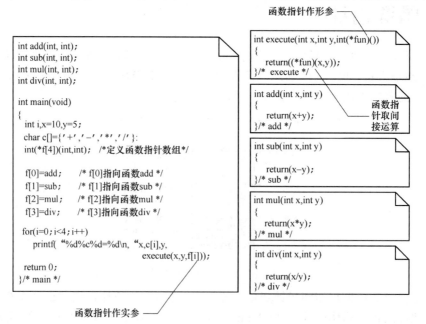

图 8-12　使用函数指针

# 8.10 作 用 域

在 C 语言中,作用域(Scope)是一个重要概念,又称作用范围(Region)。它决定了程序中定义的对象,如变量、数组、函数原型声明等在程序中的可见范围,从而确保了数据的安全性。

C 语言中规定,任何对象只有在其作用域内才可以被访问(使用它们的名字)。若对象可以被访问就说其具有可见性。因此作用域和可见性是密不可分的两个概念。要更好地理解作用域的含义就必须明确两个概念——语句块(Block)和全局区(Global Area)。

语句块是用一对大括号括起来的 0 条或多条语句。显然,函数体就是一个语句块。语句块通常包含声明区(Declaration Section)和语句区(Statement Section)两部分。C 语言规定,在语句块中定义的对象,它们的作用范围是从其定义位置到语句块结束位置。语句块允许嵌套(Nest),就是说语句块中可以包含语句块。每一个语句块可以有其自己独立的声明部分和语句部分。图 8-13 给出了一个语句块嵌套结构的例子,语句块 A 包含了语句块 B。两个语句块都有各自的定义语句,A 中定义了三个变量 a、b、y,B 中也定义了三个变量 a、y、z。理论上讲,语句块 A 中的三个变量在语句块 B 中应该是可见的,但由于在 B 中出现了与 A 中同名的变量 a 和 y,那么对于语句块 B 来说,在定义 a 和 y 之前访问的是 A 中的 a、y,之后访问的是 B 中的 a、y。

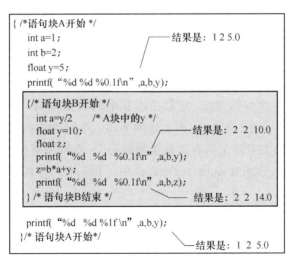

```
{ /*语句块A开始 */
    int a=1;                        结果是: 1 2 5.0
    int b=2;
    float y=5;
    printf( "%d %d %0.1f\n",a,b,y);

    {/* 语句块B开始 */
        int a=y/2    /* A块中的y */
        float y=10;
        float z;                    结果是: 2 2 10.0
        printf( "%d   %d   %0.1f\n",a,b,y);
        z=b*a+y;
        printf( "%d   %d   %0.1f\n",a,b,z);
    } /* 语句块B结束 */           结果是: 2 2 14.0

    printf( "%d   %d %1f \n",a,b,y);
}/* 语句块A开始*/
                                   结果是: 1 2 5.0
```

图 8-13 语句块和局部可见性

全局区又称全程区,是指整个程序开头的区域(Area)。全局区往往用来放置预处理命令、函数原型声明语句和全局变量的定义语句。在全局区声明或定义的对象在整个程序中都是可见的。图 8-14 是一个程序基本的结构,程序中含有两个函数 main 和 fun。于是程序中就包含了三个区域——全局区、main 函数区和 fun 函数区,其中 main 函数区和 fun 函数区属于语句块。全局区包含了函数声明语句和全局变量 a 的定义语句,它们对整个程序都是可见的。两个函数都定义了名字分别为 x、y 的两个变量,因为它们的作用范围属于定义它们的函数,所以彼此互不影响。此外,main 函数内部有一个与全局变量 a 同名的变量,那么在 main 函数内部是它自己的 a 起作用，全局变量 a 不起作用。不难看出，正是有了作用域的概念，使得不同函数中的变量具有局部的可见性，其他函数无法直接访问，就可以对数据起到保护作用。

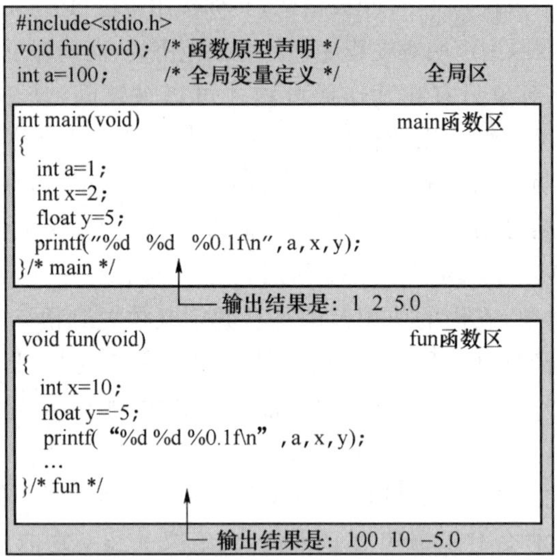

```
#include<stdio.h>
void fun(void);  /* 函数原型声明 */
int a=100;       /* 全局变量定义 */          全局区

int main(void)                              main函数区
{
  int a=1;
  int x=2;
  float y=5;
  printf("%d  %d  %0.1f\n",a,x,y);
}/* main */
            ┌──── 输出结果是: 1 2 5.0
void fun(void)                              fun函数区
{
  int x=10;
  float y=-5;
  printf( "%d %d %0.1f\n" ,a,x,y);
  …
}/* fun */
            ┌──── 输出结果是: 100 10 -5.0
```

图 8-14    全局作用域和块作用域

# 8.11    变量的存储类型

在 8.10 节中，从空间的角度讨论了变量的作用域问题。存储类型是与变量有关的又一个重要概念。不同存储类型的变量，它们在内存中的位置不同，因而所具有性质也就不同——作用范围（又称作用域、可见性）和生命期不同。不同性质的变量在程序中所起的作用自然也就不同。至此，变量除了具有数据类型外，还具有存储类型的特性。在 C 语言中，变量共有四种存储类型，分别是 auto、register、static 和 extern。可以在定义变量时指定其存储类型。格式是：

**存储类型标识符    数据类型标识符    变量名；**

如：

auto int x;          /*定义了一个存储类型为 auto 的整型变量 x */

static float y;      /*定义了一个存储类型为 static 的浮点型变量 y */

**1. auto 型变量**

在函数内部定义的非 static 型的变量属于 auto 型变量，也称局部变量（Local Variables）或自动型变量（Automatical Variables）。函数的形式参数和函数内部定义的变量都属于该类型。该类型的变量是在执行变量所在的语句块时系统为其分配存储空间，执行完语句块就释放空间。若再次执行语句块，则重新为其分配空间，如图 8-15 所示。

auto 型变量的作用范围是它们所在的语句块，生命期是语句块的执行时间。

若对 auto 型变量进行初始化，则每次分配空间时就重新赋值；若未对其初始化，则值不确定。

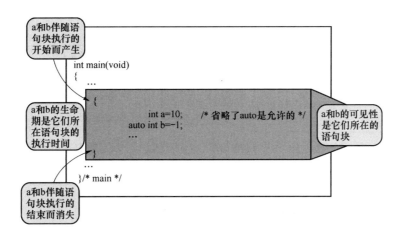

图 8-15 auto 型变量

**2. static 型变量**

使用 static 关键字定义的变量属于 static 型变量,也称静态变量。既可以在函数内部定义,又可以在函数外部定义。在函数内定义的变量称作局部静态变量,在全局区定义的变量称作全局静态变量。

(1)局部静态变量

局部静态变量是系统首次执行变量所在的函数时为其分配一次存储空间,之后该变量就一直驻留在内存中,直到整个程序运行结束。若再次调用函数执行,也不再为其分配空间,如图 8-16 所示。

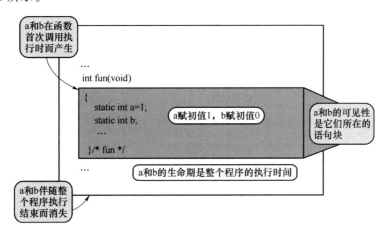

图 8-16 局部静态变量

该类型变量的作用范围是它们所在的语句块,生命期是整个程序的运行时间。

若对局部静态变量进行初始化,则在空间分配时赋值一次;若未初始化,系统自动赋初值 0。显然,若希望在函数运行结束后变量中的数据仍然保留,就应该定义为 static 型。

(2)全局静态变量

全局静态变量是系统编译时为其分配存储空间,之后就一直驻留在内存中,直到整个程序运行结束。该类型变量的作用范围是它们所在的程序编译单元(Compilation Unit),生命期是整个程序的运行时间。关于程序编译单元的概念,是指可以单独进行编译的 C 源程序文件,图 8-17 中给出的是含三个编译单元的程序。

图 8-17　程序编译单元的概念

全局静态变量的初始化同局部静态变量。

**3. extern 型变量**

在函数外未使用 static 关键字定义的变量属于 extern 型变量,也称外部变量。外部变量往往在全局区定义,定义时可以不带 extern 关键字。与静态变量类似,系统也是在编译时为其分配存储空间,分配后的空间一直驻留在内存中,直到整个程序运行结束。

该类型变量的作用范围是从其定义位置到程序结束的区域,生命期是整个程序的运行时间。

对外部变量的初始化处理同静态变量。很显然,若一个程序中含有多个编译单元,并希望在一个编译单元中定义的变量不被其他编译单元访问,则把它定义为 static 型,否则就定义为 extern 型。

图 8-18 是一个使用外部变量的一般例子,程序包含了两个函数 main 和 fun。在程序的全局区和两个函数之间各定义了一个外部变量 a、b,两者的生命期是一样的,都是程序的运行时间。但由于它们定义的位置不同,因此作用域就不同,a 的作用域是整个程序,而 b 是其定义位置到程序结束的区间。因此,main 函数可以访问 a,却无法访问 b。在这个例子中,只含一个编译单位,那就是整个程序。

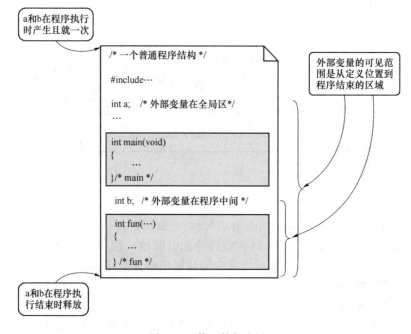

图 8-18　使用外部变量

　　图 8-19 是上面例子的一个改版,所不同的是紧跟在 main 后的函数在其内部对 b 进行了声明。这样一来 b 对该函数就可见了,尽管它是在后面定义的,从而扩展了 b 的作用范围,这点与对函数原型进行声明扩展函数的可见范围类似。

　　图 8-20 是一个在不同编译单元中使用外部变量的例子。可以看出,程序中包含了三个编译单元。单元 1 中定义了全局外部变量 a;单元 2 对 a 进行了全局声明;单元 3 对 a 进行了局部声明。因此,单元 2 中的所有代码都可以访问 a,而单元 3 中只有声明的函数才可以访问 a,其他代码则不可以访问。

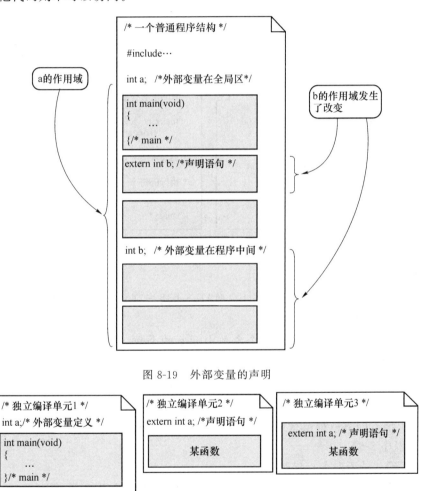

图 8-19　外部变量的声明

图 8-20　不同编译单元使用外部变量

### 4. register 型变量

　　register 型变量是使用 register 关键字定义的变量,也称寄存器变量。程序运行时,系统为该类型的变量分配 CPU 的通用寄存器而不是内存,因此可以提高处理速度。不过由于 CPU 的数量有限,存储数据的形式与内存也有差别,因此通常只是把使用频繁的整型量(如控制循环次数的变量)定义为该类型。float 和 double 类型不能定义为 register 型。此外,随着计算机硬件性能的改善,特别是内存访问速度的提高,该类型定义的作用已不重要,实际编程中已很少使用。

# 8.12　命令行参数

通过前面的学习大家知道，main 函数是由操作系统调用的。到目前为止，本书所研究的所有程序中 main 函数都是无参数的。其实和其他函数一样，main 函数也可以带参数。同一般函数不同的是 main 函数带的参数需要用户从操作系统的命令行输入，所以称作命令行参数（Command-Line Arguments）。有关命令窗口及相关知识请参阅第 354 页附录 F。

main 函数的参数有两个：一个是整型的变量 argc，用来存储命令行中的命令及其参数的个数；另一个是字符型的指针数组 argv，用来存储用户输入的参数，如图 8-21 所示。

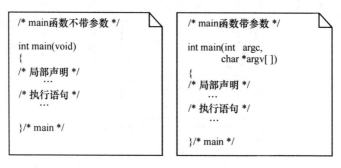

图 8-21　main 函数的参数

注意以下几点：

（1）两个参数的名字可以任意指定（只要符合语法规则），但一般都使用 argc（Argument Count）和 argv（Argument Vector）。

（2）第一个参数的值决定了第二个参数中元素的个数，它的大小是由系统根据用户输入的情况自行确定的，参见【程序 8-6】。

（3）第二个参数 argv 存储了用户从命令行输入的参数，第一个参数是程序的名字，这也是由系统自行确定的，参见【程序 8-6】。

（4）用户输入的参数都被看做字符串，要输入数值型数据就要使用库函数（如 atoi）进行转换，参见【程序 8-6】。

**【程序 8-6】**　关于命令行参数。

程序的功能是从命令行输入命令 sum 和两个整数，求和输出。

```
1    /* Demonstrate the use of command-line arguments.
2       Written by:
3       Date:
4    */
5    #include  <stdio.h>
6    #include  <string.h>
7    #include  <stdlib.h>
```

```
8
9    int main( int argc, char * argv[])
10   {
11   /* Local Definition */
12       int x;
13       int y;
14
15   /* Statements */
16       printf("The number of user elements:    %d\n", argc);
17       printf("The name of command:            %s\n", argv[0]);
18
19       if( argc == 3)
20       {
21           x = atoi ( argv[1] );
22           y = atoi ( argv[2] );
23           printf(" %d + %d = %d\n", x, y, x + y);
24       }
25       else
26           printf("The number of user elements is illegal(must be 3).\n");
27
28           return 0;
29   } /* main */
```

运行结果

```
C:\Documents and Settings\Administrator>cd\

C:\>d:

D:\>cd cyyprg\debug

D:\cyyPrg\debug>sum 100 2000 100
The number of user elements:    4
The name of command:            sum
The number of user elements is illegal(must be 3).

D:\cyyPrg\debug>sum
The number of user elements:    1
The name of command:            sum
The number of user elements is illegal(must be 3).

D:\cyyPrg\debug>sum 100 -1000
The number of user elements:    3
The name of command:            sum
100 + -1000 = -900

D:\cyyPrg\debug>
```

**程序 8-6 分析:** 本例中只有 main 函数。程序的功能是在命令行上输入命令以及两个整数,以公式的形式输出两个整数的和,如果输入的命令和参数的总数不是 3,就显示输入的元素个数非法信息。

从第 9 行可以看出与以往不同的是 main 函数带了两个形式参数——第一个是一个整型变量 argc，用来接收用户从命令行上输入的字符串个数（包括命令以及参数），第二个是一个字符型指针数组 argv，用来指向用户从命令行上输入的每个字符串（包括命令以及参数），其中 argv[0] 指向命令名，argv[1] 指向第一个参数，argv[2] 指向第二个参数……依此类推。有关命令窗口以及相关操作请参阅第 354 页附录 F。

第 16 行的作用是输出了用户在命令行上输入的字符串个数（包括命令以及参数）。第 17 行的作用是输出了在命令行上输入的命令的名字，也就是指针 argv[0] 指向的字符串。第 21～22 行中用到了一个库函数 atoi，作用是把字符串转换为对应的整数，比如 atoi（"123"）的值是整数 123，它的函数原型包含在 stdlib.h 中。于是这两条语句的作用就是分别把用户在命令行上输入的第二个字符串（argv[1] 指向了它）、第三个字符串（argv[2] 指向了它）转换为整数，分别存到变量 x 和 y 中。请参照第 354 页附录 F 认真领会向 main 函数传参数的方法。

# 8.13　递　归

在函数定义中，如果出现了直接或间接调用自己，则该函数就为递归函数（Recusion Function）。这种直接或间接地调用自己称为递归调用（Recusive Call）。图 8-22 是递归函数与调用的例子。

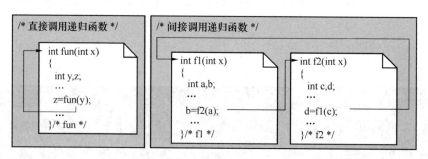

图 8-22　递归函数与递归调用

从图 8-22 中看，递归调用似乎是无终止的。在实际应用中不会出现这种情况，一般都会根据一定的条件来停止调用。

下面通过一个典型递归的例子——求 $n!$，来讨论递归的概念及递归函数的实现方法。

大家知道求 $n!$ 的数学一般公式是：

$$n! = 1 \times 2 \times 3 \times \cdots \times n$$

大家也知道，$n!$ 还可以按照下面的公式求出：

$$\begin{cases} n! = n \times (n-1)! & \text{当 } n > 1 \text{ 时} \\ 1! = 1 & \text{当 } n = 1 \text{ 时} \end{cases}$$

该公式可以描述为：要求 $n$ 的阶乘（一个较大规模问题的求解），就必须求出 $n-1$ 的阶乘（变为与前一个问题性质相同的一个较小问题的求解），而要求 $n-1$ 的阶乘就必须要求出

$n-2$ 的阶乘(变为与前一个问题性质相同的一个更小问题的求解)……这样一直进行下去,到最后求1的阶乘时就有了具体的值1,然后"回推"上面的过程就可以求出原来问题的解,这样的问题就称作递归。图 8-23 给出了分别使用非递归和递归方法编写的求 $n!$ 的函数。

```
/* 非递归函数fac */
int fac(int n)
{
    int i;
    int fac=1;

    for(i=1;i<=n;i++)
        fac*=i;

    return fac;
}/* fac */
```

```
/* 递归函数rfac */
int rfac(int n)
{
    if(n==1)
        return 1;
    else
        return(n*rfac(n-1));
}/* rfac */
```

图 8-23　求 $n!$ 的递归函数与非递归函数

通过比较不难看出,非递归方法是通过函数内部进行的一系列重复运算实现的,而递归方法则是通过函数自身的反复调用实现的。

图 8-24 给出了求 5! 的递归执行过程。第一次调用时,$n$ 的值是 5,进入函数执行时由于它不满足 $n==1$ 的条件,于是执行 else 后的 return 语句,执行该语句时,首先要计算表达式 $(n*rfac(n-1))$ 的值,其中 $rfac(n-1)$,即 $rfac(4)$ 本身又是函数调用,于是就开始了对 rfac 函数的第二次调用。在第二次调用时,$n$ 的值是 4,还是不满足 $n==1$ 的条件,于是就进入第三次调用 $rfac(3)$。如此下去,直到第五次调用,即 $rfac(1)$ 时,因满足了条件 $n==1$,于是执行语句 return 1;。至此,程序控制逐步返回,每一次返回时,返回值与 $n$ 的当前值相乘,其结果作为本次调用的返回值返回给上一级调用,这样最后返回的是第一次调用 rfac (5)的返回结果,也就是 5!。上述的过程必须借助内存中的栈结构来实现,有关栈的内容大家可以参阅数据结构方面的书籍。

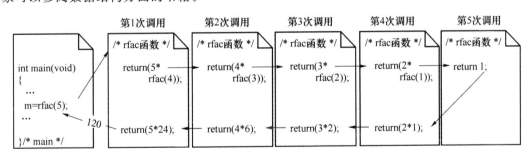

图 8-24　递归执行过程

【程序 8-7】　Fibonacci 序列问题。

Fibonacci 序列问题又叫兔子问题。问题是这样的,假设有一对一雄一雌的小兔子,经过一个月长大,然后每月生一对与它们完全一样的小兔子,小兔子也是一个月长大,之后生小兔子,这样每个月的兔子的对数如下:

$$1 \quad 1 \quad 2 \quad 3 \quad 5 \quad 8 \quad 13 \quad 21 \quad 34\cdots$$

不难发现，若用 fib(n) 表示第 n 个月的兔子数，则有以下的规律：

$$\begin{cases} 1 & \text{当 } n=1 \text{ 或 } n=2 \text{ 时} \\ \text{fib}(n-1)+\text{fib}(n-2) & \text{当 } n>2 \text{ 时} \end{cases}$$

若在前面加值为 0 的项，则变为 Fibonacci 序列的又一形式：

$$\begin{cases} 0 & \text{当 } n=1 \text{ 时} \\ 1 & \text{当 } n=2 \text{ 时} \\ \text{fib}(n-1)+\text{fib}(n-2) & \text{当 } n>2 \text{ 时} \end{cases}$$

上述问题可以归纳为：除一月和二月外，任何一个月的兔子数都是其前面相邻两个月的兔子数之和。于是问题的求解可以转化为求前面两个月的兔子数问题，显然可以使用递归来进行处理。

```c
1    /* This program prints out a Fibonacci series.
2       Written by:
3       Date:
4    */
5    #include  <stdio.h>
6
7    unsigned fib (unsigned num);
8
9    int main (void)
10   {
11   /* Local Definition */
12       int i;
13       int seriesSize;
14
15   /* Statements */
16       printf("This program prints a Fibonacci series. \n");
17       printf("How many numbers do you want?  ");
18       scanf ("%d", &seriesSize);
19       if (seriesSize < 2 )
20           seriesSize = 2;
21
22       printf("First %d Fibonacci numbers: \n", seriesSize);
23       for (i = 0; i < seriesSize; i++)
24       {
25         if (i % 5)
26           printf(" %8u", fib(i));
```

```
27          else
28              printf("\n%8u", fib(i));
29          }
30
31      printf("\n");
32
33      return 0;
34  } /* main */
35  /* =================== fib =================== */
36  unsigned fib (unsigned num)
37  {
38      if (num == 0 || num == 1)
39          return num;
40      else
41          return (fib (num − 1) + fib (num − 2));
42  } /* fib */
```

运行结果

```
This program prints a Fibonacci series.
How many numbers do you want?  33
First 33 Fibonacci numbers:

       0          1          1          2          3
       5          8         13         21         34
      55         89        144        233        377
     610        987       1597       2584       4181
    6765      10946      17711      28657      46368
   75025     121393     196418     317811     514229
  832040    1346269    2178309
Press any key to continue
```

**程序 8-7 分析**：本例中共有两个函数——main 函数和 fib 函数。第 9～34 行是 main 函数的代码,第 36～42 行是 fib 函数的代码。

fib 函数是使用递归方法进行定义的,递归调用出现在第 41 行中。该函数的功能是:给定月数 num,返回该月的兔子数。该函数的返回值类型为无符号整数。

在 main 函数中,第 19～20 行是一个 if 分支,用来处理当输入的 seriesSize 小于 2 时的问题,起到了对数据进行纠错的作用。第 23～29 行是一个 for 循环,用来调用 fib 函数求每个月的兔子数,然后按每行 5 个数据的格式输出。其中,第 26 行和 28 行是函数调用语句。

图 8-25 是 i 的值为 4 时,fib 函数被调用执行的情况。请大家一定要结合图例认真领会和掌握递归函数的执行过程。

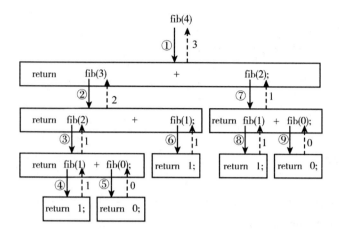

图 8-25　fib 函数的调用过程

【程序 8-8】 汉诺塔（Hanoi Tower）问题。

汉诺塔问题是又一个典型的使用递归解题的问题。问题是这样的，假设有 A、B、C 三个柱子，A 柱上有 $n$ 个大小不等的空心盘子，大的在下小的在上，形成塔状，如图 8-26 所示。要求把这 $n$ 个盘子从 A 柱全部移动到 C 柱，移动的条件是：

（1）每次只能移动一个盘子；

（2）移动过程中，在三根柱子上都要保持大的在下，小的在上；

（3）盘子只允许套在三根柱子之中的一根上。

请写出移动这些盘子的步骤。

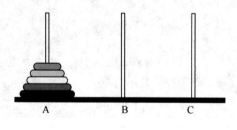

图 8-26　汉诺塔

为了分析问题方便，对盘子按由小到大进行 1 至 $n$ 编号，则将 $n$ 个盘子从 A 移到 C 需要实施如下步骤：

（1）借助于 C 将 1 到 $n-1$ 号盘子从 A 移动到 B；

（2）从 A 将 $n$ 号盘子移动到 C 柱上；

（3）借助于 A 将 1 到 $n-1$ 号盘子从 B 移动到 C 上。

在三个步骤中，步骤（2）一次就可以完成。而步骤（1）和步骤（3）与原问题的性质相同，不同的只是盘子数少一个以及 A、B、C 三根柱子起的作用不同。

下面以三个盘子的移动过程为例进行分析，具体操作是：

（1）将 A 上的 1 到 2 号盘子借助于 C 移动到 B；

（2）从 A 将 3 号盘子移动到 C 柱上；

（3）借助于 A 将 1 到 2 号盘子移动到 C 柱上。

步骤(1)又可以分解为三步：

(1) 将 A 上的 1 号盘子从 A 将移动到 C 柱上；

(2) 将 A 上的 2 号盘子从 A 将移动到 B 柱上；

(3) 将 C 上的 1 号盘子从 C 将移动到 B 柱上。

步骤(3)又可以分解为三步：

(1) 将 B 上的 1 号盘子从 B 将移动到 A 柱上；

(2) 将 B 上的 2 号盘子从 B 将移动到 C 柱上；

(3) 将 A 上的 1 号盘子从 A 将移动到 C 柱上。

综合上述移动过程,将 3 个盘子从 A 移动到 C 需要以下移动步骤：

A→C,A→B,C→B,A→C,B→A,B→C,A→C

上述的移动过程的图例如图 8-27 所示。

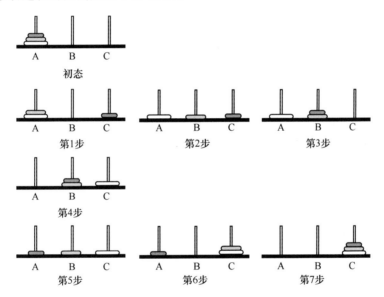

图 8-27 三个盘子的移动情况

对于 $n$ 个盘子的操作步骤可以归纳为两类操作：

(1) 将 1 到 $n-1$ 号盘子从一个柱子移动到另一个柱子上；

(2) 将 $n$ 号盘子从一个柱子移动到另一个柱子上。

```
1   /* This program prints out steps for moves of the tower contists of n disks.
2      Written by:
3      Date:
4   */
5   # include  <stdio.h>
6
7   void towers(int n,char s,char d,char a);
8
```

```c
9    int main (void)
10   {
11   /* Local Definition */
12       int n;
13
14   /* Statements */
15       do
16       {
17           printf("Please enter the total number of disks:   ");
18           scanf ("%d", &n);
19
20       } while (n < 1);
21
22       towers(n, 'A', 'C', 'B');
23
24       return 0;
25   } /* main */
26
27   /* ================== towers ==================== */
28   void towers(int   n,
29               char source,
30               char dest,
31               char auxiliary)
32   {
33   /* Local Definition */
34       static int step = 0;
35
36   /* Statements */
37       printf("Towers (%d, %c, %c, %c)\n", n, source, dest, auxiliary);
38       if (n == 1)
39           printf ( "\t\t\t\tstep %3d:Move from %c to %c\n",
40                   ++step, source, dest);
41       else
42       {
43           towers (n - 1, source, auxiliary, dest);
44           printf ( "\t\t\t\tstep %3d:Move from %c to %c\n",
45                   ++step, source, dest);
46           towers ( n - 1, auxiliary, dest, source);
47       } /* if … else */
48
49       return;
50   } /* towers */
```

| 运行结果 | ```
Please enter the total number of disks:   3
Towers (3, A, C, B)
Towers (2, A, B, C)
Towers (1, A, C, B)
                        step   1: Move from A to C
                        step   2: Move from A to B
Towers (1, C, B, A)
                        step   3: Move from C to B
                        step   4: Move from A to C
Towers (2, B, C, A)
Towers (1, B, A, C)
                        step   5: Move from B to A
                        step   6: Move from B to C
Towers (1, A, C, B)
                        step   7: Move from A to C
Press any key to continue
``` |
|---|---|

　　**程序 8-8 分析:**本例中共有两个函数——main 函数和 towers 函数。towers 函数是使用递归方法进行定义的,递归调用出现在第 43 行和第 46 行中。该函数的功能是给定盘子数 n,输出由柱子 A,借助柱子 B,最后到柱子 C 的所有操作步骤。在 main 函数中,第 15～20 行是一个 do...while 循环,控制输入盘子数 n。第 22 行是调用 towers 函数的语句。

# 习　题

**一、选择题**

1. 把程序分解为一个个功能独立彼此相关函数的处理过程称作(　　)。
　　A. 图形化　　　B. 问题分解　　　C. 结构化　　　D. 画流程图　　　E. 程序设计

2. 以下关于函数定义与声明的描述,正确的是(　　)。
　　A. 函数调用出现在被调用函数中
　　B. 函数声明中必须要带参数名
　　C. 函数定义就是声明函数的语句
　　D. 函数定义包含了实现函数功能的语句
　　E. 函数定义时,函数头以分号结束

3. 以下不是函数头内容的是(　　)。
　　A. 函数名　　　B. 数据类型　　　C. 标题　　　D. 形参列表

4. 以下关于函数参数问题的描述,正确的是(　　)。
　　A. 无形参时要使用 void
　　B. 只有一个参数时函数名后的括号可以不带
　　C. 函数定义中的参数称作实参
　　D. 参数之间使用分号分隔
　　E. 形式参数是在函数体中定义的

5. 以下关于局部变量的描述,错误的是(　　)。
　　A. 局部变量是在函数内部定义的量
　　B. 局部变量的值可以通过 return 语句返回
　　C. 局部变量在函数外是不可见的
　　D. 可以对局部变量进行初始化处理
　　E. 局部变量可以和其所在函数的形参同名
```

**二、思考与应用题**

1. 找出下列函数定义中的错误。

(1) void fun(int  x, int  y)
    {
      int  z;
      …
      return  z;
    }/* fun */

(2) int fun (int x,  y)
    {
      int  z;
      …
      return  z;
    } /* fun */

(3) int fun (int  x, int  y)
    {
      …
      int sun (int t)
       {
         …
         return (t + 3);
       }
      ...
      return z;
    } /* fun */

(4) void fun (int,  x)
    {
      return;
    } /* fun */

2. 找出下列函数声明中的错误。

(1) int sun (int x, y);

(2) int sun (int x, int y)

(3) void sun (void, void);

(4) void sun (x int, y float);

3. 找出下列函数调用中的错误。

(1) void fun( )

(2) fun (void);

(3) void fun (int x, int y);

(4) fun ( );

4. 若输入的数据为 3  4  5  6,写出下列程序的输出结果。

```
# include  < stdio. h >
int strange (int x, int y);      /* 函数原型声明 */
int main (void)
{
    int a,b,c,d,r,s,t,u,v;        /* 最好使用一行一个变量的定义方式 */

    scanf ("%d %d %d %d",&a,&b,&c,&d);

    r = strange (a,b);
    s = strange (r,c);
    t = strange (strange (s,d),strange (4,2));
    u = strange (t + 3, s + 2);
```

```
        v = strange (strange (strange (u,a),b),c);

        printf ("%d,%d,%d,%d",r,s,t,u,v) ;
        return 0;
}  /* main */
/* ================ strange ==================== */
int strange(int x,int y)
{
/* Local Definitions */
    int   t;
    int   z;
/* Statements */
    t = x + y;
    z = x * y;
    return (t + z);
}  /* strange */
```

5. 画出下列程序的结构图,写出程序的输出结果。

```
    # include  < stdio.h >
    int funA (int x);
    void funB (int x);              /* 函数原型声名 */
    int main (void)
    {
        int   a;
        int   b;
        int   c;
    /* Statements */
        a = 10;
        funB (a);
        b = 5;
        c = funA (b);
        funB (c) ;
        printf (" %3d %3d %3d ",a,b,c);
        return   0;
    }  /* main */

    int funA (int x)
    {
        return x * x ;
```

```
} / * funA * /

void funB (int x)
{
    int y;

    y = x % 2;
    x / = 2;
    printf ("\n %3d  %3d\n",x,y);
    return;
}/ * funB * /
```

6. 写出程序的输出结果。

```
#include  <stdio.h>
int x = 100;                      /* 全局变量 x 的定义与初始化 */

int main (void)
{
    int   i = 10;
    int   s = x * i;
    printf("%d, %d\n",x,s);

    func(&s);
    printf("%d, %d\n",x,s);
    return 0;
}
int func(int * p)
{
    * p = * p / x;
    {
        int x = 5;
        x = * p + x;
        printf("%d,",x);
    }
}
```

7. 试解释向函数传值和传地址的不同点。

8. 编写一个把英寸转换为厘米的函数（1 in＝2.54 cm）。然后调用该函数,提示用户输入数据（英寸）,输出结果（厘米）。

9. 编写一个函数实现把给定的小数圆为小数点后两位数。比如,若给出127.565 031,则结果为 127.570 000（提示:先把小数转换为整数,然后再转换为小数）。

10. 编写一个函数,给定两条直角边 a 和 b 求直角三角形的面积和周长。

11. 编写判断一个整数是否为素数的函数。如果是素数,则返回 1,否则返回 0。

12. 编写判断一个年份是否为闰年的函数。如果是闰年,则返回 1,否则返回 0。

13. 编写一个函数,把给定字符串中指定字符删除,要求用数组接收字符串。

14. 按要求编写函数产生以下图形。

(1) 给出行数(row)和每行星号的个
　　数(n)

```
* * * * * * * * * * *
* * * * * * * * * * *
* * * * * * * * * * *
* * * * * * * * * * *
* * * * * * * * * * *
```

(2) 给出行数(row)和每行字符的个
　　数(n)

```
= = = = = = = = = = =
*                   *
*                   *
*                   *
= = = = = = = = = = =
```

(3) 给出行数(row)

```
*
* * *
* * * * *
* * * * * * *
* * * * * * * * *
```

(4) 给出行数(row)

```
* * * * * * * * *
* * * * * * *
* * * * *
* * *
*
```

(5) 给出行数(row)

```
*
* * *
* * * * *
* * * * * * *
* * * * * * * * *
* * * * * * *
* * * * *
* * *
*
```

15. 编写一个递归函数,把给定字符串逆置。若给出的串是"abcd",结果将是"dcba"。

16. 若有两个数组 a[10] 和 b[10],编写函数(分别使用数组和指针作形参)判断两个数
    组的对应元素即 a[i] 与 b[i] 是否全部相等,若相等返回 1,否则返回 0。

17. 帕斯卡三角形可以用来求多项式 $(a+b)^n$ 展开项的系数。在帕斯卡三角形中,第一
    列和最后一列为 1,其他每一个项都是其上行中正对它的一个与左面一个项的和。
    $n$ 为 7 的帕斯卡三角形是:

    1

    1　　　1

```
1    2    1
1    3    3    1
1    4    6    4    1
1    5    10   10   5    1
1    6    15   20   15   6    1
```

写一个函数,用二维数组实现对任意给出的 n,输出对应的帕斯卡三角形。

18. 编写一个函数对给定的数组 arr[]和元素个数 $n$,按升序进行冒泡排序。

19. 编写一个函数把给出的矩阵 matrix[N][N]左上方数据置为 1,右下方数据置为 −1,主对角线元素置 0。

20. 使用指针编写一个函数,把给定年份和天数转换为日期(month & day)。

21. 使用指针编写一个函数,把给定字符串中的前导空格删除。

22. 使用指针编写一个函数,把给定字符串中的末尾空格删除。

23. 使用指针编写一个函数,统计给定字符串中指定字符出现的次数。

24. 编写一个函数实现库函数 strcpy 的功能。

25. 编写一个函数实现库函数 strcat 的功能。

26. 一个串若正拼和反拼一样就称作回文,如 madam、level 都是回文。编一个判给定串是否是回文的函数,若是则返回 1,不是则返回 0。

**三、编程题**

1. 编程计算银行存款余额和利息。假设银行存款季度利率是 5.3%。根据输入的原始数据计算利息和账户余额,并以表格的形式输出每个季度的利息和账户余额。要求写两个函数,一个用来计算利息和账户余额,另一个用来输出。

2. 编程实现输入三个整数,然后分别按正序和反序输出这三个数。要求编写三个函数——第一个输入数据、第二个按正序输出数据、第三个按反序输出数据。

3. 编程实现华氏和摄氏温度之间的转换。公式如下:

$$F = 32 + C\frac{180}{100}$$

要求:程序运行时,先提示输入一个摄氏温度,之后输出对应的华氏温度;再提示输入一华氏温度,之后输出对应的摄氏温度。按要求自己进行问题分解设计函数并画出结构图。

4. 国际书号(ISBN)是按国际标准统一进行的编号,用来唯一标识一本书。它由 10 位数字组成,最右边的数字是第 1 位。第 1 位数字可以是 x,表示 10,其他 9 位是 0~9 的数字,如图 8-28 所示。

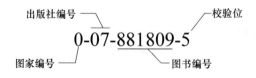

图 8-28　编程题 4

判断一个书号是否有效的一种方法是先求每位数字的位权之和(一个数字的位权是数

字与其位置的乘积),若位权和能被 11 整除,则是一个有效的书号,否则无效。若有书号 0-07-881809-5,则位权之和是:$0*10+0*9+7*8+8*7+8*6+1*5+8*4+0*3+9*2+5*1=220$,因为它能被 11 整除,所以是有效的一个书号。编程实现判断一个书号的有效性。要求写两个函数,一个录入书号;另一个判断有效性。

5. 编程实现产生 100 个 1～200 之间的随机数存储到数组中,然后使用顺序查找法扫描数组 100 次,每次都产生一个随机数作为要查找的目标。程序结束时,显示以下的统计信息:

(1) 查找不成功的次数。

(2) 查找成功的次数。

(3) 查找成功的百分比。

(4) 平均查找的次数。

要求写两个函数,一个为给定数组产生随机数;另一个用来从数组中查找给定的数,若查找成功返回1,不成功返回 0。

6. 关联数组是存储了相关信息的两个数组,如一个存储了学号,另一个存储了对应的成绩。编写程序使用冒泡排序法,对相关联的两个数组排序。使用以下的数据进行验证:{18,90},{237,47},{35,105},{5,25},{76,739},{103,26},{189,38},{22,110},{156,31}(每对数据是一个学生的信息,学号和成绩)。要求写三个函数,一个为关联的两个数组输入数据;一个用来排序;另一个输出数据。

7. 假设某班级有学生 30 名,有 5 次测验成绩,每个学生用 4 位数字的学号来识别。编程统计学生以下信息:

(1) 每个学生的最高分、最低分和平均分。

(2) 全班每次测验的最高分、最低分和平均分。

要求:用二维数组学生的原始数据,用一维数组存储统计信息。编写五个函数,分别用来输入数据、求最高分、求最低分、求平均分和输出数据。输出信息的格式如下:

| ID | SCORE1 | SCORE2 | SCORE3 | SCORE4 | SCORE5 | HSCORE | LSCORE | AVESCORE |
|---|---|---|---|---|---|---|---|---|
| 1234 | 78 | 83 | 87 | 91 | 86 | 91 | 78 | 85.0 |
| 3124 | 67 | 77 | 84 | 82 | 79 | 84 | 67 | 77.8 |
| ... | ... | ... | ... | ... | ... | ... | ... | ... |
| HScore | ... | ... | ... | ... | ... | ... | | |
| LScore | ... | ... | ... | ... | ... | ... | | |
| AVEScore | ... | ... | ... | ... | ... | | | |

# 第9章 / 结构、联合与枚举

在C语言中除了可以使用系统内建的标准数据类型，如整型、浮点型、字符型外，还允许用户根据需要自己构造类型，也称复合数据类型。前面研究的数组、指针、字符串均属于复合数据类型，本章研究其他几种自构造类型——结构、联合与枚举。

## 9.1 类型定义

类型定义(Type Definitions)是使用 typedef 关键字将一种数据类型定义为一种新类型的过程。类型定义的格式如图 9-1 所示。

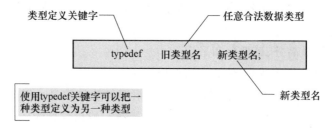

图 9-1 类型定义的格式

注意以下两点：

(1) 类型定义是为已有的类型定义了一个别名，习惯上用大写表示。如：

typedef int INT;

typedef float REAL;

(2) 程序中有了类型定义后，就可以使用新的类型名来定义变量。如：

typedef int INT;

int x;            /*使用类型关键字 int,定义了变量 x*/

INT Y;            /*使用新类型名 INT,定义了变量 Y*/

图 9-2 是一个使用类型定义的简单程序例子。因为把 int 定义成了 INTEGER,所以和使用 int 一样,可以使用 INTEGER 来定义变量。

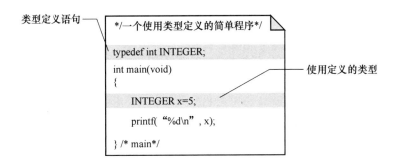

图 9-2　一个类型定义的简单程序

# 9.2　结构类型

在日常编程时,往往需要把不同类型的数据组织到一起进行处理。举个例子来说,若要编写一个学生基本信息管理程序,其数据的组织情况可以简单地用表 9-1 表示。不难看出,要处理的数据组成了一个二维表格的形式。其中,每一行存储了一个学生的信息,它由很多数据项(Data Items)组成。每一列类型相同,具有一个共同的名字。如第一列是整数,名字为 id,用来存储学号;第二列是字符型,名字为 name,用来存储姓名;第三列是字符型,名字为 sex,用来存储性别;第四列是整数,名字为 age,用来存储年龄;第五列本身包含了三列,用来存储出生的年、月、日。在 C 语言中,类似的复杂问题可以通过自定义结构类型来实现。

表 9-1　学生基本信息

| id | name | sex | age | birth | | |
| --- | --- | --- | --- | --- | --- | --- |
| | | | | year | month | day |
| 1001 | Liqiang | M | 18 | 1984 | 12 | 1 |
| 1002 | Sunli | F | 17 | 1985 | 3 | 12 |
| ... | ... | ... | ... | ... | ... | ... |

结构是一组相关元素的集合(Colections),其中的元素又称成员(Members),对应于表 9-1 中的一个列。构成结构的各成员可以是同一类型,也可以是不同类型。如表 9-1 中,成员 name 和 sex 类型相同,成员 id 和 age 类型相同,而成员 id 和 sex 类型不同。

## 9.2.1　结构的声明

在使用结构之前,首先要使用语句的形式对结构的成员情况进行说明,称为结构的声明(Structure Declaration)。结构声明的一般形式如下:

```
struct    结构名
{
    类型    结构成员名1;
    类型    结构成员名2;
    ...
```

　　类型　结构成员名 n;
　　};
　　其中:struct 为关键字,结构名是结构的标识,由用户定义。{ }中包括的是组成该结构的成员列表。图 9-3 是一个结构声明的例子,其中结构名为 date,结构中含有三个整型的成员 year、month 和 day。

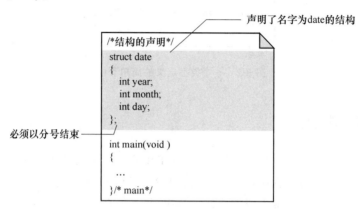

图 9-3　结构声明

注意以下几点:

（1）结构类型声明是一条语句,末尾必须以分号结束。

（2）结构名可以省略,此时定义的结构称为无名结构。图 9-3 中的结构也可以声明为:

```
struct
{
    int year;
    int month;
    int year;
};
```

（3）struct 与结构名一起,称作结构类型名。显然,无名结构是没有结构类型名的。

（4）无论是有名结构还是无名结构,都可以在声明时,把它定义为另一种类型。如:

```
typedef struct date              typedef struct
{                                {
    int day;                         int day;
    int month;                       int month;
    int year;                        int year;
}DATE;  /＊有名结构＊/           } DATE; /＊无名结构＊/
```

　　事实上,在声明结构类型时把其定义为另一种类型是一贯的做法。如果没有类型定义,在使用结构类型时,就必须要写 struct 后跟结构名,如 struct date。这样的类型名尽管作用和 int、float 等标准数据类型的关键字一样,但是与 int 和 float 等比较起来它们的名字一般比较长,使用起来不方便。如果把结构类型名定义为一个简短的名字,使用起来就方便多了,比如把 struct date 定义为 DATE 后,使用 DATE 显然要比使用 struct date 要方便。这也正是为什么本章一开始就研究类型定义的原因。

### 9.2.2  定义结构变量

结构类型声明只是对结构的一个描述,系统不分配任何空间。要存储数据,就要申请空间,空间的申请通过定义变量实现。在 C 语言中,定义结构变量有如下三种方法。

**1. 先声明类型后定义变量**

若结构已经声明,并且结构名没有省略,则可以在需要时使用结构类型名来定义变量。其方法与定义一般类型的变量一样,只是类型名为结构类型名罢了。图 9-4 给出了一个先声明结构后定义变量的一个图示化示例。

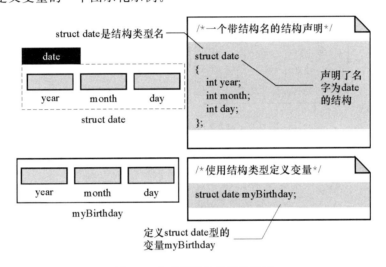

图 9-4  先声明结构后定义变量

**2. 声明结构的同时定义变量**

可以在声明结构的同时定义变量。此时,被定义的变量直接写在类型声明的{ }之后。图 9-5 给出了在声明结构的同时定义变量的示例。

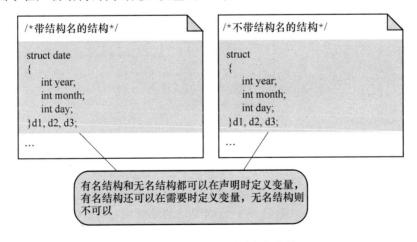

图 9-5  声明结构的同时定义变量

### 3. 使用 typedef 定义的类型名来定义变量

若使用了 typedef 为结构类型定义了新类型名,那么就可以用这个新类型名定义结构变量。如：

typedef struct date DATE;

DATE myBirthday;

图 9-6 是对上述三种方法的一个图例化的总结。

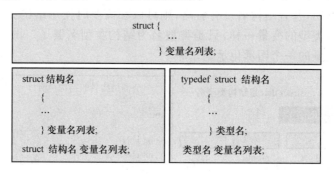

图 9-6　定义结构变量的三种方法

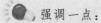 强调一点：

　　每个结构变量所占用的空间为每个成员占用空间之和。系统为结构变量中的每个成员均分配存储空间,如一个 struct date 型的变量占 12 个字节。

## 9.2.3　结构指针

类型为结构的指针,称作结构指针(Pointer to Structures)。定义结构指针的方法和定义标准类型指针的方法完全一样,如图 9-7 所示。

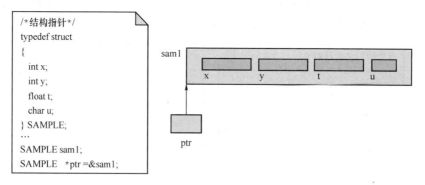

图 9-7　结构指针

从图 9-7 中不难看出:定义结构指针的方法和定义标准类型指针的方法完全一样,只要把数据类型换为结构类型即可。若把一个结构变量的地址赋给一个结构指针,指针就指向了该变量。与对标准类型指针的操作一样,只要对指针取间接运算(＊)就可以访问它所指向的变量,也就是说＊ptr 和 sam1 两者是等价的。

# 9.3　结构的处理

### 9.3.1　结构变量的初始化

对结构变量初始化的方法与对数组初始化的方法类似,格式是:

结构类型　变量名＝{值列表};

其中,值列表是用逗号隔开的多个数据项。

图 9-8 给出了对结构进行初始化的例子。

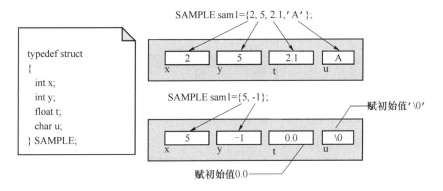

图 9-8　结构变量的初始化

强调以下几点:

(1) 若不对结构变量初始化,结构成员中的数据是不确定的;

(2) 初始化时,值的类型必须与结构声明中对应成员的类型一致;

(3) 若值的个数多于成员个数将发生编译错误;若值的个数少于成员个数,对于数值型成员将赋初始值 0,对于字符型成员将赋空字符('\0');

(4) 两个同类型的结构变量之间可以相互赋值,如图 9-9 所示。

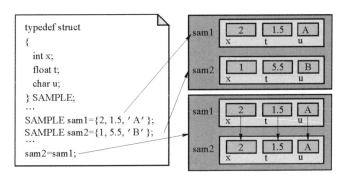

图 9-9　结构变量相互赋值

### 9.3.2　访问结构成员

结构中的成员是存储数据的对象,数据的处理要通过对成员的访问来进行。可以使用两种方法访问结构成员（Accessing Structure Members）。

**1. 通过结构变量访问结构成员**

通过结构变量访问结构成员的格式是：

**结构变量名. 成员名**

其中，句点(.)是成员运算符，优先级为17（参见第336页附录B）。

图9-10是通过结构变量访问结构成员的例子。

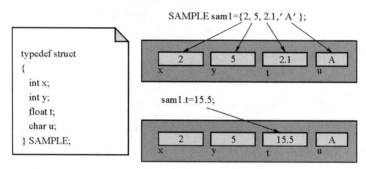

图9-10 通过结构变量访问结构成员

**2. 通过结构指针访问结构成员**

若指针指向了结构变量，就可以通过该结构指针访问结构成员。通过指针访问结构成员的格式有两种，如图9-11所示。

其中，->是成员选择符，和成员运算符一样，优先级也为17（参见附录B）。

图9-12是通过结构指针访问结构成员的例子。

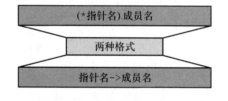

图9-11 通过指针访问结构成员的两种格式

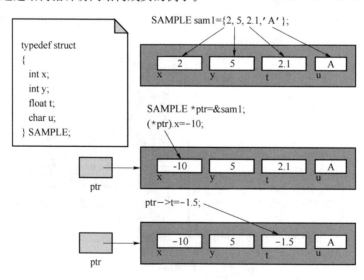

图9-12 通过指针访问结构成员

强调以下两点：

（1）因为取间接运算(*)的优先级低于成员运算(.)，所以使用第一种格式时，括号必

须要有;

（2）第二种格式更常用。

**【程序 9-1】** 结构变量的定义、初始化和成员访问。

```
1    /* Demonstrate declaration and definition of structure.
2       Written by:
3       Date:
4    */
5    # include  < stdio. h>
6
7    typedef struct
8           {
9               int      x;
10              float    y;
11              char     c;
12           } SAMPLE;
13
14   int main (void)
15   {
16   /* Local Definitions */
17       SAMPLE sam = { -1, 1.5, ´A´};
18
19   /* Statements */
20       printf("%d, %.1f, %c\n", sam.x, sam.y, sam.c);
21
22       sam.c = ´?´;
23       printf("%d, %.1f, %c\n", sam.x, sam.y, sam.c);
24
25       return 0;
26   } /* main */
```

运行结果
```
-1,1.5,A
-1,1.5,?
Press any key to continue
```

　　**程序 9-1 分析**:本例中只有 main 函数。第 7～12 行是结构声明语句,该结构没有名字,声明的同时把该结构类型定义成了 SAMPLE 类型。该类型有三个成员,分别是 int 型的 x、float 型的 y 和 char 型的 c。同函数声明语句一样,结构类型的声明一般也放在全局区,这样做的目的是为了整个程序都可以使用该类型。

　　第 17 行是结构变量定义和初始化语句,定义了一个名字为 sam 的结构变量并进行了赋值。处理时,系统会按照声明中自上而下的成员顺序,把值列表中的数据从左向右依次赋给各成员，这样－1就赋给了x，1.5赋给了y，字符A的ASCII码值赋给了c。第20行是输出语句，通过结构变量sam引用并输出了其成员x、y和c的值。第22行通过sam再次引用了其成员c，并为其赋了新的值——字符？的ASCII码值。

【**程序9-2**】 使用结构指针访问成员。

```
1    / *  Demonstrate how to use a pointer to structure.
2        Written by:
3        Date:
4    * /
5    # include  < stdio. h >
6
7    typedef struct
8        {
9            int     x;
10           float   y;
11           char    c;
12       } SAMPLE;
13
14   int main (void)
15   {
16   / *  Local Definitions * /
17       SAMPLE sam = { - 1, 1.5, ´A´};
18       SAMPLE * p = &sam;
19
20   / *  Statements * /
21       printf(˝% d, % .1f, % c\n˝, ( * p). x, ( * p). y, ( * p).c);
22
23       ( * p).c = ´?´;
24       printf(˝% d, % .1f, % c\n˝, p - > x, p - > y, p - > c);
25
26       return 0;
27   } / * main * /
```

运行结果

```
-1,1.5,A
-1,1.5,?
Press any key to continue
```

**程序9-2分析**：本例与第273页【程序9-1】的代码大部分都一样，所不同的只是第18行、第21行、第23行和第24行。其中第18行是定义了SAMPLE类型的结构指针p，并令其指向了结构变量sam。第21行是通过对指针p取间接运算的形式引用并输出了sam中x、y和c的值。第

23 行再次通过对指针 p 取间接运算的形式引用了 sam 的成员 c,并为其赋了新的值——字符? 的 ASCII 码值。第 24 行是通过对指针 p 取选择运算的形式输出了 sam 中 x、y 和 c 的值。

【**程序 9-3**】 为结构成员输入和输出数据。

```
1   /* Demonstrate input and output data for structure.
2      Written by:
3      Date:
4   */
5   #include <stdio.h>
6
7   typedef struct
8       {
9          int    x;
10         float  y;
11         char   c;
12      } SAMPLE;
13
14  int main(void)
15  {
16  /* Local Definitions */
17      SAMPLE sam;
18      SAMPLE *p = &sam;
19
20  /* Statements */
21      printf("Enter an integeral number: ");
22      scanf("%d", &sam.x);
23      printf("Enter a float number: ");
24      scanf("%f", &sam.y);
25      getchar();
26      printf("Enter a character: ");
27      scanf("%c", &p->c);
28
29      printf("%d, %.1f, %c\n", p->x, (*p).y, sam.c);
30
31      return 0;
32  } /* main */
```

运行结果

```
Enter an integeral number: -10
Enter a float number: 12.55
Enter a character: A
-10,12.6,A
Press any key to continue_
```

　　**程序 9-3 分析：**本例第 5～18 行与第 274 页【程序 9-2】完全相同。第 21～22 行、第 23～24 行、第 26～27 行的作用分别是提示并为 sam 中的成员 x、y、c 输入数据。其中，对成员 x 和 y 的访问是通过结构变量名 sam 进行的，对成员 c 的访问是通过指针 p 实现的。第 29 行使用了三种不同的引用格式 p -> x，( * p). y，sam. c 输出了 sam 中 x、y 和 c 的值。第 25 行是为了把前面输入产生的回车字符过滤掉，以免对后面的输入产生影响。

　　通过上面的几个程序不难看出，处理结构成员与处理一般变量在方法上没有实质性的区别。它们实质上都是变量，都有内容和地址之分。要使用它们的内容就要引用它们的名字，要使用它们的地址就要在它们的名字前取地址运算。与一般变量不同的是，处理结构成员时一定要通过结构变量名或结构指针名指明是哪个结构变量中的成员。图 9-13 给出了访问结构成员的三种格式。

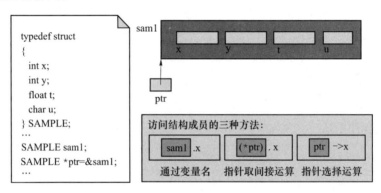

图 9-13　访问结构成员的三种格式

# 9.4　复杂结构

## 9.4.1　嵌套结构

　　在结构类型声明中，若其成员本身是一个结构类型，则把这样的结构称作嵌套结构（Nested Structures）。既然结构可以看做是一个二维表格，一个嵌套结构就意味着表格中的一列或多列本身又是一个表格，表 9-2 显示的是一个包含了三层的嵌套结构。

表 9-2　三层嵌套结构

| startTime | | | | | | endTime | | | | | |
|---|---|---|---|---|---|---|---|---|---|---|---|
| date | | | time | | | date | | | time | | |
| month | year | day | hour | min | sec | month | year | day | hour | min | sec |
|  |  |  |  |  |  |  |  |  |  |  |  |

**1. 声明嵌套结构**

　　可以使用两种方法声明嵌套结构：分别声明和整体声明。图 9-14 给出了表 9-2 所描述问题的两种声明的方法。

　　在实际编程中建议大家使用分别声明的方法，因为这样的格式更容易读。

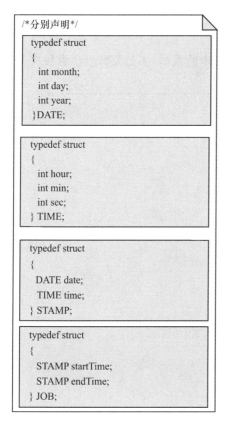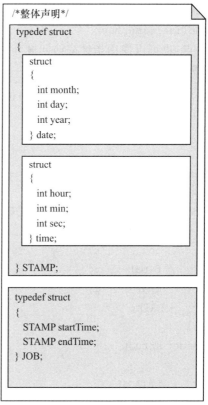

图 9-14 嵌套结构的声明

**2. 嵌套结构成员的初始化**

在对嵌套结构进行初始化时，要把每一层上的数据值使用一对｛ ｝括起来。若有图9-14中的声明，则以下均是合法的初始化语句：

STAMP myStamp = {{11,18,1968},{22, 45, 00}};

JOB myJob = {{{01,01, 2000},{ 00, 00, 00}},{{12,18, 2007},{ 00, 00, 00}}};

**3. 嵌套结构成员的访问**

访问嵌套结构中的成员，必须从最外层开始由外向里包含每一层，直到包含了要访问的成员为止。格式是：

**结构变量名.外层成员名.….内层成员名**

若 stamp、job 分别是 STMP、JOB 类型的变量，则下面的访问格式都是正确的：

stamp.date

stamp.date.month

stamp.date.day

stamp.date.year

stamp.time

stamp.time.hour

stamp.time.min

stamp.time.sec

job. startTime. time. hour

job. endTime. time. hour

说明一点：也可以使用指针来访问嵌套结构中的成员，不过要特别注意层次关系。

**【程序 9-4】** 嵌套结构及成员访问。

| | |
|---|---|
| 1 | /* Demonstrate a nested structure. |
| 2 | Written by: |
| 3 | Date: |
| 4 | */ |
| 5 | # include ＜stdio. h＞ |
| 6 | |
| 7 | typedef struct |
| 8 | { |
| 9 | int x; |
| 10 | float y; |
| 11 | char c; |
| 12 | } DATA; |
| 13 | |
| 14 | typedef struct |
| 15 | { |
| 16 | DATA d1; |
| 17 | DATA d2; |
| 18 | } NODE; |
| 19 | |
| 20 | int main (void) |
| 21 | { |
| 22 | /* Local Definitions */ |
| 23 | NODE node = {{1, 2.5, ´A´}, {10, 25.5, ´B´}}; |
| 24 | NODE *p = &node; |
| 25 | |
| 26 | /* Statements */ |
| 27 | printf(″% d, %.1f, % c\n″, node. d1. x, node. d1. y, node. d1. c); |
| 28 | printf(″% d, %.1f, % c\n″, p-> d2. x, p-> d2. y, p-> d2. c); |
| 29 | |
| 30 | return 0; |
| 31 | } /* main */ |
| 运行结果 | ```
1,2.5,A
10,25.5,B
Press any key to continue
``` |

**程序 9-4 分析：** 本例中全局区包含了两个结构声明。其中第 7～12 行声明了包含三个
```

成员 x、y、c 的无名结构,同时把其定义成了 DATA 类型。第 14～18 行利用前面声明的
DATA 类型,声明了一个含两个 DATA 型成员 d1、d2 的嵌套无名结构,同时把它定义成了
NODE 类型。第 23 行定义了 NODE 型的变量 node,并为其成员进行了赋值。第 24 行定义
了 NODE 型的指针 p,并使其指向了 node。第 27 行为输出语句,是通过外层结构变量名
node 和内层结构变量名 d1 输出了最内层成员 x、y 和 c 的值。第 28 行也是输出语句,是通
过指针名 p 和结构变量名 d2 输出了内层结构成员 x、y 和 c 的值。第 7～18 行也可以写成
下面的形式,但提倡使用前面的形式。

```
typedef struct
    {
        struct
            {
                int x;
                float y;
                char c;
            } d1, d2;
    } NODE;
```

### 9.4.2  含数组的结构

结构中的成员可以是任意类型的数组。图 9-15 就是一个含有数组成员的结构类型。
其中,name 是含 20 个元素的 char 型数组,midterm 是一个含 3 个元素的 int 型数组。该结
构类型用来存储学生姓名、性别、名次、中间测试成绩和期末考试成绩。

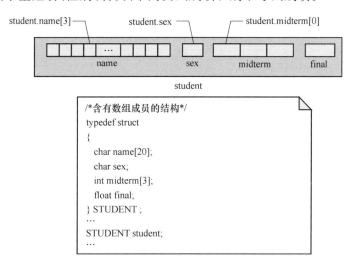

图 9-15  含数组成员的结构

注意以下几点:

(1) 对含数组成员的结构变量初始化时,要把数组元素的值使用{ }括起来。

若有图 9-15 中的声明,则下面的语句可以实现为结构变量 student 正确赋值:

```
STUDENT student = {"Wangli",'F',{99, 88, 77}, 0};
```

（2）访问结构中数组元素的方法和访问一般数组元素的方法类似，既可以用数组名加下标方式，又可以使用指针访问。

若有图 9-15 中的声明和定义，则以下都是正确的引用方法：

```
student.name          /* 代表的是 student 中数组 name 的开始地址 */
student.name[1]       /* 代表的是 student 中数组 name 的第二个元素 */
student.midterm       /* 代表的是 student 中数组 midterm 的开始地址 */
student.midterm[0]    /* 代表的是 student 中数组 midterm 的第一个元素 */
```

也可以使用指针处理结构中数组的元素。如：

```
int   * pScores;
pScores      = student.midterm;
totalScores = * pScores + * (pScores + 1) + * (pScores + 2);
```

（3）处理结构中数组元素的方法和访问一般数组元素类似，也要使用循环。

若要为 student 中 midterm 数组的元素输入数据，代码如下：

```
…
for(i = 0; i < 3; i ++ )
    scanf("%d", &student.midterm[i]);
…
```

【程序 9-5】 含数组的结构。

```
1    /* Access a structure include array members.
2       Written by:
3       Date:
4    */
5    # include  <stdio.h>
6
7    typedef struct
8        {
9            char name[20];
10           char sex;
11           int  midterm[3];
12           int  final;
13       } STUDENT;
14
15   int main (void)
16   {
17   /* Local Definitions */
18       STUDENT stu = {"Wangli", 'F', {99, 88, 77}, 98};
```

| 19 | 　　int　　　*p = stu.midterm; |
|---|---|
| 20 | |
| 21 | /* Statements */ |
| 22 | 　　printf("%s, %c,", stu.name, stu.sex); |
| 23 | 　　printf("%d,%d,%d,%d\n", *p, *(p + 1), *(p + 2), stu.final); |
| 24 | |
| 25 | 　　return 0; |
| 26 | } /* main */ |
| 运行结果 | Wangli, F,99,88,77,98<br>Press any key to continue |

**程序 9-5 分析:** 本例中第 7～13 行声明了包含四个成员 name、sex、midterm 和 final 的无名结构类型,并把其定义成了 STUDENT 类型。其中,成员 name 和成员 midterm 本身是数组。第 18 行定义了 STUDENT 型的变量 stu,同时为其成员进行了初始化。第 19 行定义了 int 型的指针 p,并使其指向了 stu 中的 midterm 数组。第 22 行为输出语句,是通过结构变量名 stu 输出了成员 name、sex 的值。第 23 行也是输出语句,是通过指针名 p 输出了结构成员 midterm 中三个元素 midterm[0]、midterm[1]和 midterm[2]的值。

**【程序 9-6】** 输入和输出学生信息。

| 1 | /* Access a structure include array members. |
|---|---|
| 2 | 　　Written by: |
| 3 | 　　Date: |
| 4 | */ |
| 5 | #include <stdio.h> |
| 6 | |
| 7 | typedef struct |
| 8 | 　　{ |
| 9 | 　　　　char name[20]; |
| 10 | 　　　　char sex; |
| 11 | 　　　　int midterm[3]; |
| 12 | 　　　　int final; |
| 13 | 　　} STUDENT; |
| 14 | |
| 15 | int main (void) |
| 16 | { |
| 17 | /* Local Definitions */ |

```
18        STUDENT stu;
19        int i;
20
21   /*  Statements  */
22        printf("Enter name:  ");
23        gets(stu.name);
24        printf("Enter sex:  ");
25        scanf("%c", &stu.sex);
26        for(i = 0; i < 3 ; i++)
27        {
28            printf("Enter midterm[%d]:  ", i);
29            scanf("%d", &stu.midterm[i]);
30        }
31        printf("Enter final:  ");
32        scanf("%d", &stu.final);
33
34        printf("%s, %c,", stu.name, stu.sex);
35
36        for(i = 0; i < 3 ; i++)
37            printf("%d,", stu.midterm[i]);
38
39        printf("%d\n", stu.final);
40
41        return 0;
42   } /* main */
```

运行结果

```
Enter name: Limeida
Enter sex: M
Enter midterm[0]: 87
Enter midterm[1]: 76
Enter midterm[2]: 65
Enter final: 96
Limeida, M,87,76,65,96
Press any key to continue
```

**程序 9-6 分析**：本例中第 5～13 行与第 280 页【程序 9-5】完全相同。第 18 行定义了 STUDENT 型的变量 stu 用来录入一个学生的信息。第 22～23 行、第 24～25 行的作用分别是提示并输入姓名（stu.name）、性别（stu.sex）。第 26～30 行是 for 循环，用来控制输入三次中间测验成绩（stu.midterm[0]、stu.midterm[1] 和 stu.midterm[2]）。第 31～32 行的作用是提示输入期末考试成绩（stu.final）。第 34～39 行是输出语句，其中第 34 行控制输出了姓名和性别，第 36～37 行控制输出了三次中间测验成绩，第 39 行控制输出了期末考试成绩。

### 9.4.3　含指针的结构

#### 1. 含指针的结构

在实际应用中,用指针做结构成员是非常普遍的。使用指针做结构成员的一个好处是可以节省内存,因为不论指针指向的内容有多大,指针自己的大小是固定的,一般为 4 个字节。这样,当指针指向的内容所占内存较大时,使用指针做成员,就会大大节省内存。若有以下的结构声明和类型定义:

```
typedef struct
{
    char * month;
    int day;
    int year;
}DATE;
```

在上面的声明中,month 是指针类型,可以使用下面的方法使其指向数据区。

```
DATE date;
char jan[] = "January";
char feb[] = "February";
…
char dec[] = "December";
date.month = jan;            /* 可以在需要时给指针赋值 */
```

#### 2. 递归结构和动态链表

在结构声明中,若其中的一个成员本身是该结构类型,则把这种结构称作递归结构(Recursion Structure)。

如:

```
typedef struct node
        {
            int data;
            struct node    * next;
        } NODE;
```

上面语句的作用是声明 struct node 类型的结构,同时把它定义为 NODE 类型。该类型含两个成员 data 和 next。前者是 int 型变量,后者是一个与所声明的结构类型一样的一个指针,因此它是一个递归结构。一般把该结构类型的变量称作结点(Node),结点中的两个成员分别称作数据域和指针域。显然,每个结点中的指针 next 都可以指向同类型的另一个结点,这种通过一个指针连接而成的数据结构称作单链表,图 9-16 给出了单链表的逻辑结构。链表是非常重要的一种数据结构。关于单链表的详细内容大家可以参考数据结构方面的书籍。

```
/*递归结构*/
typedef struct node
{
  int data;
  struct node  *next ;
} NODE;
```

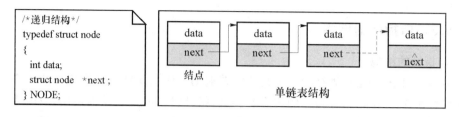

图 9-16　递归结构与单链表

**【程序 9-7】** 动态内存分配与单链表（如图 9-17 所示）。

```
1   / *  Creat a link table including 3 nodes.
2       Written by:
3       Date:
4   * /
5   # include  ″stdio. h″
6   # include  ″stdlib. h″
7
8   typedef struct node
9       {
10          int       data;
11          struct node  * next;
12      }NODE;
13
14  int main(void)
15  {
16  / *  Local Definitions * /
17      NODE * p1, * p2, * p3;
18
19  / *  Statements * /
20      p1 = (NODE * )malloc(sizeof(NODE));
21      p2 = (NODE * )malloc(sizeof(NODE));
22      p3 = (NODE * )malloc(sizeof(NODE));
23
24      p1 -> data  =  100;
25      p2 -> data  =  200;
26      p3 -> data  =  300;
27
28      p1 -> next  =  p2;
29      p2 -> next  =  p3;
30      p3 -> next  =  NULL;
```

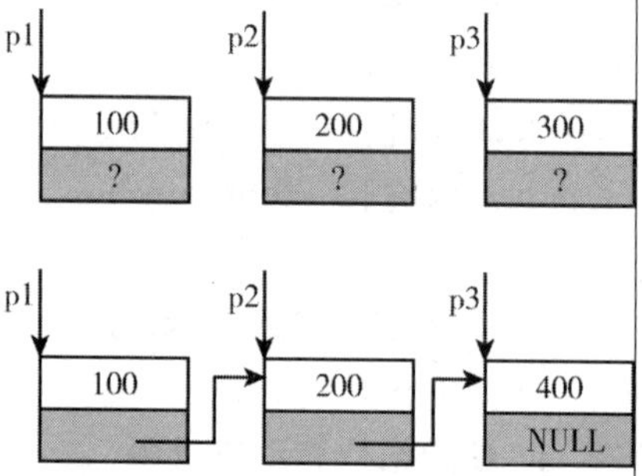

图 9-17 【程序 9-7】的图示

| 31 | |
|----|---|
| 32 | printf("%d,%d,%d\n",p1->data,p2->data,p3->data); |
| 33 | printf("%d,%d\n",p1->next->data,p1->next->next->data); |
| 34 | |
| 35 | return 0; |
| 36 | } /* main */ |

| 运行结果 | 100,200,300<br>200,300<br>Press any key to continue |
|----|---|

**程序 9-7 分析**：递归结构、链表与动态内存分配是密不可分的三个概念。本例通过声明递归结构,使用动态分配技术创建了含三个结点的单链表,并对其进行了数据存取操作。

程序中,第 8～12 行声明了 struct node 型的结构,同时把它定义成了 NODE 型。该类型包含两个成员 data 和 next,后者本身是 struct node 类型的指针,所以该结构类型是递归结构类型。data 用来存储数据,称为数据域,next 用来指向下一个结点,称为指针域。第 17 行定义了三个 NODE 型的指针。第 20～22 行是使用动态内存分配技术分配了三个 NODE 型的结点,并使 p1、p2、p3 分别指向了它们。第 24～26 行是通过 p1、p2、p3 分别为其所指向结点的数据区(成员 data)存储了 100、200 和 300。第 28～29 行是建立单链表的过程,通过 p1 和 p2 结点中的 next 指针,使 p2 连到了 p1 后面,p3 连到了 p2 后面。第 32～33 行是输出语句,通过指针 p1、p2、p3 输出了相关结点的数据。请大家一定注意理解:在单链表中通过指针域使各个结点之间有了前后位置关系,前面的结点叫前驱结点,后面的节点叫后继结点。p1 没有前驱结点,它的后继结点是 p2。p2 的前驱结点是 p1,p2 的后继结点是 p3。p3 的直接前驱结点是 p2,p3 没有后继结点。针对 p1、p2、p3 三个结点的位置关系,表达式 p1->next 与 p2、p2->next 与 p3、p1->next->next 与 p3 两两之间是等价的。

# 9.5　结构数组

结构数组是类型为结构的数组。定义结构数组的方法和定义标准类型数组的方法完全一样,只需把数据类型换为结构类型,格式是:

**结构数据类型 数组名[元素个数];**

如:

STUDENT stuAry[50];　　　　　/* 定义了含 50 个元素的结构数组 stuAry */

强调以下几点:

(1) 使用一般数组的注意事项同样适应结构数组。

① 结构数组的数组名也是数组的开始地址。

② 第一个元素的下标也从 0 开始,最后元素的下标比元素个数少 1。

(2) 可以使用数组名加下标的方法引用数组元素。

如：

int i = 1;

int j = 1;

则下面均是对数组元素的正确引用格式：

stuAry[i]          / * 变量作下标,引用元素 stuAry[1] * /

stuAry[2]          / * 常量作下标,引用元素 stuAry[2] * /

stuAry[ + + j]        / * 一元表达式作下标,引用元素 stuAry[2] * /

(3) 结构数组的处理也要使用循环。

如：

```
STUDENT stuAry[2] = {{˝Wangli˝, ´F´,{81, 82, 83}, 90},
                     {˝Liujun˝, ´M´,{85, 86, 87}, 95}};

int i, j;
float aver = 0;
for(i = 0; i < 2; i + + )
{
  for(j = 0; j < 3; j + + )
      aver + = stuAry[i].midterm[j];
  aver + = stuAry[i].final;
} / * for * /
aver / = 8;
```

(4) 与使用指针处理一般数组一样,也可以使用结构指针处理结构数组。

如：

```
int      totScore = 0;
float    average;
STUDENT  * pStu;
STUDENT  * pLastStu;
…
pLastStu = stuAry + 49;
for(pStu = stuAry; pStu < = pLastStu; pStu + + )
    totScore + = pStu -> final;
average = totScore / 50.0;
```

# 9.6  结构与函数

与传递其他类型的对象一样,可以把结构类型的变量、指针或数组传递给函数。

## 1. 向函数传结构变量

向函数传递结构变量类似于函数间传值方式。使用该方式时,要求被调用函数使用变量的形式作形参,调用函数也使用变量形式作实参。调用发生时,调用函数把实参的值复制给了被调用函数的形参,使形参获得了初始值,被调用函数对形参的处理不会影响实参,也就是说被调用函数对调用函数无副作用。

【程序 9-8】 分数乘法。

该程序实现从键盘上输入两个分数,求两个分数的乘积并输出。程序中共有四个函数——main、getFr、multFr 和 printFr。main 函数调用了其他三个函数。main 函数与 multFr 函数间的通信情况如图 9-18 所示。

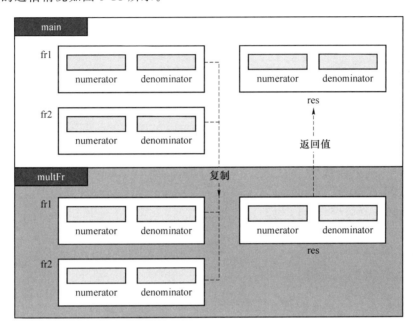

图 9-18 向函数传结构变量

```
1   /* This program uses structures to multiply fractions.
2      Written by:
3      Date:
4   */
5   #include  <stdio.h>
6
7   /* Global Declarations */
8   typedef struct
9      {
10         int numerator;
11         int denominator;
12      } FRACTION;
13
14   /* Prototype Declarations */
15   FRACTION getFr ( void );
```

```
16   FRACTION multFr ( FRACTION fr1, FRACTION fr2);
17   void printFr ( FRACTION fr1,
18                  FRACTION fr2,
19                  FRACTION result);
20
21   int main (void)
22   {
23   /* Local Definitions */
24      FRACTION fr1;
25      FRACTION fr2;
26      FRACTION res;
27
28   /* Statements */
29      fr1 = getFr();
30      fr2 = getFr();
31      res = multFr(fr1, fr2);
32      printFr(fr1, fr2, res);
33
34      return 0;
35   } /* main */
36
37   /* ===================== getFr ================= */
38   FRACTION getFr (void)
39   {
40   /* Local Definitions */
41      FRACTION fr;
42
43   /* Statements */
44      printf("Write a fraction in form of x/y:  ");
45      scanf ("%d/%d", &fr.numerator, &fr.denominator);
46
47      return fr;
48   } /* getFraction */
49
50   /* ================= multFr =================== */
51   FRACTION multFr ( FRACTION fr1,
52                     FRACTION fr2)
```

```
53    {
54    /* Local Definitions */
55        FRACTION res;
56
57    /* Statements */
58        res.numerator    = fr1.numerator * fr2.numerator;
59        res.denominator  = fr1.denominator * fr2.denominator;
60
61        return res;
62    } /* mulFr */
63
64    /* ================== printFr =================== */
65    void printFr ( FRACTION fr1,
66                   FRACTION fr2,
67                   FRACTION res )
68    {
69    /* Statements */
70        printf("\nThe result of %d/%d * %d/%d is %d/%d\n",
71                         fr1.numerator, fr1.denominator,
72                         fr2.numerator, fr2.denominator,
73                         res.numerator, res.denominator);
74        return;
75    } /* printFractions */
76    /* ================ End of Program =============== */
```

| 运行结果 | Write a fraction in form of x/y:   1/3<br>Write a fraction in form of x/y:   2/5<br><br>The result of 1/3 * 2/5 is 2/15<br>Press any key to continue |
| --- | --- |

**程序 9-8 分析**：程序中，第 1～20 行是全局区，其中 1～4 行是功能性注释部分，第 5 行是预处理命令，第 8～12 行是全局声明区，声明了包含两个成员 numerator 和 denominator 的无名结构（两个整型成员分别用来存储分数的分子和分母），并把该结构类型定义成了 FRACTION 类型。第 15～19 行是函数原型声明语句，其中对 printFr 的声明所有形式参数是分行书写的，这种风格的程序可读性好。

第 38～48 行是函数 getFr 的定义。该函数没有形参，功能是提示按照"分子/分母"的格式输入一个分数，返回输入的分数（FRACTION 类型的数据）。

第 51～62 行是函数 multFr 的定义。该函数有两个 FRACTION 类型的形参用来接收两个分数，功能是计算两个分数的乘积并返回乘积。

第65～75行是函数 printFr 的定义。该函数有三个 FRACTION 类型的形参用来接收三个分数（前面两个接收原始分数，最后一个接前两个的乘积），功能是按公式的样式输出两个分数及它们的乘积。

第21～35行是 main 函数的定义。main 函数的代码非常简单，它几乎没做什么工作，只是定义了三个 FRACTION 类型的变量，然后通过调用 getFr、multFr 和 printFr 三个函数，完成了输入分数、计算乘积，然后输出结果的工作。其中，第29～30行连续调用了 get-Fr，实现了为 fr1、fr2 录入数据。第31行以 fr1、fr2 作实参调用了 multFr，完成了求 fr1 和 fr2 的乘积，结果存到了 res。第32行以 fr1、fr2、res 作实参调用了 printFr，完成了输出数据的工作。对 multFr 和 printFr 的调用采用的都是传值方式。

**2. 向函数传地址**

向函数传地址是指向函数传递结构变量的地址。使用该方式时，要求被调用函数使用指针的形式作形参，调用函数使用变量的地址作实参。调用发生时，调用函数把变量的地址传递给了被调用函数的形参，其结果是使被调用函数的形参指向了调用函数中的结构变量。

**【程序9-9】** 分数乘法。

该程序的功能与第287页【程序9-8】完全一样，所不同的是该程序中所有被调用函数均使用指针作形参。程序中同样有四个函数——main、getFr、multFr 和 printFr。main 函数调用了其他三个函数。main 函数与 multFr 函数间的通信情况如图9-19所示。

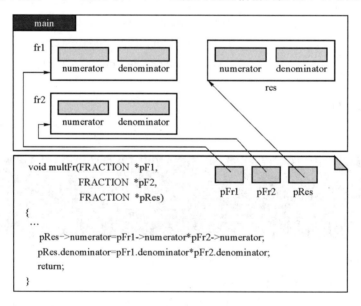

图9-19　向函数传地址

| | |
|---|---|
| 1 | /* This program uses structures to multiply fractions. |
| 2 | Written by: |
| 3 | Date: |
| 4 | */ |

```
 5   # include  < stdio. h >

 6

 7   / * Global Declarations * /
 8       typedef struct
 9         {
10           int numerator;
11           int denominator;
12         } FRACTION;

13

14   / * Prototype Declarations * /
15   FRACTION getFr   ( FRACTION * pFr );
16   FRACTION multFr (FRACTION * pFr1,
17                    FRACTION * pFr2,
18                    FRACTION * pRes );
19   void printFr    (FRACTION * pFr1,
20                    FRACTION * pFr2,
21                    FRACTION * pRes);

22

23   int main (void)
24   {
25   / * Local Definitions * /
26       FRACTION fr1;
27       FRACTION fr2;
28       FRACTION res;

29

30   / * Statements * /
31       getFr(&fr1);
32       getFr(&fr2);
33       multFr(&fr1, &fr2, &res);
34       printFr(&fr1, &fr2, &res);

35

36       return 0;
37   } / * main * /

38

39   / * ==================== getFr ================= * /
40   FRACTION getFr(FRACTION * pFr)
41   {
```

```
42    /* Statements */
43        printf("Write a fraction in form of x/y:  ");
44        scanf ("%d/%d", &pFr->numerator, &pFr->denominator);
45        return;
46    } /* getFr */
47
48    /* ================= multFr ==================  */
49    FRACTION multFr( FRACTION * pFr1,
50                    FRACTION * pFr2,
51                    FRACTION * pRes)
52    {
53    /* Statements */
54        pRes->numerator     = pFr1->numerator * pFr2->numerator;
55        pRes->denominator   = pFr1->denominator * pFr2->denominator;
56
57        return;
58    } /* mulFr */
59
60    /* ================== printFr ================= */
61    void printFr( FRACTION * pFr1,
62                  FRACTION * pFr2,
63                  FRACTION * pRes)
64    {
65    /* Statements */
66        printf("\nThe result of %d/%d * %d/%d is %d/%d\n",
67                            pFr1->numerator, pFr1->denominator,
68                            pFr2->numerator, pFr2->denominator,
69                            pRes->numerator, pRes->denominator);
70
71        return;
72    } /* printFractions */
73    /* ================= End of Program ============= */
```

运行结果

```
Write a fraction in form of x/y:    1/3
Write a fraction in form of x/y:    2/5

The result of 1/3 * 2/5 is 2/15
Press any key to continue
```

**程序 9-9 分析**：与第 287 页【程序 9-8】的代码一样，第 1～22 行是全局区，其中第 1～4 行是功能性注释部分，第 5 行是预处理命令，第 8～12 行是全局声明区。第 15～21 行是函数原型声明语句。

第 40～46 行是函数 getFr 的定义。该函数有一个名字为 pFr 的 FRACTION 型的指针形参，用来接收一个 FRACTION 型的变量地址。函数的功能是提示按照"分子/分母"的格式输入一个分数，并把该分数间接写到 pFr 所指向的变量。

第 49～58 行是函数 multFr 的定义。该函数有三个名字分别是 pFr1、pFr2、pRes 的 FRACTION 类型的指针形参，分别用来接收一个 FRACTION 型的变量地址。函数的功能是求 pFr1、pFr2 各自所指向的分数的乘积，把结果写到 pRes 所指向的变量。

第 61～72 行是函数 printFr 的定义。该函数有三个名字分别是 pFr1、pFr2、pRes 的 FRACTION 类型的指针形参，分别用来接收一个 FRACTION 型的变量地址。函数的功能是按公式的样式输出 pFr1、pFr2、pRes 所指向的分数。

第 23～37 行是 main 函数的定义。和【程序 9-8】一样，main 函数只是定义了三个 FRACTION 类型的变量，然后通过调用 getFr、multFr 和 printFr 三个函数，完成了输入分数、计算乘积，然后输出结果的工作。对三个函数的调用均采用了传址方式。

**3. 向函数传数组**

与传一般数组一样可以把一个结构数组传递给函数。使用该方式时，被调用函数一般使用数组的形式作形参，调用函数使用数组名作实参。函数调用的实质是调用函数和被调用函数共同拥有了同一个数组空间。

**【程序 9-10】** 向函数传结构数组。

该程序的功能是给定 N 个学生的信息表，查找并输出成绩最高的学生信息。

```
1    /* This program uses structures to multiply fractions.
2       Written by:
3       Date:
4    */
5    #include  <stdio.h>
6    #define N 5
7
8    /* Global Declarations */
9    typedef struct
10   {
11     char name[20];
12     int class;
13     int score;
14   } STUDENT;
15
16   /* Prototype Declarations */
```

```
17    STUDENT findStu ( STUDENT STU[] , int n);
18    void printInf ( STUDENT stu);
19
20    int main (void)
21    {
22    / * Local Definitions * /
23        STUDENT stu[N] = { {"Liqiang",  1, 99 },
24                          {"Liuxiu",   1, 88 },
25                          {"Sunhua",   2, 97 },
26                          {"Huanghua", 2, 100 },
27                          {"Huanghua", 2, 65 } };
28        STUDENT s;
29
30    / * Statements * /
31        s = findStu(stu, N);
32        printInf(s);
33
34        return 0;
35    } / * main * /
36
37    / * ================== findStu ================== * /
38    STUDENT findStu(STUDENT stu[ ], int n)
39    {
40    / * Local Definition * /
41        STUDENT s;
42        int     i;
43
44    / * Statements * /
45        s = stu[0];
46        for(i = 0; i < n; i++)
47        if(stu[i].score > s.score)
48          s = stu[i];
49        return s;
50    } / * findStu * /
51
52    / * =============== printInf =================== * /
53    void printInf ( STUDENT stu)
```

| 54 | { |
|---|---|
| 55 | /* Statements */ |
| 56 | printf("\nThe information is: % s\t % d\t % d\n", |
| 57 | stu.name, stu.class, stu.score); |
| 58 | |
| 59 | return; |
| 60 | } /* printInf */ |
| 61 | /* ================ End of Program ============== */ |
| 运行结果 | The information is: Huanghua    2       100<br>Press any key to continue |

**程序 9-10 分析**:本例中共包含三个函数 main、findStu 和 printInf。main 函数调用了 findStu 和 printInf,实现了查找并输出 n 个学生中成绩最高者的信息。

第 38～50 行是函数 findStu 的定义。该函数有两个形参,第一个是 STUDENT 类型的数组 stu[],用来接收学生的信息,第二个是 int 型的变量 n,用来接收学生的人数。该函数的功能是查找最高分的学生信息返回。

第 53～60 行是函数 printInf 的定义。该函数有一个形参,它是 STUDENT 型的一个变量 stu。该函数的功能是输出 stu 的数据。

第 20～35 行是函数 main 的定义。第 23～27 行定义了一个 STUDENT 型的数组 stu 并进行了初始化,第 28 行定义了一个 STUDENT 型的变量 s。第 31 行 main 函数调用了 findStu,实参是数组名 stu 和符号常量 N,返回值赋给了 s。第 32 行 main 函数调用了 printInf,实参是 s。

最后给出一个关于动态单链表方面的程序实例,从这个实例中大家要注意以下几方面的知识:

(1) 递归结构与动态内存分配问题;

(2) 单链表的创建方法;

(3) 处理单链表的方法。

【**程序 9-11**】 动态单链表应用。

该程序的功能是根据输入的 n,创建含 n 个结点的动态单链表用来存储 n 个学生的信息,然后输出 n 个人的信息和总平均分。

| 1 | /* Creat a link table including n nodes. |
|---|---|
| 2 | Written by: |
| 3 | Date: |
| 4 | */ |
| 5 | #include <stdio.h> |

```
6    #include  <stdlib.h>

7

8    /* Global Declaration */
9    typedef struct student
10       {
11          char            name[20];
12          int             class;
13          int             score;
14          struct student  *next;
15       } NODE;

16

17   NODE *creatLink ( void );
18   void inputInf(NODE *head);
19   float averScore(NODE *head);
20   void printInf(NODE *head);

21

22   int main (void)
23   {
24   /* Local Definitions */
25       NODE *head;
26       float averageScore;

27

28   /* Statements */
29       head = creatLink();
30       inputInf(head);
31       printInf(head);
32       averageScore = averScore(head);

33

34       printf("-----------------------------------------------------------\n");
35       printf("AverScore = %.1f\n", averageScore);

36

37       return 0;
38   } /* main */

39

40   /* ================= creatLink ================= */
41   NODE *creatLink( void )
42   {
```

```
43  /* Local Definitions */
44      NODE * h, * p, * q;
45      int   n;
46      int   i;
47
48  /* Statements */
49      do
50      {
51        printf("Please enter total node number:  ");
52        scanf("% d", &n);
53      } while (n < 1);
54
55      h = q = p = (NODE * )malloc(sizeof(NODE));
56      q -> next = NULL;
57
58      for( i = 1; i < n; i++ )
59      {
60        p = (NODE * )malloc(sizeof(NODE));
61        q -> next = p;
62        q = p;
63        q -> next = NULL;
64      }
65
66      return h;
67  } /* creatLink */
68
69  /* ================= inputInf =================== */
70  void inputInf ( NODE * h )
71  {
72  /* Local Definitions */
73      NODE * p = h;
74
75  /* Statements */
76      while( p ! = NULL)
77      {
78        printf("Enter name:  ");
79        scanf("% s", p -> name);
```

```
80          printf("Enter calss:  ");
81          scanf("%d", &p->class);
82          printf("Enter score:  ");
83          scanf("%d", &p->score);
84
85          p = p->next;
86      }
87
88      return ;
89  } /* inputInf */
90  /* ================= printInf ================= */
91  void printInf ( NODE * h )
92  {
93  /* Local Definitions */
94      NODE * p = h;
95
96  /* Statements */
97      printf("-------------------Name---------Class--------------Score--\n");
98      while( p )
99      {
100        printf("%24s%15d%20d\n", p->name, p->class, p->score);
101        p = p->next;
102     }
103
104     return ;
105 } /* printInf */
106
107 /* ================= averScore ================= */
108 float averScore( NODE * h )
109 {
110 /* Local Definitions */
111     NODE  * p   = h;
112     float aver = 0;
113     int   n    = 0;
114
115 /* Statements */
116     while( p )
```

| 117 | `    {` |
|---|---|
| 118 | `        aver += p->score;` |
| 119 | `        n++;` |
| 120 | `        p = p->next;` |
| 121 | `    }` |
| 122 | |
| 123 | `    return aver / n;` |
| 124 | `} /* averScore */` |
| 125 | `/* ================ End of Program ================ */` |

运行结果

```
Please enter total node number: -1
Please enter total node number: 0
Please enter total node number: 3
Enter name: Limei
Enter class: 2
Enter score: 78
Enter name: Liuxiu
Enter class: 1
Enter score: 96
Enter name: Maqiang
Enter class: 1
Enter score: 85
--------------Name--------------Class--------------Score--
              Limei              2                  78
              Liuxiu             1                  96
              Maqiang            1                  85
-----------------------------------------------------------
AverScore=86.3
Press any key to continue_
```

**程序 9-11 分析:**本例中共包含五个函数 main、creatLink、inputInf、averScore 和 print-Inf。main 函数调用了其他四个函数。第 9～15 行是数据类型声明与定义语句,定义了 NODE 型的递归结构。第 17～20 行是函数原型声明语句。

第 41～67 行是函数 creatLink 的定义。该函数是一个指针型的函数。该函数的功能是输入结点的个数 n,利用"尾插法"创建含 n 个结点的动态单链表,返回第一个结点(头结点)的地址。所谓"尾插法"就是先创建含有一个结点的单链表,然后生成剩下的 n-1 个结点,每生成一个结点,就把该结点插入到已建成的单链表尾部,并把它的指针 next 设置成 NULL。

第 70～89 行是函数 inputInf 的定义。该函数有一个形参,它是一个 NODE 型的指针变量,用来接收单链表的头结点的地址。该函数的功能是输入 n 个学生的数据。

第 91～105 行是函数 printInf 的定义。该函数有一个形参,它是一个 NODE 型的指针变量,用来接收单链表的头结点的地址。该函数的功能是输出 n 个学生的数据。

第 108～124 行是函数 averScore 的定义。该函数有一个形参,它是一个 NODE 型的指针变量,用来接收单链表的头结点的地址。该函数的功能是求 n 个学生的平均成绩并返回。

第 22～38 行是函数 main 的定义。main 函数只是定义了一个 NODE 型指针 head 和一个 float 的变量 averageScore。然后连续调用了 creatLink、inputInf、averScore 和 printInf,实现了创建单链表、输入数据、求平均分和输出信息的功能。

# 9.7 联 合

联合（Union）是类似于结构的数据类型。与结构不同的是，联合允许不同类型的数据共享同一块内存空间。比如说，一个 short 型变量占两个字节，一个字符型的变量占一个字节。因此，一个占两个字节的联合变量既可以用它来存 short 型的值，又可以用它来存两个字符。这就意味着，联合类型的变量所占用的空间，在程序运行的不同时刻，可能保持不同类型和不同长度的数据。联合提供了在相同的存储区域中操作不同类型数据的方法，其实质是采用了数据覆盖技术（Overwrite Technology），准许不同类型数据可以相互覆盖。采用联合的主要目的是为了节省内存空间。

说明以下几点：

（1）声明联合的方法与声明结构的方法完全类似，只要把 struct 关键字换为 union 即可。

（2）定义联合变量的方法、访问联合成员的方法与定义结构变量、访问结构成员的方法完全类似。图 9-20 给出了一个声明联合、定义联合变量和对联合变量初始化的例子。

有了图 9-20 中的声明和定义后，下面的操作也是合法的：

```
SH_CH2 * p = &data;      /* 定义了 SH_CH2 型的联合指针 p 并指向了 data */
p -> num                 /* 通过指针访问联合成员 num */
p -> chAry[0]            /* 通过指针访问联合成员 chAry[0] */
```

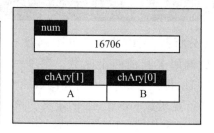

```
typedef union
    {
        short num;
        char chAry[2];
    } SH_CH2;
    SH_CH2 data=16706;
```

图 9-20  声明联合、定义变量和初始化

**【程序 9-12】**　联合的声明、联合变量的定义、联合成员的引用。

```
1   /* Demonstrate union of short integer and two characters.
2      Written by:
3      Date:
4   */
5   #include  <stdio.h>
6
7   /* Global Declarations */
8   typedef union
```

| 9 | { |
|---|---|
| 10 | short　num; |
| 11 | char　chAry[2]; |
| 12 | } SH_CH2; |
| 13 | |
| 14 | int main (void) |
| 15 | { |
| 16 | /* Local Definitions */ |
| 17 | SH_CH2 data; |
| 18 | |
| 19 | /* Statements */ |
| 20 | data.num = 16706; |
| 21 | |
| 22 | printf ("Short: %d\n", data.num); |
| 23 | printf ("Ch[0]: %c\n", data.chAry[0]); |
| 24 | printf ("Ch[1] : %c\n", data.chAry[1]); |
| 25 | |
| 26 | return 0; |
| 27 | } /* main */ |

| 运行结果 | ```
Short: 16706
Ch[0]: B
Ch[1]: A
Press any key to continue
``` |
|---|---|

**程序 9-12 分析：**本例中只有 main 函数。第 8～12 行是联合数据类型声明与定义语句，声明了包含 short 型 num 和 char 型数组 chAry 两个成员的无名联合类型，同时把它定义成了 SH_CH2 类型。

在 main 函数中，第 17 行定义了一个名字为 data 的 SH_CH2 型联合变量。第 20 行为成员 num 赋了 16706。num 成员占用 2 个字节，16706 在内存中的二进制形式是：010000001 010000010。由于 num 成员和 chAry 共享了这两个字节的空间，所以对成员 chAry 来说，chAry[0]存储的是 num 的低字节内容，二进制数是 010000010，十进制数是 66（字符 B 的 ASCII 码值），chAry[1]存储的是 num 的高字节内容，二进制数 010000001，十进制数是 65（字符 A 的 ASCII 码值）。第 22～24 行是输出语句，输出结果证明了上面的分析，也说明了联合的所有成员共享同一内存空间的事实。

（3）联合变量占用内存空间的大小与联合中最大成员所占空间大小相同，该空间为所有成员所共享。

在程序执行的某一时刻只有一个联合成员驻留在联合变量所占用的空间中，这与结构
```

变量完全不同,结构变量的成员都驻留在内存中。

（4）对联合变量进行初始化时,不能使用联合变量名对联合变量整体赋值,只可以对其某一个成员赋值。

如：

```
SH_CH2 data = {100, ´A´, ´B´};        /＊错误的初始化方法＊/
data.num = 100;                        /＊正确的初始化方法＊/
```

（5）结构与联合可以相互嵌套。图 9-21 给出了结构与联合相互嵌套的例子。

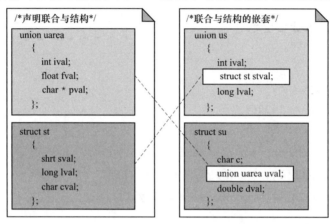

图 9-21　联合与结构的嵌套

（6）可以和传递结构一样把联合传递给函数。

**【程序 9-13】**　联合应用,建立一种既可以录入公司名又可以录入人名的通信簿。

```
1    /＊ Demonstrate use of unions in structures.
2       Written by:
3       Date:
4    ＊/
5    ＃include  ＜stdio.h＞
6    ＃include  ＜string.h＞
7
8    /＊ Global Declarations ＊/
9    typedef struct
10       {
11          char first[20];
12          char init;
13          char last[30];
14       } PERSON;
15
16   typedef struct
```

```
17              {
18                char type;
19                union
20                {
21                  char        company[40];
22                  PERSON      person;
23                }un;
24              } NAME;
25
26      int main(void)
27      {
28      /* Local Definitions */
29          int  i;
30          NAME business = {´C´, ˝ABC Company˝};
31          NAME friend;
32          NAME names[2];
33
34      /* Statements */
35          friend.type = ´P´;
36          strcpy(friend.un.person.first, ˝Martha˝);
37          strcpy(friend.un.person.last, ˝Washington˝);
38          friend.un.person.init = ´C´;
39
40          names[0] = business;
41          names[1] = friend;
42
43          for(i = 0; i < 2; i++)
44            switch(names[i].type)
45            {
46              case ´C´: printf(˝Company: %s\n˝, names[i].un.company);
47                break;
48              case ´P´: printf(˝Friend: %s %c %s\n˝,
49                                     names[i].un.person.first,
50                                     names[i].un.person.init,
51                                     names[i].un.person.last);
52                break;
53            default: printf(˝Error in type\a\n˝);
54                break;
55          } /* switch */
56
57          return 0;
58      } /* main */
```

| 运行结果 | Company: ABC Company<br>Friend:　Martha C Washington<br>Press any key to continue |
|---|---|

**程序 9-13 分析**：本例中只有 main 函数。第 9～14 行是结构声明和类型定义语句，声明了包含三个 char 型的成员 first、init 和 last 的无名结构，其中 first 和 last 是数组，用来存储人名中的第一部分和最后一部分，init 存储名字中间的一个字母。声明同时把该类型定义成了 PERSON 类型。该结构类型占用内存空间的大小是 51 个字节。

第 16～24 行也是结构声明和类型定义语句，该结构有 type 和 un 两个成员。其中 un 本身是联合类型，它包含了 char 型的 company 和 PERSON 型的 person 两个成员，un 所占用内存与两个成员中的最大者 person 相同，为 51 个字节。该结构在声明的同时被定义成了 NAME 类型。该类型的 un 成员既可以存储一个公司的名字，也可以存储一个人的名字。成员 type 用来记录 un 成员存储的是公司名（type 的内容是字符 C）还是人名（type 的内容是字符 P）。

在 main 函数中，第 30 行定义了一个名字为 business 的 NAME 型变量，并进行了初始化，显然它存储的是一个公司的名字信息。第 31 行定义了一个名字为 friend 的 NAME 型变量。第 32 行定义了一个名字为 names 的含两个元素的 NAME 型数组。第 35～38 行是对 friend 的成员赋值操作，它存储的是一个人的名字信息。第 40～41 行分别把 business 和 friend 赋给了 names[0] 和 names[1]。这就意味着，names 数组中既存储了公司信息，也存储了人的信息。第 43～55 行是一个 for 循环，用来控制输出数组 names 中的信息。其中，第 44～55 行是 switch 分支，通过 type 成员的值来控制输出的是公司信息，还是个人信息。

# 9.8　枚　举

枚举类型（Enuerated Type）是由整型数据构建而成。在枚举类型中，每一个整数值由一个被称作枚举常量的标识符给出。这样就可以使用符号来替代数字，从而增强程序的可读性。

与结构、联合类似，枚举类型也要先声明后使用，声明的格式是：

**enum 枚举名{枚举常量 1，枚举常量 2，…，枚举常量 n}；**

如：

enum flag{false,true}；

上面语句的作用是声明了 enum flag 型的数据类型，该类型的量只能取 false 和 true 两个值。

强调以下几点：

（1）与声明结构、联合类似，在声明枚举类型时枚举名可以不带。

如：

enum {false,true} errflag;　　/＊声明无名枚举类型的同时定义变量 errflag＊/

　　（2）与定义结构变量、定义联合变量类似，可以在声明枚举类型的同时定义，也可以先声明后定义。若是先声明类型后定义变量，则声明时枚举名不可以省略。

　　如：

```
enum      {false,true} errflag;      /* 声明的同时定义变量 errflag */
enum flag{false,true} errFlag;      /* 声明的同时定义变量 errFlag */
enum flag endflag;                  /* 在声明之后定义变量 */
```

　　（3）与结构、联合类似，可以把枚举类型定义为另一种类型。

　　如：

```
typedef enum flag{false,true}FLAG;
```

　　（4）一个枚举型的变量占用的空间与 int 型相同。

　　（5）系统在编译时，把每个枚举常量自左向右看做一个整数，分别是 0,1……若有以下语句：

```
enum flag{false,true} errFlag;
```

　　则 false 的值是 0，true 的值是 1。

　　若有下列语句：

```
enum weekday{sun, mon ,tue, wed, thu, fri, sat};
```

　　则 { } 中自左向右每个常量代表的值分别是 0,1,2,3,4,5,6。

　　（6）可以人为地为枚举常量指定值。若有下列语句：

```
enum weekday{sun = 7, mon = 1 ,tue, wed, thu, fri, sat};
```

　　则 { } 中每个常量代表的值分别是 7,1,2,3,4,5,6。

　　需要注意的是：使用此方法为个别量指定值时，未指定的量系统会自动根据其前面量的值和位置推算。

　　如：

```
enum weekday{sun = 2, mon ,tue, wed, thu, fri, sat};
```

　　则 { } 中每个常量代表的值分别是 2,3,4,5,6,7,8。

　　（7）枚举量可以进行比较操作。

　　如：

```
enum flag{false,true} errFlag;
…
if(errFlag == true)
…
```

　　（8）枚举量可以进行赋值操作。

　　如：

```
enum flag errFlag = false;
enum weekday workday = sat;
```

　　（9）不可以把整数直接赋给枚举变量。

　　如：

```
enum flag errFlag = 1;          /* 错误,类型不一致 */
errFlag = (enum flag)1;         /* 正确,使用了强制类型转换 */
```

# 习 题

**一、选择题**

1. 枚举常量是由（　　）类型表示的。

    A. 字符　　　　B. 逻辑　　　　C. 浮点　　　　D. 整数　　　　E. 结构

2. 下面关于枚举类型的描述中正确的是（　　）。

    A. 声明一个枚举类型将会自动创建一个变量

    B. 可以使用不带枚举名的枚举类型来定义枚举变量

    C. typedef 与枚举类型不可以同时使用

    D. 除非显式指定，否则枚举常量值会被自动初始化

    E. 在声明枚举类型时{}中的标识符是枚举变量

3. 下列关于结构的描述（　　）是正确的。

    A. 结构类型可以是无名的

    B. 结构类型是从整数类型派生来的

    C. 结构中的所有成员必须是同一类型

    D. 结构类型必须有名字

    E. 结构不可以嵌套

4. 给定一个类型是 STU 的结构变量 stu，它的一个成员名字为 major，下面可以正确访问 stu 中 major 的是（　　）。

    A. major　　　　B. stu-major　　C. stu. major　　D. STU-major　E. STU. major

5. 在第 4 题中，设 ptr 是一个指向 stu 的指针，下面可以通过 ptr 正确访问 stu 中成员 name 的是（　　）。

    A. ptr. name　　　　　B. ptr -> name　　　　　C. ptr. stu. name

    D. ptr -> stu -> name　E. ptr -> stu. name

6. 允许不同的成员共享相同内存空间的类型是（　　）。

    A. 数组　　　　B. 成员　　　　C. 结构　　　　D. 联合　　　　E. 变量

7. 下面关于结构的说法中不正确的是（　　）。

    A. 一个结构中的任何两个成员不可以有相同的名字

    B. 一个结构中的任何两个成员不可以有相同的类型

    C. 结构至少要有一个成员

    D. 结构可以嵌套

8. 下面的说法中正确的是（　　）。

    A. 联合中一个成员的类型不可以是联合

    B. 结构中任何成员的类型不可以是联合

    C. 结构中任何成员的类型不可以是数组

    D. 联合中任何成员的类型不可以是结构

9. 若有如下定义：

```
struct ss
{
    char name[10];
    int age;
    char sex;
}std[3], * p = std;
```

下面各输入语句中错误的是（　　　）。

A. scanf("%d",&( * p).age);　　　　　　B. scanf("%s",&STD. name);

C. scanf("%c",&std[0]. sex);　　　　　　D. scanf("%c",&(p-> sex));

10. 若有如下定义：

```
struct sk
{
    int a;
    float b;
}data;
int * p;
```

若要使 p 指向 data 中的 a,正确的赋值语句是（　　　）。

A. p = &a;　　　　B. p = data.a;　　C. p = &data.a;　　D. * p = data.a;

11. 以下对结构变量 td 的定义中,错误的是（　　　）。

A. typedef struct aa
    { int n;
     float m;
    }AA;
     AA　td;

B. struct aa
    { int　n;
     float m;
    };
     struct aa td;

C. struct
    { int n;
     float m;
    }aa;
     struct　aa　td;

D. struct
    { int n;
     float m;
    }td;

12. 以下选项中不能正确把 c1 定义成结构变量的是（　　　）。

A. typedef struct
    { int red;
     int green;
     int blue;
    }COLOR;
    COLOR c1;

B. struct color c1
    { int red;
     int green;
     int blue;
    };

C. struct color
    { int red;

D. struct
    { int red;

```
                int green;                              int green;
                int blue;                               int blue;
            }c1;                                     }c1;
```

13. 若有如下声明：

```
typedef struct
            {
                int n;
                char c;
                double x;
            } STD;
```

则以下选项中，能正确定义结构体数组并赋初始值的语句是（　　　）。

A. STD tt[2] = {{1, ´A´,62},{2, ´B´,75}};

B. STD tt[2] = {1, ″A″, 62, 2, ″B″, 75};

C. struct tt[2] = {{1, ´A´},{2, ´B´}};

D. struct tt[2] = {{1, ″A″,62.5},{2, ″B″,75.0}};

## 二、思考与应用题

1. 定义一个结构，名字为 student，它含有五个成员，分别为 studentID（整型），first-Name（字符型指针），lastName（字符型指针），totalCredit（整型），gpa（浮点型）。

2. 定义一个数组，该数组共含 12 个元素，数组元素的类型为一个结构体，该结构共含 3 个成员，第一个成员是用来表示月份的整数（依次为 1～12），第二个成员为第一个成员的英文名字（如 1 为 January），其类型为字符型指针，第三个成员用来存储当前月份共含有多少天，其类型是整数。

3. 假设已经定义了以下结构：

```
typedef struct FUN
    {
        char x;
        char * y;
        int z[20];
    } FUNNY;
```

下列哪些定义是正确的？哪些是错误的？并解释错误的原因。

A. struct FUN f1;

B. struct FUN f5[23];

C. struct FUNNY f2;

D. FUNNY f3;

E. FUNNY f4[20];

4. 假设有以下的声明和定义：

```
typedef struct FUN
    {
        char x;
```

```
        char * y;
        int z[20];
    } FUNNY
    struct FUN fn1;
    FUNNY fn2;
    struct FUN fn3[l0];
    FUNNY fn4[50];
```

下列哪些语句是正确的？哪些是错误的？并解释错误的原因。

A. fn1.x＝'b'；

B. fn2.y＝'6'；

C. fn3[4].z[5]＝234；

D. fn4[23].y＝"1234"；

E. fn4[23]＝fn3[5]；

5. 假设有以下的定义：

```
typedef enum {ONE = 1, TWO = 2} CHOICE;
typedef union
{
    char choice1;
    int choice2;
}   U_TYPE;
typedef struct
{
    float fixedBefore;
    CHOICE choice;
    U_TYPE flexible;
    float fixedAfter;
}   S_TYPE;
```

试画出结构 S_TYPE 的示意图。

6. 请写出下面程序的输出结果(S_TYPE 已在第 5 题中定义)。

```
# include  < stdio.h>
int main (void)
{
    S_TYPE s;
    S_TYPE * ps;
    s.fixedBefore = 23.34;
    s.choice = ONE;
    s.flexible.choice1 = 'B';
    s.fixedAfter = 12.45;
    ps = & s;
```

```
        printf("\n%f", ps->fixedAfter);
        printf("\n%d", ps->flexible.choice1);
        printf("\n%f", s.fixedBefore);
        return 0;
    }
```

7. 以下定义的结构体类型拟包含两个成员，其中成员变量 info 用来存放数据，成员变量 link 是指向自身结构体的指针。请将定义补充完整。

```
    struct node
    {   int info;
        _____ link;
    };
```

8. 以下程序运行后的输出结果是_____。

```
    struct NODE
    {
        int k;
        struct NODE * link;
    };
    int main (void)
    {
      struct NODE m[5], * p = m, * q = m + 4;
      int i = 0;
      while (p != q)
       {     p->k = ++ i;
             p ++;
             q->k = i ++;
             q --;
       }
      q->k = i;
      for(i = 0; i < 5; i ++)
          printf("%d", m[i].k);
      printf("\n");
    }
```

9. 以下程序运行后的输出结果是_____。

```
    struct NODE
    {
        int num;
        struct NODE * next;
    };
    void main(void)
```

```
{   struct NODE s[3] = {{1, ´\0´},
                        {2, ´\0´},
                        {3, ´\0´}};
    struct NODE  * p, * q, * r;
    int sum = 0;
    s[0].next = s + 1;
    s[1].next = s + 2;
    s[2].next = s;
    p = s;
    q = p -> next;
    r = q-> next;
    sum += q-> next-> num;
    sum += r-> next-> next-> num;
    printf (˝% d\n˝, sum);
}
```

10. 下面程序的运行结果是_____。

```
type def union student
{
    char name[10];
    long sno;
    char sex;
    float secore[4];
}STU;
void main (void)
{   STU a[5];
    printf(˝% d\n˝, sizeof(a));
}
```

**三、编程题**

1. 修改第 287 页【程序 9-8】,加入 3 个函数,功能分别为分数相加,分数相减,分数比较,并且修改分数打印程序,使其在打印分数的时候,打印分数的最简约分形式,比如说 $\frac{20}{8}$ 将被打印成为 $\frac{5}{2}$。分数比较是按照分数的最简约分形式来进行比较的,比如说 $\frac{20}{8}$ 与 $\frac{5}{2}$ 比较,返回的结果是相等。

2. 写一个计算几何图形面积的函数,该函数接收的参数类型为包含联合的结构,其结构情况如图 9-22 所示,第一个成员指定图形类型,后面的成员为联合类型,根据相应的类型提供不同的值。

| | 成员1 | 成员2 | | |
|---|---|---|---|---|
| 矩形 | length | width | | |
| 圆 | radius | | | |
| 三角形 | side1 | side2 | side3 | |

图 9-22　编程题 2

计算公式如下所示：

$$\text{AreaofRectangle} = \text{length} \times \text{width}$$

$$\text{AreaofCircle} = \pi r^2$$

$$\text{AreaofTriangle} = \sqrt{t(t - \text{side1})(t - \text{side2})(t - \text{side3})}$$

其中，$t = \dfrac{1}{2}(\text{side1} + \text{side2} + \text{side3})$。

在主程序中提示用户输入几何图形的类型，然后根据图形的类型输入相关的数据进行计算。

# 第10章／文　件

> 程序运行结束时，保存在内存中的数据就会丢失，不能永久保留。要想永久地保留数据，不管是程序处理的原始数据还是运行的最终结果，都必须通过文件操作把数据以文件的形式存储到外存储器上。本章重点介绍文件的概念、文件的分类及具体的操作方法。

## 10.1　文件概述

### 10.1.1　文件的概念

文件(Files)是存储在外存储器上的相关数据的集合。存储在磁盘上的文件都有一个名字称作文件名，用于相互区别。文件名包含两部分——主文件名和扩展名，中间以句点(.)相连，如 mydata.txt、myprg.c 是两个合法的文件名。引入文件的目的主要有两个：一是为了长久地保留数据。存储在内存 (Primary Storage)中的数据一旦关机就会丢失，不能长期保留，为了长期保存，就引入了文件的概念。二是为了解决大数据量程序运行的问题。有些程序要处理的数据量很大，难以一次性全部存储到内存，为确保程序的运行，必须要借助于文件来完成部分地读取和写入数据工作。

### 10.1.2　文件的分类

从文件编码的方式来看，文件可分为 ASCII 码文件和二进制码文件(Binary Files)。ASCII 文件也称为文本文件(Text Files)或顺序文件(Sequential File)，这种文件在磁盘中存放的是每个字符的 ASCII 码，文件的内容可在屏幕上按字符显示。例如，源程序文件就是 ASCII 文件，可以用字编辑软件，如 Notepad、Word 等来显示其内容。二进制文件，又称随机文件(Random File)，这种文件是按二进制编码，即以数据在内存中实际的存放形式来存放数据的，无法使用字处理软件显示其内容。

从用户的角度看，文件可分为普通文件(Ordinary Files)和设备文件(Device Files)两种。普通文件是指驻留在磁盘或其他外部介质上的一个有序数据集。设备文件是指与主机相连的各种外部设备，如显示器、打印机、键盘等。在操作系统中，把外部设备也看做是一个文件来进行管理，把它们的输入/输出等同于磁盘文件操作。通常把显示器定义为标准输出文件(stdout)，把键盘定义为标准的输入文件(stdin)。

### 10.1.3  文件和流

流（Stream）是一次输入/输出的元素序列。一次文件的操作都对应于一个流，流是一种文件形式。在 C 语言中，把流分为 I/O 流、文本流和二进制流。文本流（Text Stream）的特点是流由文本行组成，每一行有 0 个或多个字符并以'\n'字符结束，是由字符组成的序列。二进制流（Binary Stream）则完全是由 0 与 1 二进制码组成的序列。

流与文件都是逻辑上的概念，都是对 I/O 设备的一种高级抽象。主要的区别是它们各自的侧重点不同。流是动态的，更偏重于操作的过程，将数据看成是一种正在朝某个方向运动的对象——输入或输出；文件是静态的，更偏重于操作的对象本身，将数据看成是操作的对象或结果。当由流到磁盘而成为文件时，就意味着要启动磁盘执行写操作，这样写一个字符（文本流）或一个字节（二进制流）均要启动磁盘，将大大降低传输效率，且降低磁盘的使用寿命。为此，C 语言使用了缓冲技术，即在内存为输入的磁盘文件开辟了一个缓冲区（Buffer），当缓冲区装满后，就启动磁盘一次，将缓冲区中的内容写到磁盘文件中去。读取文件也是类似的。

### 10.1.4  文件指针

在 C 语言中，对文件的操作是通过文件指针（File Pointers）进行的。文件指针是指向一个文件输入或输出流的指针。定义文件指针的一般形式为：

**FILE  *指针名；**

如：

FILE  * pf;       /* 定义了一个文件指针 pf，准备指向一个要操作的文件 */

其中，FILE 为大写，它是由系统在 stdio. h 中声明的一个结构类型，该结构中含有文件名、文件状态和文件当前位置等信息。

```
typedef struct
{
    short level;              /* 缓冲区空满程度 */
    unsigned flags;          /* 文件状态标志 */
    char fd;                  /* 文件描述符 */
    unsigned char hold;      /* 如无缓冲区不读取字符 */
    short bsize;             /* 缓冲区的大小 */
    unsigned char * baffer;  /* 数据缓冲区的位置 */
    unsigned ar * curp;      /* 指针,当前指向 */
    unsigned istemp;         /* 临时文件,指示器 */
    short token;             /* 用于有效性检查 */
}FILE;
```

### 10.1.5  文件操作的基本步骤

在 C 语言中，对一个文件的操作可以概括为以下四个步骤。

第一步:定义一个文件指针。

第二步:使用 fopen 函数打开要操作的文件,并把返回值赋给文件指针。

第三步:利用库函数通过文件指针对其所指向的文件进行操作。

第四步:关闭文件。

# 10.2　文件的打开与关闭

## 10.2.1　文件的打开

要对文件进行操作,首先必须要打开文件。文件的打开通过函数 fopen 实现,格式是:

$$\textbf{fopen(char} * \textbf{filename, char} * \textbf{mode)};$$

强调以下几点:

(1) 打开文件的作用是给要操作的文件在内存中分配一个 FILE 结构区,操作成功返回该区域的地址,失败返回 NULL。

(2) 两个指针型的参数用来接收两个字符串——第一个指定要打开的文件名信息,第二个指定要打开的方式。

① 文件名信息串一般包含两部分:路径和文件名。

其中,路径是从磁盘根目录开始使用反斜杠隔开的目录列表,表示文件所在的位置;若不指定路径,则默认为当前路径。如"A:\\cyy\\test. txt"表示 A 盘上 cyy 目录中的名字为 test. txt 文件。"test. txt"表示存储在当前路径下名字为 test. txt 的文件。

② 打开方式串用来指定打开文件的操作方式,具体如表 10-1 所示。

表 10-1　文件打开方式及含义

| 打开方式串 | 操作方式 | 文件不存在 | 文件存在 | 含　义 |
|---|---|---|---|---|
| "r" | 只读 | 出错 | 正常打开 | 为输入打开一个文本文件 |
| "w" | 只写 | 新建 | 原内容丢失 | 为输出打开一个文本文件 |
| "a" | 追加 | 出错 | 原内容保留 | 为追加打开一个文本文件 |
| "rb" | 只读 | 出错 | 正常打开 | 为输入打开一个二进制文件 |
| "wb" | 只写 | 新建 | 原内容丢失 | 为输出打开一个二进制文件 |
| "ab" | 追加 | 出错 | 原内容保留 | 为追加打开一个二进制文件 |
| "r+" | 读写 | 出错 | 正常打开 | 为读/写打开一个文本文件 |
| "w+" | 读写 | 新建 | 正常打开 | 为读/写打开一个文本文件 |
| "a+" | 读写 | 出错 | 正常打开 | 为读/写打开一个文本文件 |
| "rb+" | 读写 | 出错 | 正常打开 | 为读/写打开一个二进制文件 |
| "wb+" | 读写 | 新建 | 正常打开 | 为读/写打开一个二进制文件 |
| "ab+" | 读写 | 出错 | 正常打开 | 为读/写打开一个二进制文件 |

如:

```
fopen("mydata.txt","r");      /* 以读方式打开当前目录下的 mydata.txt */
```

```
fopen("mydata.txt", "w");      /* 以写方式打开当前目录下的 mydata.txt */
```

(3) 必须把函数的返回值赋给一个文件指针，并判断打开的成功与否，以便通过该指针对文件进行相关操作。如：

```
FILE * fp;
if((fp = fopen("test.txt", "w")) == NULL)
{
  printf("File cannot be opened\a\n");
  exit(1);
}
else
…
```

### 10.2.2  文件的关闭

文件操作完毕后，必须用 fclose 函数进行关闭，格式是：

$$\text{int fclose( FILE * fp);}$$

函数的作用是把 fp 指向的文件关闭，若成功返回 0 值，不成功返回 EOF(−1)。

【**程序 10-1**】 打开与关闭文件。

```
1    /* This program open a file first,then close it.
2       Written by:
3       Date:
4    */
5    # include  < stdio.h >
6
7    int main(void)
8    {
9    /* Local Definitions */
10       FILE * fp;
11   /* Statements */
12
13       /* other statements */
14
15       if((fp = fopen("TEMPS.DAT", "r")) == NULL)
16       {
17         printf("\aERROR opening TEMPS.DAT\n");
18         return(100);
19       } /* if can't open */
20
```

```
21        /* other statements */
22
23        if( fclose(fp) == EOF)
24        {
25          printf("\aERROR closing TEMPS.DAT\n");
26          return(102);
27        } /* if can't close */
28
29    }/* main */
```

**程序 10-1 分析**:本例中,主要想让大家明确打开和关闭文件的一般方法,没有给出对文件进行读写的操作部分,所以也没有给出运行结果。程序中,第 10 行定义了文件指针 fp。第 15～19 行是一个 if 分支,用来解决文件打开发生异常时进行的处理。第 20～22 行应该是对文件进行正常操作的语句,本例中没有给出具体的操作,只是使用注释说明了一下。第 23～27 行是一个 if 分支,用来解决关闭文件发生异常时进行的问题处理。第 18 行和第 26 行的作用是结束 main 函数的执行。

# 10.3　文件操作

文件操作(File Operating)包含两方面的工作,一是从文件中读取(Read)数据,二是把数据写入(Write)文件。文件的操作由系统提供的库函数来完成。对于文本文件和二进制文件,不仅打开文件的方式不同,而且读写的函数也不同。

## 10.3.1　文本文件读写函数

**1. fgetc 和 fputc 函数**

(1) fgetc 函数

① 函数原型

$$int\ fgetc(FILE * fp);$$

② 功能

从 fp 所指向的文件中读取一个字符。正常返回读取字符的 ASCII 码值,发生异常或读到文件尾时返回 EOF(-1)。

(2) fputc 函数

① 函数原型

$$int\ fputc(int\ c, FILE * fp);$$

② 功能

把 ASCII 码值为 c 的字符写入到 fp 指向的文件。正常返回写入字符的 ASCII 码值,异常返回 EOF(-1)。

**【程序 10-2】** 文件复制。

该程序采用了命令行参数，实现把一个文本文件中的内容复制到另外一个文本文件中。若程序编译后可执行文件的名字为 copyFile.exe，要操作的两个文件的名字分别是 sfile.txt 和 dfile.txt，则命令行格式如下（CR 代表回车换行）：

copyFile sfile.txt dfile.txt ＜CR＞

```
1    / *  Copy a text file to another.
2         Written by:
3         Date:
4     * /
5    # include  ＜stdio.h＞
6
7    int main(int argc, char * argv[])
8    {
9    / * Local Definfitions * /
10       int  c;
11       FILE * fps, * fpd;
12   / * Statements * /
13       if( argc != 3)
14       {
15         puts("\7Command format error!\n");
16         puts("Correct format is: copyFile filename1 filename2\n");
17         exit(1);
18       }
19
20       if((fps = fopen(argv[1], "r")) == NULL)
21       {
22         printf("\aERROR opening file % s\n" , argv[1]);
23         exit(1);
24       } / * if open * /
25
26       if((fpd = fopen(argv[2], "w")) == NULL)
27       {
28         printf("\aERROR opening file % s\n" , argv[2]);
29         exit(1);
30       } / * if open * /
31
32       while((c = fgetc(fps)) != EOF)
```

| 33 | 　　　　　fputc(c, fpd); |
|----|------------------------|
| 34 | |
| 35 | 　　　fclose(fps); |
| 36 | 　　　fclose(fpd); |
| 37 | |
| 38 | 　　　return 0; |
| 39 | }/ * main * / |

運
行
結
果

```
Microsoft Windows XP [版本 5.1.2600]
<C> 版权所有 1985-2001 Microsoft Corp.

C:\Documents and Settings\Administrator>cd\

C:\>d:

D:\>cd cyyPrg

D:\cyyPrg>copyFile sfile.txt
Command format error!

Correct format is: copyFile  filename1  filename2

D:\cyyPrg>copyFile sfile.txt dfile.txt

D:\cyyPrg>
```

**程序 10-2 分析:**本例中第 11 行定义了两个文件指针 fps 和 fpd,分别用来指向两个待操作的文件。第 13～18 行是一个 if 分支,用来解决当用户在命令行输入的参数个数不是 3 个时进行的处理,其中信息的输出使用的是 puts 函数。第 20～24 行、第 26～30 行各是一个 if 分支,分别用来解决打开要读取的文件(由 argv[1] 指向)、打开要写入的文件(由 argv[2]指向)发生异常时进行的问题处理,其中信息的输出使用的是 printf 函数。第 32～33 行是一个 while 循环,使用 fgetc 和 fputc 函数实现两个文件内容的复制。请大家注意第 32 行中判断是否到了文件尾的方法:判断 fgetc 的返回值是否为 EOF。第 35～36 行是使用 fclose 函数关闭了 fps、fpd 指向的两个文件。第 17 行、第 23 行、第 29 行均调用了系统库函数 exit,作用是结束 main 函数的执行。图 10-1、图 10-2 给出了在命令行执行命令前后的有关情况。

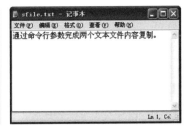

（a）当前文件夹D:\cyyPrg　　　　　　　　（b）文件sfile.txt中的内容

图 10-1　执行命令前的情况

（a）当前文件夹D:\cyyPrg　　　　　　（b）文件dfile.txt中的内容

图10-2　执行命令后的情况

**2. fgets 和 fputs 函数**

（1）fgets 函数

① 函数原型

$$char\ fgets(char*str,\ int\ n,\ FILE*fp);$$

② 功能

从 fp 所指向的文件中读取 n 个字符的串，送到 str 中。正常返回读取字符串的首地址，异常返回 NULL。

③ 注意事项

- 读取字符串时，遇到下列条件之一就结束：
➤ 已读取了 n−1 个字符；
➤ 读取到回车符；
➤ 读到了文件尾。
- 若把 fp 换为 stdin，fgets 与 gets 的作用不相同，前者把回车符作为串的一部分，后者是把回车符作为串的结束符'\0'。

（2）fputs 函数

① 函数原型

$$int\ fputs(char*str,\ FILE*fp);$$

② 功能

把 str 所指定的字符串写入到 fp 指向的文件。正常返回写入字符的个数，异常返回 EOF(−1)。

③ 注意事项

若把 fp 换为 stdout，fputs 与 puts 的作用不相同，前者把串的结束符'\0'略去，后者是把它转化为换行符输出。

**【程序 10-3】** 文件连接。

该程序采用了命令行参数，实现把一个文本文件中的内容连接到另外一个文本文件原有内容的后面。若程序编译后可执行文件的名字为 fileCat.exe，要操作的两个文件的名字分别是 file1.txt 和 file2.txt，则命令行格式如下（CR 代表回车换行）：

fileCat file1.txt file2.txt＜CR＞

```
1    /* Contract a text file to another file.
2        Written by:
3        Date:
4    */
5    #include  <stdio.h>
6    #define  SIZE  256
7
8    int main(int argc, char *argv[])
9    {
10   /* Local Definfitions */
11       int   i;
12       char buf[SIZE];
13       FILE *fp1, *fp2;
14   /* Statements */
15       if( argc != 3)
16       {
17         puts("\7Command format error!");
18         puts("Correct format is: fileCat filename1 filename2");
19         exit(1);
20       }
21
22       if((fp1 = fopen(argv[1], "a")) == NULL)
23       {
24         printf("\aERROR opening file %s\n",argv[1]);
25         exit(1);
26       } /* if open */
27
28       if((fp2 = fopen(argv[2], "r")) == NULL)
29       {
30         printf("\aERROR opening file %s\n",argv[2]);
31         exit(1);
32       } /* if open */
33
34       while(fgets(buf, SIZE, fp2) != feof(fp2))
35         fputs(buf, fp1);
36
37       fclose(fp1);
38       fclose(fp2);
39
40       return 0;
41   }/* main */
```

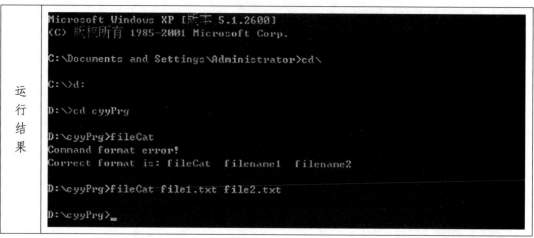

**程序 10-3 分析:** 本例中第 13 行定义了两个文件指针 fp1 和 fp2, 分别用来指向两个待操作的文件。第 15～20 行是一个 if 分支, 用来解决当用户在命令行输入的参数个数不是 3 个时进行的处理, 其中信息的输出使用的是 puts 函数。第 22～26 行、第 28～32 行各是一个 if 分支, 分别用来处理打开要追加的文件(由 argv[1] 指向)、打开要读取的文件(由 argv[2] 指向)发生异常时进行的处理, 其中信息的输出使用的是 printf 函数。第 34～35 行是一个 while 循环, 使用 fgets 和 fputs 函数实现把 fp2 指向文件的内容追加到 fp1 指向的文件。请大家注意第 34 行中判断是否到了文件尾时用到了库函数 feof, 有关该函数的更多信息参见第 327 页 10.4 节。第 37～38 行是使用 fclose 函数关闭了 fp1、fp2 指向的两个文件。图 10-3、图 10-4 给出了在命令行执行命令前后的有关情况。

（a）当前文件夹D:\cyyPrg中的文件信息

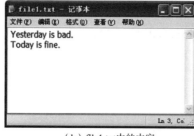

（b）file1.txt中的内容

（c）file2.txt中的内容

图 10-3　执行命令前的情况

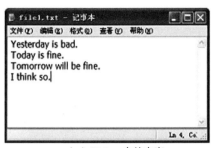

（a）file1.txt中的内容

（b）file2.txt中的内容

图 10-4　执行命令后的情况

### 3. fscanf 和 fprintf 函数

（1）fscanf 函数

① 函数原型

$$\text{int fscanf(FILE} * \text{fp}, ''\text{format string}'', \text{address list)};$$

② 功能

从 fp 所指向的文件中读取数据，并按 format string 指定的格式转换数据，存储到 address list指定的内存中。

若把 fp 换为 stdin，则 fsanf 与 scanf 的作用完全相同。

（2）fprintf 函数

① 函数原型

$$\text{int fprintf(FILE} * \text{fp}, ''\text{format string}'', \text{data list)};$$

② 功能

把 data list 中的数据项，按 format string 指定的格式进行转换，存储到 fp 所指向的文件中。

若把 fp 换为 stdout，则 fprintf 与 printf 的作用完全相同。

【程序 10-4】　使用 fscanf 和 fprintf 函数操作文件。

```
1    / *  Demonstrate use of function fprintf and fscanf.
2        Written by:
3        Date:
4    * /
5    # include  < stdio. h >
6
7    int main(void)
8    {
9    / *  Local Definfitions  * /
10       int  k;
11       char str[80];
12       FILE  * fp;
```

```
13      /* Statements */
14          if((fp = fopen("testFile.txt","w")) == NULL)
15          {
16              printf("\aERROR opening file\n");
17              exit(1);
18          }
19
20          printf("Enter a string and a integeral number: ");
21          fscanf(stdin, "%s%d", str, &k);         /* 从键盘读入数据 */
22          fprintf(fp, "%s\t%d", str, k);          /* 把数据写到文件 */
23
24          fclose(fp);
25
26          if((fp = fopen("testFile.txt","r")) == NULL)
27          {
28              printf("\aERROR opening file\n");
29              exit(1);
30          }
31
32          fscanf(fp, "%s %d", str, &k);           /* 从文件中读入数据 */
33          fprintf(stdout, "%s\t%d\n", str, k);    /* 把数据输出到屏幕 */
34
35          fclose(fp);
36
37          return 0;
38      }/* main */
```

运行结果

```
Enter a string and a integeral number:  Road 102
Road     102
Press any key to continue
```

　　**程序 10-4 分析：**本例中第 12 行定义了一个文件指针 fp，用来指向待操作的文件 testFile.txt。第 14～18 行是一个 if 分支，用来解决为写入数据而打开文件 testFile.txt 出错时所做的问题处理。第 21 行调用了 fscanf 函数，它的第一个实参是 stdin，这时 fscanf 的作用与 scanf 的作用完全一样，实现了从键盘上读取一个字符串和一个整数，分别存到数组 str 和变量 k 中。第 22 行调用了 fprintf 函数，把 str 和 k 中的数据写到了 fp 指向的文件。第 24 行调用 fclose 函数关闭了 fp 指向的文件。第 26～30 行又是一个 if 分支，用来解决为读取数据而打开文件 testFile.txt 出错时所做问题的处理。第 32 行调用了 fscanf 函数，完成从 fp 指向的文件 testFile. txt 中读取一个字符串和一个整数,分别存到数组 str 和变量 k 中。第 33 行调用了 fprintf 函数,由于第一个实参是 stdout,这时 fprintf 的作用与 printf 的作用完全一样,实现了将 str 和 k 中的数据输出到屏幕。

### 10.3.2　二进制文件操作函数

二进制文件的读写由 fread 和 fwrite 两个库函数完成。它们都是数据块读写函数,可以完成批量数据的读写。

**1. fread 函数**

(1)函数原型

```
int fread(type * buf, unsigned size, unsigned n, FILE * fp);
```

(2)功能

从 fp 指向的文件中读入长度为 size 个字节的数据块 n 次,存放到 buf 所指向的存储单元中。正常返回读取的次数 n;异常返回 0。

如:

```
int x[2];
fread(x, 4, 2, fp);
```

上述语句的作用是从 fp 指向的文件中一次读取四个字节的数据,读两次,把结果存储到 x 指向的数据区中。

如:

```
FIIE * intFile;
int i;
int flag;
int intAry[3];

intFile = fopen("int_file.dat", "rb");
…
while ((flag = fread(intAry, sizeof(int), 3, intFile) != 0)
    {
    / * process array * /
        for(i = 0; i < flag; i + + )
        …
    } / * while * /
…
```

上面的代码段的功能是从 intFile 指向的文件中取读三个整数存储到数组 intAry 中,然后对数组进行处理。

**2. fwrite 函数**

(1) 函数原型

```
int fwrite(type * buf, unsigned size, unsigned n, FILE * fp);
```

(2) 功能

将 buf 所指的存储单元中的 size 个字节的数据以二进制形式向 fp 指向的文件中写 n 次。正常返回写入次数 n；异常返回 0。

**【程序 10-5】** 二进制文件读写操作。

该程序实现把一个员工数据文件 empFile1 中的数据复制到另一个文件 empFile2 中，并把该员工的信息显示到屏幕上。

```
1    /* Demonstrate read and write a binary file .
2       Written by:
3       Date:
4    */
5    #include  <stdio.h>
6
7    typedef struct emp
8    {
9       int   id;
10      char name[20];
11      int   age;
12      char addr[80];
13   }EMPLOYEE;
14
15   int main(void)
16   {
17   /* Local Definfitions */
18      FILE      * fp1;
19      FILE      * fp2;
20      EMPLOYEE   emp;
21
22   /* Statements */
23      if((fp1 = fopen("empFile1","rb")) == NULL)
24      {
25        printf("\aERROR opening file\n" );
26        exit(1);
27      }
28
29      if((fp2 = fopen("empFile2","wb")) == NULL)
30      {
31        printf("\aERROR opening file\n" );
32        exit(1);
33      }
34
```

| 35 | while(fread(&emp, sizeof(struct emp), 1, fp1) != 0) |
|----|---|
| 36 | { |
| 37 | fwrite(&emp, sizeof(struct emp), 1, fp2); |
| 38 | printf("%d, %s, %d, %s\n", |
| 39 | emp.id, emp.name, emp.age, emp.addr); |
| 40 | } |
| 41 | |
| 42 | fclose(fp1); |
| 43 | fclose(fp2); |
| 44 | |
| 45 | return 0; |
| 46 | }/* main */ |
| 运行结果 | ```
101,Mali,18,Shandong Road 112
Press any key to continue
``` |

**程序 10-5 分析**：本例中第 7～13 行声明了 struct emp 结构类型，同时把其定义成了 EM-PLOYEE 类型。在 main 函数中，第 18～19 行定义了两个文件指针 fp1 和 fp2，用来指向待操作的两个二进制文件 empFile1 和 empFile2。第 20 行分别定义了一个 EMPLOYEE 型的变量 emp。第 23～27 行、第 29～33 行各是一个 if 分支，用来解决为读取数据打开文件 empFile1、为写入数据打开 empFile2 出错时所做的问题处理。第 35～40 行是一个 while 循环，用来把从文件 empFile1 中读入的数据写到文件 empFile2 中，同时把读入的数据显示到屏幕上。第 42～43 行是调用 fclose 函数关闭了 fp1 和 fp2 所指向的文件。

# 10.4　其他函数

**1. feof 函数**

（1）函数原型

$$int\ feof(FILE * fp);$$

（2）功能

判断 fp 所指向文件是否结束。结束返回 1，未结束返回 0。

如：

FILE * fp1, * fp2;

…

while(!feof(fp1))

　　fputc(fgetc(fp1), fp2);　　/* 从 fp1 文件读一个字符写入文件 fp2 */

…
```

### 2. ferror 函数

（1）函数原型

$$\text{int ferror(FILE} * \text{fp)};$$

（2）功能

判断 fp 所指向文件的操作是否出错。正常时返回 0 值，有错误时返回非 0 值。

如：

```
…
c = fgetc(fp);
if(ferror(fp))
    printf("I/O error!\a\n");
…
```

### 3. rewind 函数

（1）函数原型

$$\text{void rewind(FILE} * \text{fp)};$$

（2）功能

将 fp 指向文件的读写位置指针返回到文件的开头。

如：

```
FILE * fp1, * fp2;
…
while(!feof(fp1))
    putchar(fgetc(fp1));        / * 将数据输出到屏幕 * /
rewind(fp1);                    / * 将文件读写标志重新指向文件开头 * /
while(!feof(fp1))
    fputc(fgetc(fp1),fp2);      / * 将数据输出到文件 * /
```

### 4. fseek 函数

（1）函数原型

$$\text{int fseek(FILE} * \text{fp, long offset, int origin)};$$

（2）功能

将 fp 指向文件的读写位置指针移到相对于 origin，偏移量为 offset 的位置。正常时返回当前指针位置，异常时返回 -1。参数 origin 的取值及含义如表 10-2 所示。

表 10-2　参数 origin 的取值及含义

| origin 的取值 | 系统常量 | 含　义 |
| --- | --- | --- |
| 0 | SEEK_SET | 文件开头 |
| 1 | SEEK_CUR | 文件当前位置 |
| 2 | SEEK_END | 文件尾 |

【程序 10-6】获取员工部分信息。

该程序的功能是将 20 名员工的数据文件先写入到文件 empFile 中（数据按员工编号 1，

2,3,…,20 进行排列),然后从文件中读取编号为双号的员工信息显示到屏幕上。

```
1    /* Read part data from a binary file.
2       Written by:
3       Date:
4    */
5    #include  <stdio.h>
6    #include  <stdlib.h>
7    #include  <string.h>
8
9    struct person
10   {
11       int     id;
12       char    name[20];
13       int     age;
14       char addr[80];
15   }emp;
16
17   int main(void)
18   {
19   /* Local Definitions */
20       int     i;
21       char    s[5];
22       FILE    *fp;
23   /* Statements */
24       if((fp = fopen("empFile","wb")) == NULL)
25       {
26          printf("\aERROR opening file\n");
27          exit(1);
28       }
29
30       for (i=1;i<=20;i++)
31       {
32          emp.id = i;
33          strcpy(emp.name,"Employee");
34          strcat(emp.name,itoa(i,s,10));
35          emp.age = rand() % 3 + 18;
36          strcpy(emp.addr,"Address");
```

| 37 | strcat(emp.addr,itoa(i,s,10)); |
|----|----|
| 38 | |
| 39 | fwrite(&emp,sizeof(emp),1,fp); |
| 40 | } |
| 41 | |
| 42 | fclose(fp); |
| 43 | |
| 44 | if((fp = fopen("empFile","rb")) == NULL) |
| 45 | { |
| 46 | printf("\aERROR opening file\n"); |
| 47 | exit(1); |
| 48 | } |
| 49 | |
| 50 | for( i = 1; i < 20; i += 2) |
| 51 | { |
| 52 | fseek(fp, i * sizeof(struct person), 0); |
| 53 | fread(&emp, sizeof(struct person), 1, fp ); |
| 54 | fprintf(stdout, "%5d%20s%5d%20s\n", |
| 55 | emp.id, emp.name, emp.age, emp.addr); |
| 56 | } |
| 57 | |
| 58 | fclose(fp); |
| 59 | |
| 60 | return 0; |
| 61 | }/* main */ |

运行结果

```
    2         Employee2    20              Address2
    4         Employee4    19              Address4
    6         Employee6    19              Address6
    8         Employee8    18              Address8
   10        Employee10    20             Address10
   12        Employee12    20             Address12
   14        Employee14    18             Address14
   16        Employee16    20             Address16
   18        Employee18    20             Address18
   20        Employee20    18             Address20
Press any key to continue
```

**程序 10-6 分析**：本例中第 9～15 行声明了 struct person 结构类型，同时定义了全局变量 emp。在 main 函数中，第 24～28 行是一个 if 分支，用来为写入数据而打开文件 empFile。第 30～40 行是一个 for 循环，用来控制生成 20 个员工的数据并写到文件 empFile 中。期间，调用了 itoa 函数，它的作用是把整数转换成字符串，其函数原型声明包含在 string. h 中。第 42 行是调用 fclose 函数关闭了 fp 所指向的文件。第 44～48 行又是一个 if 分支，用来为读取数据打开文件 empFile。第 50～56 行是一个 for 循环,使用了 fseek 函数进行文件指针的定位,使用 fread 函数读取编号为双号的员工信息,使用 fprintf 函数把读取的数据显示到了屏幕上。

**5. ftell 函数**

(1) 函数原型

$$\textbf{long ftell(FILE} * \textbf{fp)};$$

(2) 功能

获得 fp 所指向文件当前的读写位置,即相对于文件开头的位移量(字节数)。正常时返回指针位移量,异常时返回－1。

# 习　题

**一、选择题**

1. 以下叙述中不正确的是(　　)。

　A. C 语言中的文本文件以 ASCII 码形式存储数据

　B. C 语言中对二进制文件的访问速度比文本文件快

　C. C 语言中,随机读写方式不适用于文本文件

　D. C 语言中,顺序读写方式不适用于文本文件

2. 以下叙述中错误的是(　　)。

　A. C 语言中对二进制文件的访问速度比文本文件快

　B. C 语言中,随机文件以二进制码形式存储数据

　C. 语句"FILE fp;"定义了一个名为 fp 的文件指针

　D. C 语言中的文本文件以 ASCII 码形式存储数据

3. 若要打开 A 盘上 user 子目录下名为 abc. txt 的文本文件进行读、写操作,下面符合此要求的语句是(　　)。

　A. fopen("A:\user\abc.txt","r")

　B. fopen("A:\\user\\abc.txt","r＋")

　C. fopen("A:\user\abc.txt","rb")

　D. fopen("A:\\user\\abc.txt","w")

4. 有以下程序

```
#include  <stdio.h>
void main (void)
{
   FILE * fp;
   int i, k, n;
   fp = fopen("date.dat","w＋");
   for (i = 1;i < 6; i ++ )
   {  fprintf(fp, "%d", i);
```

```
        if(i % 3 == 0)
            fprintf(fp, "\n");
    }
    rewind (fp);
    fscanf (fp, "%d%d", &k, &n);
    printf("%d %d\n", k, n);
    fclose (fp);
}
```

程序运行后输出结果是(　　)。

  A. 0　0   B. 123　45   C. 1　4   D. 1　2

5. 下面程序执行后,文件 test 中的内容是(　　)。

```
# include  < stdio. h >
void fun (char * fname, char * st)
{
    FILE * myf;
    int i;
    myf = fopen (fname, "w");
    for(i = 0;i < strlen(st); i ++)
        fputc(st[i], myf);
    fclose(myf);
}
void main (void)
{
    fun("test", "new world");
    fun("test", "hello");
}
```

  A. hello,  B. new world hello,  C. new world  D. hello , rld

6. 若 fp 已正确定义并指向某个文件,当遇到该文件结束标志时 feof(fp) 的值为(　　)。

  A. 0    B. 1    C. -1   D. 一个非 0 值

7. 以下与函数 fseek(fp,0L,SEEK_SET) 有相同作用的是(　　)。

  A. feof(fp)  B. ftell(fp)  C. fgetc(fp)  D. rewind(fp)

8. 在 C 程序中,可把整型数以二进制形式存放到文件中的函数是(　　)。

  A. fprintf 函数 B. fread 函数 C. fwrite 函数 D. fputs 函数

**二、思考与应用题**

1. 写出下面程序的输出结果以及文件的内容。

```
# include  < stdio. h >
int main (void)
{
    FILE * fp;
```

```
        int i;
        char ch;
        fp = fopen("TEST.DAT", "w") ;
        for(i = 2; i < 20;i += 2)
            fprintf (fp, "%3d", i) ;
        fclose(fp);
        fp = fopen("TEST.DAT", "r") ;
        while ((ch = fgetc(fp)) != EOF)
          if (ch == ' ')
              fputc('*', stdout);
          else if (ch != '1')
              fputc(ch, stdout);
          else
          {
            putchar('\n');
            putchar(ch);
          }
        return 0;
} / * main * /
```

2. 找出以下代码中的错误,假设 PAY_REC 的类型已正确定义。

```
char * m = "wb";
char * str = "Payroll";
PAY_REC payRec;
FILE * fp;
fp = fopen (str, m);
fread(payRec, sizeof(payRec), 1, fp);
```

3. 若有如下声明:

```
FILE * fp;
char s[20];
```

选出下列有错误的语句,并指出存在的错误。

A. fread(s, 20, fp);

B. fread(s, 20, 1, fp);

C. fread(s, 1, 20, fp);

D. fread(fp, 1, 20, s);

E. fread(fp, 20, 1, s);

F. ftell(fp);

G. ftell(1, fp);

H. fseek(0, 20L, fp);

I. fseek(fp, 20L, 0) ;

J. fseek(fp, 20L, 1);

### 三、编程题

1. 写一个程序，用来读取文本文件（in. txt），统计文件中英文字母、数字和空格的个数，将结果写到另一个文件（out. txt）。

2. 写一个文本分析程序，该程序提供几个选项，其功能分别为：

（1）计算该文件中共含多少行；

（2）计算该文件中共含多少单词；

（3）计算该文件中共含多少英文字母。

为上面的每一个选项定义一个函数，来实现这个程序，最后输出一个统计报告。

3. 编写一个程序，从键盘上输入学生的学号 id(int)、姓名 name(char)和物理 phy(int)、数学 math(int)、计算机 comp(int)三科成绩，实现：

（1）把每个人的信息连同计算的总分和平均分写到磁盘文件 student 中；

（2）把 student 文件中的数据按总分排序显示到屏幕上，并写入到另一文件 sortStu 中；

（3）从键盘上输入一条学生信息，按总分插入到文件 sortStu 中。

# 附录 A ASCII 码表

**表 A-1 ASCII 码表**

| 十进制 | 八进制 | 十六进制 | 符号 | 十进制 | 八进制 | 十六进制 | 符号 | 十进制 | 八进制 | 十六进制 | 符号 |
|---|---|---|---|---|---|---|---|---|---|---|---|
| 0 | 00 | 00 | null | 43 | 53 | 2B | + | 86 | 126 | 56 | V |
| 1 | 01 | 01 | SOH | 44 | 54 | 2C | , | 87 | 127 | 57 | W |
| 2 | 02 | 02 | STX | 45 | 55 | 2D | - | 88 | 130 | 58 | X |
| 3 | 03 | 03 | ETX | 46 | 56 | 2E | . | 89 | 131 | 59 | Y |
| 4 | 04 | 04 | EOT | 47 | 57 | 2F | / | 90 | 132 | 5A | Z |
| 5 | 05 | 05 | ENQ | 48 | 60 | 30 | 0 | 91 | 133 | 5B | [ |
| 6 | 06 | 06 | ACK | 49 | 61 | 31 | 1 | 92 | 134 | 5C | \ |
| 7 | 07 | 07 | BEL | 50 | 62 | 32 | 2 | 93 | 135 | 5D | ] |
| 8 | 10 | 08 | BS | 51 | 63 | 33 | 3 | 94 | 136 | 5E | ˆ |
| 9 | 11 | 09 | HT | 52 | 64 | 34 | 4 | 95 | 137 | 5F | _ |
| 10 | 12 | 0A | LF | 53 | 65 | 35 | 5 | 96 | 140 | 60 | ' |
| 11 | 13 | 0B | VT | 54 | 66 | 36 | 6 | 97 | 141 | 61 | a |
| 12 | 14 | 0C | FF | 55 | 67 | 37 | 7 | 98 | 142 | 62 | b |
| 13 | 15 | 0D | CR | 56 | 70 | 38 | 8 | 99 | 143 | 63 | c |
| 14 | 16 | 0E | SO | 57 | 71 | 39 | 9 | 100 | 144 | 64 | d |
| 15 | 17 | 0F | SI | 58 | 72 | 3A | : | 101 | 145 | 65 | e |
| 16 | 20 | 10 | DLE | 59 | 73 | 3B | ; | 102 | 146 | 66 | f |
| 17 | 21 | 11 | DC1 | 60 | 74 | 3C | < | 103 | 147 | 67 | g |
| 18 | 22 | 12 | DC2 | 61 | 75 | 3D | = | 104 | 150 | 68 | h |
| 19 | 23 | 13 | DC3 | 62 | 76 | 3E | > | 105 | 151 | 69 | i |
| 20 | 24 | 14 | DC4 | 63 | 77 | 3F | ? | 106 | 152 | 6A | j |
| 21 | 25 | 15 | NAK | 64 | 100 | 40 | @ | 107 | 153 | 6B | k |
| 22 | 26 | 16 | SYN | 65 | 101 | 41 | A | 108 | 154 | 6C | l |
| 23 | 27 | 17 | ETB | 66 | 102 | 42 | B | 109 | 155 | 6D | m |
| 24 | 30 | 18 | CAN | 67 | 103 | 43 | C | 110 | 156 | 6E | n |
| 25 | 31 | 19 | EM | 68 | 104 | 44 | D | 111 | 157 | 6F | o |
| 26 | 32 | 1A | SUB | 69 | 105 | 45 | E | 112 | 160 | 70 | p |
| 27 | 33 | 1B | ESC | 70 | 106 | 46 | F | 113 | 161 | 71 | q |
| 28 | 34 | 1C | FS | 71 | 107 | 47 | G | 114 | 162 | 72 | r |
| 29 | 35 | 1D | GS | 72 | 110 | 48 | H | 115 | 163 | 73 | s |
| 30 | 36 | 1E | RS | 73 | 111 | 49 | I | 116 | 164 | 74 | t |
| 31 | 37 | 1F | US | 74 | 112 | 4A | J | 117 | 165 | 75 | u |
| 32 | 40 | 20 | SP | 75 | 113 | 4B | K | 118 | 166 | 76 | v |
| 33 | 41 | 21 | ! | 76 | 114 | 4C | L | 119 | 167 | 77 | w |
| 34 | 42 | 22 | " | 77 | 115 | 4D | M | 120 | 170 | 78 | x |
| 35 | 43 | 23 | # | 78 | 116 | 4E | N | 121 | 171 | 79 | y |
| 36 | 44 | 24 | $ | 79 | 117 | 4F | O | 122 | 172 | 7A | z |
| 37 | 45 | 25 | % | 80 | 120 | 50 | P | 123 | 173 | 7B | { |
| 38 | 46 | 26 | & | 81 | 121 | 51 | Q | 124 | 174 | 7C | \| |
| 39 | 47 | 27 | ` | 82 | 122 | 52 | R | 125 | 175 | 7D | } |
| 40 | 50 | 28 | ( | 83 | 123 | 53 | S | 126 | 176 | 7E | ~ |
| 41 | 51 | 29 | ) | 84 | 124 | 54 | T | 127 | 177 | 7F | DEL |
| 42 | 52 | 2A | * | 85 | 125 | 55 | U | | | | |

# 附录 B  C 语言中的运算符

表 B-1  C 语言中的运算符

| 优先级 | 运算符 | 说 明 | 副作用 | 类型 | 结合性 |
|---|---|---|---|---|---|
| 18 | ( ) | 标识符<br>常量<br>括号表达式 | 无 | 初级表达式 | |
| 17 | ( )<br>[ ]<br>-><br>• | 函数调用<br>数组下标<br>选择运算符<br>成员运算符 | 有<br>无<br>无<br>无 | 后缀表达式 | 左结合 |
| 16 | ++  -- | 后置自增/自减 | 有 | | |
| 15 | ++  --<br>sizeof<br>+  -<br>!<br>&<br>*<br>~ | 前置自增/自减<br>测定对象占用字节数<br>正、负<br>逻辑非<br>地址运算符<br>间接运算符<br>按位反 | 有<br>无<br>无<br>无<br>无<br>无<br>无 | 一元表达式 | 右结合 |
| 14 | ( ) | 类型转换 | 无 | | |
| 13 | *  /  % | 乘、除、取余 | 无 | 二元表达式 | 左 |
| 12 | +  - | 加、减 | 无 | | |
| 11 | <<  >> | 位左移、位右移 | 无 | | |
| 10 | <  <=  >  >= | 关系运算符 | 无 | | |
| 9 | ==  != | 等于、不等于 | 无 | | |
| 8 | & | 位与 | 无 | | |
| 7 | ^ | 按位异或 | 无 | | |
| 6 | | | 按位或 | 无 | | |
| 5 | && | 逻辑与 | 无 | | |
| 4 | || | 逻辑或 | 无 | | |
| 3 | ? : | 条件运算 | 无 | 三元表达式 | 右 |
| 2 | =  +=  -=<br>*=  /=  %=<br>>>=  <<=  &=<br>|=  ^= | 赋值<br>位赋值 | 有 | 赋值表达式 | 右 |
| 1 | , | 逗号表达式 | 无 | 逗号表达式 | 左 |

# 附录 C　C语言库函数

表 C-1　数学函数

头文件:math. h

| 函数名 | 函数原型 | 功　能 | 返回值 |
|---|---|---|---|
| acos | double acos(double x); | 计算 $\cos^{-1}(x)$ 的值,$-1 \leqslant x \leqslant 1$ | 计算结果 |
| asin | double asin(double x); | 计算 $\sin^{-1}(x)$ 的值,$-1 \leqslant x \leqslant 1$ | 计算结果 |
| atan | double atan(double x); | 计算 $\tan^{-1}(x)$ 的值 | 计算结果 |
| atan2 | double atan2(double x,double y); | 计算 $\tan^{-1}(x/y)$ 的值 | 计算结果 |
| ceil | double ceil(double x,double y); | 求不小于 x 的最小整数 | 该整数的双精度浮点数 |
| cos | double cos(double x); | 计算 $\cos(x)$ 的值,x 的单位为弧度 | 计算结果 |
| cosh | double cosh(double x); | 计算 x 的双曲余弦 $\cosh(x)$ 的值 | 计算结果 |
| exp | double exp(double x); | 求 $e^x$ 的值 | 计算结果 |
| fabs | double fabs(double x); | 求 x 的绝对值 | 计算结果 |
| floor | double floor(double x); | 求出不大于 x 的最大整数 | 该整数的双精度实数 |
| fmod | double fmod(double x, double y); | 求整数 x/y 的余数 | 返回余数的双精度数 |
| frexp | double frexp(double val, int * eptr); | 把双精度数 val 分解为数字部分(尾数) 和以 2 为底的指数 n,即 val = $x \times 2^n$,n 存放在 eptr 指向的变量中 | 返回数字部分 x,$0.5 \leqslant x < 1$ |
| log | double log(double x); | 求 $\log_e x$,即 lnx | 计算结果 |
| log10 | double log10(double x); | 求 $\log_{10} x$ | 计算结果 |
| modf | double modf(double val,double * iptr); | 把双精度数 val 分解为整数部分和小数部分,把整数部分存在 iptr 指向的单元 | val 的小数部分 |
| pow | double pow(double x, double y); | 计算 $x^y$ 的值 | 计算结果 |
| sin | double sin(double x); | 计算 $\sin(x)$ 的值,x 的单位为弧度 | 计算结果 |
| sinh | double sinh(double x); | 计算 x 的双曲正弦函数 $\sinh(x)$ 的值 | 计算结果 |
| sqrt | double sqrt(double x); | 计算 x 的开平方,x 应 $>=0$ | 计算结果 |
| tan | double tan(double x); | 计算 $\tan(x)$ 的值,x 的单位为弧度 | 计算结果 |
| tanh | double tanh(double x); | 计算 x 的双曲正切函数 | 计算结果 |

表 C-2  输入/输出函数

头文件：stdio. h

| 函数名 | 函数原型 | 功　能 | 返回值 |
|---|---|---|---|
| clearerr | void clearerr(FILE * fp); | 清除 fp 指向的文件的错误标志，同时清除文件结束指示器 | 无 |
| close | int close(int fd); | 关闭文件 | 关闭成功返回 0,否则返回 -1 |
| creat | int creat(char * filename, int mode); | 以 mode 所指定的方式建立文件，文件名字为 filename | 成功则返回正数,否则返回 -1 |
| eof | int eof(int fd); | 判断是否处于文件结束 | 遇到文件结束返回 1,否则返回 0 |
| fclose | int fclose(FILE * fp); | 关闭 fp 所指的文件,释放文件缓冲区 | 成功返回 0,否则返回非 0 值 |
| feof | int feof(FILE * fp); | 检查文件是否结束 | 遇文件结束符返回非 0 值,否则返回 0 |
| ferror | int ferror((FILE * fp); | 测试 fp 所指向的文件是否有错 | 没错返回 0,有错返回非 0 |
| fflush | int fflush(FILE * fp); | 把 fp 指向的文件的所有数据和控制信息存盘 | 成功返回 0,否则返回非 0 值 |
| fgetc | int fgetc(FILE * fp); | 从 fp 所指定的文件中取得下一个字符 | 返回所得到的字符,若读入出错返回 EOF |
| fgets | char * fgets(char * buf, int n, FILE * fp); | 从 fp 指向的文件读取一个长度为(n−1)的字符串,存入起始地址为 buf 的空间 | 成功返回地址 buf,若遇文件结束或出错,返回 NULL |
| fopen | FILE * fopen(char * fname,char * mode); | 以 mode 指定的方式打开名为 fname 的文件 | 成功,返回一个文件指针（文件信息区的起始地址）,否则返回 0 |
| fprintf | int fprintf(FILE * fp,char * format); | 把 args 的值以 format 指定的格式输出到 fp 所指定的文件中 | 实际输出的字符数 |
| fputc | int fputc(char ch, FILE * fp); | 将字符 ch 输出到 fp 指定的文件中 | 成功,返回该字符,否则返回 EOF |
| fputs | int fputs(char * str, FILE * fp); | 将 str 指向的字符串输出到 fp 所指定的文件 | 成功返回 0,若出错返回非 0 值 |
| fread | int fread(char * pt, unsigned size, unsigned n, FILE * fp); | 从 fp 所指定的文件中读取长度为 size 的 n 个数据项,存到 pt 所指向的内存区 | 返回所读的数据项个数,如遇文件结束或出错返回 0 |
| freopen | FILE * freopen(char * fname,char * mode, FILE * fp); | 用 fname 所指定的文件替换 fp 所指定的文件。fname 文件的打开方式由 mode 定义 | 成功返回文件指针 fp;否则返回 NULL |
| fscanf | int fscanf(FILE * fp, char * format); | 从 fp 指定的文件中按 format 给定的格式将输入数据送到 args 所指向的内存变元(args 是指针) | 已输入的数据个数 |

头文件：stdio. h

| 函数名 | 函数原型 | 功　能 | 返回值 |
|---|---|---|---|
| fseek | int fseek(FILE * fp, long offset, int base); | 将 fp 所指向的文件的位置指针移到以 base 所指出的位置为基准，以 offest 为偏移量的位置 | 返回当前位置，否则返回 −1 |
| ftell | long ftell(FILE * fp); | 返回 fp 所指向的文件中的读写位置 | 返回 fp 所指向的文件中的读写位置 |
| fwrite | int fwrite(char * ptr, unsigned size, unsigned n, FILE * fp); | 把 ptr 所指向的 n * size 个字节输出到 fp 所指向的文件中 | 写到文件中的数据项个数 |
| getc | int getc(FILE * fp); | 从 fp 所指向的文件中读入一个字符 | 返回所读的字符，若文件结束或出错，返回 EOF |
| getchar | int getchar( void ); | 从标准输入设备读取下一个字符 | 返回所读字符。若文件结束，或出错，则返回 −1 |
| gets | char * gets(char * str); | 从标准输入设备读取字符串并把它们放入由 str 指向的字符数组中 | 成功返回 str，否则返回 NULL |
| getw | int getw(FILE * fp); | 从 fp 所指向的文件读取下一个整数 | 输入的整数。如文件结束或出错，返回 −1 |
| kbhit | int kbhit(void); | 判断是否有键被按下 | 若键被按下，返回一个非 0 值，否则返回 0 |
| lseek | long lseek( int fd, long offset, int base); | 根据 base 所确定的位置，按 offest 的偏移量调整 fd 所指定的文件中的读写位置 | 成功返回该文件中的当前位置，否则返回 −1 |
| open | int open(char * fname, int mode); | 以 mode 指出的方式，打开已存在的、名为 fname 的文件 | 成功返回文件号（正数），否则返回负数 |
| printf | int printf ( char * format, args,...); | 在用 format 指定的字符串的控制下，把输出表列 args 的值输出到标准输出设备 | 输出字符串的个数。若出错，返回负数 |
| putc | int putc(int ch, FILE * fp); | 把一个字符 ch 输出到 fp 所指的文件中 | 输出的字符 ch. 若出错，返回 EOF |
| puts | int puts(char * str); | 把 str 指向的字符串输出到标准输出设备，将'\0'转换为回车换行 | 成功返回换行符，失败，返回 EOF |
| putchar | int putchar(int ch); | 把字符 ch 输出到标准输出设备 | 输出的字符 ch. 若出错，返回 EOF |
| putw | int putw(int i, FILE * fp); | 将一个整数（即一个字）写到 fp 指向的文件中 | 返回输出的整数，失败，返回 EOF |
| read | int read( int fd, char * buf, unsigned count); | 从文件号 fd 所指示的文件中读 count 个字节到由 buf 指示的缓冲区 | 返回真正读入的字节个数。如遇文件结束返回 0，出错返回 −1 |
| remove | int remove(char * fname); | 删除以 fname 为文件名的文件 | 成功返回 0，失败返回 −1 |
| rename | int rename(char * oldname, char * newname); | 把由 oldname 所指的文件名改成由 newname 所指的文件名 | 成功返回 0，失败返回 −1 |

**续 表**

头文件：stdio. h

| 函数名 | 函数原型 | 功 能 | 返回值 |
|---|---|---|---|
| rewind | void rewind(FILE * fp); | 将 fp 指示的文件中的位置指针置于文件开头位置，并清除文件结束标志和错误标志 | 无 |
| scanf | int scanf ( char * format, args,...); | 从标准输入设备按 format 指向的格式字符串规定的格式，输入数据给 args 所指向的单元(args 为指针) | 读入并赋给 args 的数据个数。遇文件结束，返回 EOF；出错，返回 0 |
| setbuf | void setbuf ( FILE * fp, char * buf); | 说明 fp 将要使用的缓冲区（长度为 BUFSIZE），若 buf 置为 NULL，则关闭缓冲区 | 无 |
| setvbuf | int setvbuf ( FILE * fp, char * buf, int mode, int size); | 为 fp 所指向的文件提供输入输出操作的缓冲区 buf，缓冲区的大小是 size，使用方式为 mode | 成功返回 0，失败返回非 0 值 |
| sprintf | int sprintf ( char * buf, char * format, args,...); | 把按 format 规定的格式的 args 数据，送到 buf 所指向的数组中 | 返回实际放进数组中的字符数 |
| sscanf | int sscanf ( char * buf, char * format, args,...); | 按 format 规定的格式，从 buf 指向的数组中读入数据给 args 所指向的单元(args 为指针) | 返回值为实际赋值的个数；若返回 0，则无任何字段被赋值；若返回 EOF，则要从字符串尾读 |
| tell | long int tell( int fd); | 确定文件描述号 fd 所对应的文件位置指示器的当前值 | 返回文件位置指示器的当前值，出错返回−1 |
| tmpnam | char * tmpnam( char * name); | 生成一个与目录中其他文件名不同的临时文件名，并把它放入由 name 指向的数组中 | 成功返回指向 name 的指针；否则返回 NULL 指针 |
| tmpfile | FILE * tmpfile(void) | 打开一个临时文件并返回指向这个文件的指针。由该函数产生的临时文件在被关闭或程序结束时自动被删除 | 成功返回指向文件的指针；失败返回 NULL |
| write | int write(int fd, char * buf, un-signed int size); | 把 buf 指向的缓冲区中 size 个字节写到 fd 文件中 | 返回实际写出的字节数；出错返回−1 |

### 表 C-3　字符与字符串处理函数

头文件:字符串函数为 string. h　字符函数为 ctype. h

| 函数名 | 函数原型 | 功　　能 | 返回值 |
|---|---|---|---|
| isalnum | int isalnum(int ch); | 检查 ch 是否是字母或数字 | 是字母或数字返回 1,否则返回 0 |
| isalpha | int isalpha(int ch); | 检查 ch 是否是字母 | 是字母返回 1;否则返回 0 |
| iscntrl | int iscntrl(int ch); | 检查 ch 是否是控制字符(其 ASCII 码在 0 和 0X1F 之间) | 是控制字符返回非 0 值,否则返回 0 |
| isdigit | int isdigit(int ch); | 检查 ch 是否是数字(0~9) | 是数字返回 1,否则返回 0 |
| isgraph | int isgraph(int ch); | 检查 ch 是否是可打印字符(其 ASCII 码在 0X21 到 0X7E 之间),不包括空格 | 是可打印字符返回 1,否则返回 0 |
| islower | int islower(int ch); | 检查 ch 是否小写字母(a~z) | 是小写字母返回 1,否则返回 0 |
| isprint | int isprint(int ch); | 检查 ch 是否可打印字符(不包括空格),其 ASCII 码在 0X20 到 0X7E 之间 | 是返回 1,不是返回 0 |
| ispunct | int ispunct(int ch); | 检查 ch 是否标点字符(不包括空格),即除字符数字和空格以外的所有可打印字符 | 是返回;否则返回 0 |
| isspace | int isspace(int ch); | 检查 ch 是否空格、跳格符(制表符)或换行符 | 是返回 1,否则返回 0 |
| isupper | int isupper(int ch); | 检查 ch 是否是大写字母(A~Z) | 是返回 1;否则返回 0 |
| isxdigit | int isxdigit(int ch); | 检查 ch 是否一个十六进制数字(即 0~9,或 A~F,或 a~f) | 是返回 1;否则返回 0 |
| tolower | int tolower(int ch); | 将 ch 字符转换为小写字母 | 返回 ch 所代表的字符的小写字母 |
| toupper | int toupper(int ch); | 将 ch 字符转换为大写字母 | 返回 ch 所代表的字符的大写字母 |
| memchr | void memchr(void * buf, int ch, unsigned int count); | 在 buf 的头 count 个字符里搜索 ch 的第一次出现的位置 | 返回指向 buf 中 ch 第一次出现的位置的指针;如果没有发现 ch,返回 NULL |
| memcmp | int memcmp(void * buf1, void * buf2,unsigned int count); | 按字母顺序比较由 buf1 和 buf2 指向的数组的头 count 个字符 | buf1 小于 buf2,返回小于 0 整数;buf1 等于 buf2,返回 0;buf1 大于 buf2,返回大于零的整数 |
| memcpy | void * memcpy(void * to,void * from, unsigned int count); | 把 from 指向的数组中的 count 个字符复制到 to 指向的数组中 | 返回指向 to 的指针 |
| memmove | void * memmove(void * to,void * from, unsigned int count); | 从 from 指向的数组中把 count 个字符复制到由 to 指向的数组中 | 返回一个指向 to 的指针 |

头文件：字符串函数为 string. h　　字符函数为 ctype. h

| 函数名 | 函数原型 | 功　能 | 返回值 |
|---|---|---|---|
| memset | void ∗ memset(void ∗ buf, int ch, unsigned int count); | 把 ch 的低字节复制到 buf 所指向的数组的最先 count 个字符中 | 返回 buf |
| strcat | char ∗ strcat(char ∗ str1, char ∗ str2); | 把字符串 str2 接到 str1 后面，str1 最后面的'\0'被取消 | 返回 str1 |
| strchr | char ∗ strchr(char ∗ str, int ch); | 找出 str 指向的字符串中第一次出现字符 ch 的位置 | 返回指向该位置的指针，若找不到，则返回 NULL |
| strcmp | int strcmp(char ∗ str1, char ∗ str2); | 比较两个字符串 str1,str2 | str1＞str2，返回整数；str1＝str2，返回 0；str1＜str2 返回负数 |
| strcpy | char ∗ strcpy(char ∗ str1, char ∗ str2); | 把 str2 指向的字符串复制到 str1 中去 | 返回 str1 |
| strlen | unsigned int strlen(char ∗ str); | 统计字符串 str 中字符的个数（不包括终止符'\0'） | 返回字符个数 |
| strcspn | int strcspn(char ∗ str1, char ∗ str2); | 确定 str1 中出现属于 str2 的第一个字符下标 | 返回 str1 中出现的属于 str2 的第一个字符的下标 |
| strncat | char ∗ strncat(char ∗ str1, char ∗ str2,unsigned int count); | 把 str2 指向的字符串最多 count 个字符连接到后面，并用 NULL 结尾 | 返回 str1 |
| strncmp | int strncmp(char ∗ str1, char ∗ str2, unsigned int count); | 按字典顺序比较两个以 NULL 结尾的字符串中最多 count 个字符 | str1＜str2，返回值小于 0；str1＝str2,返回值等于 0；str1＞str2,返回值大于 0 |
| strncpy | char ∗ strncpy(char ∗ str1, char ∗ str2,unsigned int count); | 把 str2 中最多 count 个字符复制到 str1 中去 | 返回 str1 |
| strpbrk | char ∗ strpbrk(char ∗ str1, char ∗ str2); | 确定 str1 中第一个与 str2 中任何一个字符相匹配的字符的指针位置 | 返回 str1 中第一个与 str2 中任何一个字符相匹配的字符的指针。如果不存在匹配，返回 NULL |
| strspn | int strspn(char ∗ str1, char ∗ str2); | 确定 str1 中出现的属于 str2 的第一个字符的下标 | 返回 str1 中出现的属于 str2 的第一个字符的下标 |
| strstr | char ∗ strstr(char ∗ str1, char ∗ str2); | 寻找 str2 指向的字符串在 str1 指向的字符串1首次出现的位置 | 子串首次出现的地址，如果在 str1 指向的字符串中不存在该子串，则返回空指针 NULL |

**表 C-4　标准库函数**

头文件：stdlib. h

| 函数名 | 函数原型 | 功　能 | 返回值 |
|---|---|---|---|
| calloc | viod * calloc ( unsigned n, unsigned size); | 为数组分配内存空间,内存量为 n * size | 返回一个指向已分配的内存单元的起始地址,如不成功,返回 NULL |
| free | viod free(viod * p); | 释放 p 所指向的内存空间 | 无 |
| malloc | viod * malloc ( unsigned int size); | 分配 size 字节的存储区 | 返回所分配内存区的起始地址;若内存不够,返回 NULL |
| realloc | void * realloc(void * p, unsigned size); | 将 p 所指出的已分配内存区的大小改为 size。size 可以比原来分配的空间大或小 | 返回指向该内存区的指针 |
| abort | void abort(void); | 立刻结束程序运行,不清理任何文件缓冲区 | 无 |
| abs | int abs(num) int num; | 计算整数 num 的绝对值 | 返回 num 的绝对值 |
| atof | double atof(char * str); | 把 str 指向的字符串转换成一个 double 值 | 返回双精度结果 |
| atoi | int atoi(char * str); | 将 ASCII 字符串转换为整数 | 返回转换结果 |
| atol | long atol(char * str); | 将 str 指向的 ASCII 字符串转换成长整型值 | 返回转换结果;若不能转换,返回 0 |
| bsearch | void * bsearch(void * key, void * base, unsigned int num, unsigned int size, int ( * compare)()); | 对一个 base 指向的已排好序的数组进行二分查找。数组的元素个数是 num,每个元素的大小为 size 字节。compare 指向的函数用来把数组元素与关键字进行比较 | 返回一个指向匹配 key 所指向的关键字的第一个成员的指针。若没有找到,则返回 NULL |
| exit | void exit(int status); | 使程序立刻正常地终止。status 的值传给调用过程 | 无 |
| div | div_t div(int num, int denom); | 运算 num/denom | 返回运算的商和余数。结构 div_t 在 stdlib. h 中至少有如下两个字段 int quot; int rem; |
| itoa | char * itoa (int num, char * str, int radix); | 把整数 num 转换成与其等价的字符串,并把结果放在 str 指向的字符串中,输出串的进制数由 radix 决定 | 返回一个指向 str 的指针 |
| labs | long labs(long num); | 返回长整数 num 的绝对值 | 返回长整数 num 的绝对值 |
| ldiv | ldiv_t ldiv( long int num, long int denom); | 计算 num/denom | 返回商和余数。结构类型 ldiv_t 在 stdlib. h 中定义。至少有下面两个代表商和余数的字段;int quot;int rem; |

头文件：stdlib. h

| 函数名 | 函数原型 | 功 能 | 返回值 |
|---|---|---|---|
| ltoa | char * ltoa ( long num, char * str, int radix); | 把长整数 num 转换成与其等价的字符串，并把结果放到 str 指向的字符串中。输出串的进制数由 radix 决定 | 返回一个指向 str 的指针 |
| qsort | void qsort(void * base, unsigned int num, unsigned int size, int ( * comp)()); | 反复调用 comp 所指向的由用户自己编写的比较函数，对 base 指向的数组进行排序。数组的元素个数是 num，每一元素的字节数由 size 描述 | 无 |
| rand | int rand(); | 产生一系列伪随机数 | 返回 0 到 RAND_MAX 之间的整数。RAND_MAX 是返回的最大可能值，在头文件中定义 |
| strtod | double strtod(char * start, char * * end); | 把存储在 start 指向的数字字符串转换成 double，直到出现不能转换成浮点数的字符为止，剩余的字符串赋给指针 end | 返回转换结果。若未进行转换，返回 0。若发生转换错误，则返回 HUNGE_ val 或 HUGE_VAL，表示上溢出或下溢出 |
| strtol | long int strtol ( char * start, char * * end, int radix); | 把存储在 start 指向的数字字符串转换成 long int 类型，直到串中出现不能转换成长整数的字符为止，剩余字符串赋给指针 end。数字的进制数由 radix 确定 | 返回转换结果。若未进行转换，返回 0。若发生转换错误，则返回 LONG_MAX 或 LONG_MIN，表示上溢出或下溢出 |
| strtoul | unsigned long int strtoul(char * start,char * * end, int radix); | 把存储在 start 指向的数字字符串转换成 unsigned long int 类型，直到串中出现不能转换成 unsigned long int 的字符为止，剩余的字符串赋给指针 end。数字进制数由 radix 确定 | 返回转换结果，若未进行转换，返回 0。若发生转换错误，则返回 ULONG_MAX 或 ULONG_MIN，表示上溢出或下溢出 |
| system | int system(char * str); | 把 str 指向的字符串作为一个命令传送到操作系统的命令处理器中 | 依赖于不同的编译版本。通常，命令被成功地执行，返回 0；否则返回一个非 0 值 |

# 附录 D　位运算

C 语言提供了位运算功能,它是对二进制位进行的运算。位运算的操作对象是数据的二进制位。C 语言提供了六种位运算,如表 D-1 所示。

**D-1　位运算**

| 运算符 | 含义 | 操作数个数 | 优先级 | 结合性 | 使用格式 |
|---|---|---|---|---|---|
| ~ | 按位取反 | 1 | 15 | 右 | ~expr2 |
| << | 左移位 | 2 | 11 | 左 | expr1 << expr2 |
| >> | 右移位 | 2 | 11 | 左 | expr1 >> expr2 |
| & | 按位与 | 2 | 8 | 左 | expr1&expr2 |
| ^ | 按位异或 | 2 | 7 | 左 | expr1^expr2 |
| \| | 按位或 | 2 | 6 | 左 | expr1\|expr2 |

位运算符的操作对象必须是整数,虽然可以是 signed 或 unsigned 类型,但建议使用 unsigned 类型。因为符号位在不同的位运算符号中的处理方法是不一样的,同时也受机型影响,使程序在不同的条件下的执行结果往往不一致。

**1. 按位与运算**

按位与运算符"&"是二元运算,其功能是参与运算的两个数的对应二进位相与。只有对应的两个二进位均为 1 时,结果位才为 1,否则为 0。如 9&5 的操作如下:

```
  00001001（9）
& 00000101（5）
  00000001
```

9&5 的结果是 1。

按位与运算通常用来对某些位清 0 或保留某些位。例如,把 a 的高 8 位清 0,保留低 8 位,可作 a&255 运算( 255 的二进制数为 0000000011111111)。

**2. 按位或运算**

按位或运算符"|"是二元运算,其功能是参与运算的两个数的对应二进位相或。只要对应的二个二进位有一个为 1 时,结果位就为 1。如 9|5 的操作如下:

```
  00001001
| 00000101
  00001101
```

9|5 的结果是 13。

**3. 按位异或运算**

按位异或运算符" ^"是二元运算,其功能是参与运算的两个数的对应二进位相异或。当两个对应的二进位相异时,结果为 1。如 9^5 的操作如下:

```
      00001001
^     00000101
      00001100
```

9^5 的结果是 12。

**4. 取反运算**

取反运算符"～"为一元运算符,其功能是对参与运算的数的各二进位按位取反。如～1 的操作为:

```
～0000000000000001
    1111111111111110
```

～1 的结果是 65534。

**5. 左移运算**

左移运算符" ＜＜"是二元运算,其功能把" ＜＜"左边的运算数的各二进位全部左移若干位,由" ＜＜"右边的数指定移动的位数,高位丢弃,低位补 0。如 a＜＜4 是把 a 的各二进位向左移动 4 位。如 a＝00000011(十进制 3),左移 4 位后为 00110000(十进制 48)。

**6. 右移运算**

右移运算符" ＞＞"是双目运算符,其功能是把" ＞＞"左边的运算数的各二进位全部右移若干位," ＞＞"右边的数指定移动的位数。若 a＝15,则 a ＞＞2 表示把 000001111 右移为 00000011(十进制 3)。

需要说明的是,对于有符号数,在右移时,符号位将随同移动。当为正数时,最高位补 0,而为负数时,符号位为 1,最高位是补 0 或是补 1 取决于编译系统的规定。Turbo C 和很多系统规定为补 1。

**7. 位复合赋值运算**

上述的位运算符并不能改变操作对象中变量的值,要想改变操作变量的值,可以使用位操作复合赋值运算符,这些复合运算符号有:&＝, ｜＝, ^＝, ＜＜＝, ＞＞＝。如:

x &＝y　　　等价于 x＝x & y, 即先执行 x&y, 然后将其结果赋给 x.

x ＜＜＝y　　等价于 x＝x ＜＜ y, 即先执行 x ＜＜ y, 然后将其结果赋给 x.

# 附录 E  预处理命令

C 语言的编译器(Compiler)由两部分组成:预处理器(Preprocessor)和翻译器(Translator)。预处理器读取源代码并将其交给翻译器,翻译器再将 C 语句转换成机器码并最终生成目标文件。根据编译器设计的不同,预处理器可以和翻译器一起工作,或者预处理器先生成源程序然后翻译器再进行翻译。工作原理如图 E-1 所示。

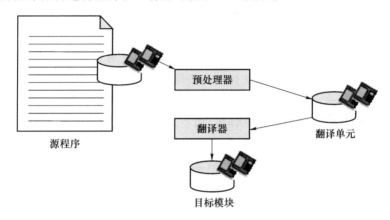

图 E-1  C 语言编译环境

预处理器类似于小型的文本编辑器,可以根据特殊的命令进行相应的插入、替换等功能。因此,预处理命令尤为重要。所有的预处理命令都以符号"♯"开头。在源程序中,预处理命令都放在源程序函数外,且一般均在文件的开始。

C 语言提供的预处理功能主要有以下三种:文件包含、宏定义、条件编译,分别使用文件包含命令、宏定义命令、条件编译命令来实现。

## 1. 文件包含

所谓"文件包含"是把指定文件的全部内容包含到本文件中。C 语言提供了 ♯include 命令来实现"文件包含"的操作。其一般形式为:

♯ **include** < **filename** >

或

♯ **include″filename″**

如:

♯ include <stdio.h>

♯ include″filename.h″

filename 是被包括文件的文件名,它是一个磁盘文件。该预编译语句的功能是要将 filename 文件的全部内容包含在该 ♯include 语句所在的源文件中。更确切地说是在预编译时,用 filename 文件的全部内容替换该 ♯include 语句行,使该文件成为这个源文件的一部分。

在 ♯include 语句的书写格式中,被包括文件的文件名(即 filename)可用尖括号括住,也可使用双引号（""）括住。当用尖括号时，其含义是指示编译系统按系统设定的标准目录搜索文件 filename。而用双引号括住时，表示按指定的路径搜索；若未指定路径名，则在当前目录中搜索。例如：

　　♯include　　"D:\PROJECT\SOURCE\HEADER.H"

则是从指定的路径搜索 HEADER.H 文件。而

　　♯include　　"D: HEADER.H"

则是从当前目录中搜索 HEADER.H 文件。找不到时，再去标准目录中检索。对于

　　♯include ＜stdio.h＞

则是从系统设定的标准目录中搜索。

对于包括多个源文件的大程序来说，使用文件包含可以把各个源文件中共同使用的函数说明、符号常量定义、外部量说明、宏定义和结构类型定义等写成一个独立的包含文件，在需要这些说明的源文件中，只需在源文件的开头用一个♯include 语句把该文件包含进来即可，这样可以避免重复劳动。此外，使用文件包含的另一个好处是：当这些常量、宏定义等需要修改时，只需修改这个被包含的文件即可，而不必修改各个源文件。

在使用♯include 语句时，应注意以下几点：

（1）一个♯include 语句只能有一个包含文件。如果需要包含 n 个文件，就需要 n 个♯include 语句。

（2）文件包含可以嵌套。

**2. 宏定义**

C 语言中，允许用一个标识符来表示一个字符串，这个标识符被称为"宏"。所谓宏定义，就是用♯define 语句对一个字符串用一个"宏名"来表示。编译器在进行预处理时，对程序中的所有出现的"宏名"，都用宏定义中的字符串进行替换。这通常称为"宏替换"或"宏展开"。C 语言的"宏"定义分为简单宏定义和带参数的宏定义两类。

（1）简单宏定义

用一个指定的标识符（即名字）来代表一个字符串，它的一般形式为：

♯**define**　标识符　字符串

其中，标识符称作宏名，一般习惯用大写字母表示，以便与变量名相区别。但这并非规定，也可用小写字母。例如：

　♯define　TRUE　1

　♯define　FALSE　0

把 TRUE 定义为 1，FALSE 定义为 0。定义之后，就可以用它来编码了。例如：

　if(flag == TRUE)

　　printf("correct!\n");

　else if(flag == FALSE)

　　printf("error!\n");

对于该程序段，在进行预编译时，就把程序中出现的 TRUE 和 FALSE 分别用 1 和 0 替代，于是就变为：

　　if(flag == 1)

```
  printf("correct!\n");
else if(flag == 0)
  printf("error!\n");
```

在宏定义中,字符串可以是一个数值数据、表达式或字符串。例如:

```
#define    SIZE  9
#define    OF_MSG   "ERR 304: Overflow. Call programmer."
#define    LIMIT  (234)
#define    EXP  (4 * 5 + 1)
```

如果字符串是一个运算表达式,一般应该用括号括住它,以便把它视为一个操作对象与其他操作数进行运算,否则,会由于优先级的问题而发生错误。例如:

```
x = EXP * 8 ;
```

预编译后,该语句变为:

```
x = (4 * 5 + 1) * 8 ;
```

如果 EXP 定义为:

```
#define  EXP  4 * 5 + 1
```

则表达式 x＝EXP＊8 预编译后变为:

```
x = 4 * 5 + 1 * 8
```

注意以下几点:

① 宏定义不是 C 语句,不必在行末加分号。如果加了分号则会连分号一起进行替换。如表 E-1 所示。

表 E-1　宏定义替换原理

| 代码段 | 结　果 |
| --- | --- |
| #define size = 9;<br>a = size; | a == 9; ; |
| #define LIMIT 9;<br>…<br>for(i = 0; i < LIMIT; i++)<br>… | for(i = 0; i < 9 ; i++) |

② 宏定义中,宏名后不需要加等号(＝)。宏名后的字符串在替换宏名时会被作为一个整体进行替换。如果包含等号,它会被作为字符串一同进行替换。

③ 一般宏定义语句都放在源文件的开头,以便使它对整个源文件都有效。

(2) 带参数的宏定义

C 语言允许宏带有参数。带参数的宏的功能更强大,其定义的一般格式为:

**#define　宏名( 参数 1,参数 2,…) 字符串**

如:

```
#define  SUM(x , y) x * y
```

在带参数的宏中,宏名和带参数的圆括号之间不应包含空格,否则空格之后的字符串都将视为比带字符串。在进行预编译时,带参数的宏用它的字符串置换,其中的形式参数用实际参数置换。从表面上看,带参数的宏调用在形式上与函数调用没有什么不同,但两者实际上是有区别的。函数调用时存在着从实参向形参传递数据的过程,而带参数的宏只是进行简单的字符替换。参数之间用逗号分隔,且每个参数名必须不同。

带参数的宏置换步骤如下:

① 将程序中带实参的宏按♯define命令行中指定的字符串进行置换。

② 用程序中的实参代替形参。

对宏定义语句中的定义式要根据需要加上圆括号,以免发生运算错误。例如:

♯define PRODUCT(x , y)    x * y

如在程序中有语句:

z = PRODUCT(a , b);

则用PRODUCT(x , y)中的实参a和b分别代替宏定义中的字符串x * y中的形参x和y,得到

z = a * b;

这是容易理解而且不会发生什么问题的。但是,如果有下列语句:

z = PRODUCT(a + 1 , b + 2);

经过替换,得到

z = a + 1 * b + 2;

根据优先级,该语句为

z = a + b + 2;

显然这与程序设计者的原意不符。为了得到正确的结果,应当在定义时,在字符串中的形式参数外面加一个括号。即

♯define PRODUCT(x , y)   (x) * (y)

在对PRODUCT(a+1 , b+2)进行宏展开时,就可得到

z = (a + 1) * (b + 2);

（3）宏的嵌套

在C语言中,允许宏的嵌套,即后面的宏定义字符串中包含前面定义过的宏名。这样,在后面的宏替换字符串中所有形参都被实参替换之后,如果结果字符串中包含前面源文件中定义过的宏名,那么就再次扫描,进一步对宏名进行替换。例如:

♯define PRODUCT(a , b)    (a) * (b)

♯define SQUARE(a)  PRODUCT(a , a)

如有下列语句:

x = SQUARE(5);

首先被替换为:

x = PRODUCT(5 , 5);

经过再次扫描,被替换为:

x = (5) * (5);

（4）结束宏定义

宏名的有效范围是从定义它的地方开始到其所在文件末尾或者用＃undef 指令消除该宏定义为止。一旦结束宏定义，就可以为该宏名重新指定一个字符串。例如：

＃define　SIZE　20

…

＃undef　SIZE

＃define　SIZE　40

### 3. 条件编译

在一般情况下，源程序中的所有行都要参加编译。但是，有时希望参加编译的内容能够有所选择，即希望在满足某一条件时编译某一部分内容，不满足时编译另一部分内容。条件编译命令如表 E-2 所示。

表 E-2　条件编译命令

| 命　令 | 作　用 |
|---|---|
| ＃if | 如果表达式为真，编译其后程序段 |
| ＃endif | 结束条件编译 |
| ＃else | 当表达式为假时需要编译的代码 |
| ＃elif | else-if：用于多项选择条件编译 |
| ＃ifdef | 当标识符被定义（用＃define 定义）时，执行其后程序段 |
| ＃ifndef | 当标识符未被定义（用＃define 定义）时，执行其后程序段 |

（1）＃if … ＃else… ＃endif 命令

一般格式如下：

＃if　　表达式

　　　程序段 1

＃else

　　　程序段 2

＃endif

其作用是：当表达式值为非 0 时，编译其后的程序段，不编译 else 部分的程序段；否则，只编译 else 后的程序段。其中＃else 句可以省略。每个＃if 都必须以＃endif 表示结束。例如，在程序设计的测试阶段经常需要显示一些变量的信息，这时可以用如下形式的条件编译：

＃define DEBUG 1

＃define PRINT_INT(a) printf("The variable ′" ＃a "′ contains: ％d\n", a);

…

int totalScore ;

…

＃if (DEBUG)

　　　PRINT_INT (totalScore);

```
#endif
```

以上形式的条件编译适用测试阶段,如果程序测试完成,要编译正式的执行代码时,只需把 DEBUG 定义为 0 即可。

(2) #ifdef…#else…#endif 命令

一般形式为:

```
#ifdef      标识符
            程序段 1
#else
            程序段 2
#endif
```

其作用是:当标识符被定义(用#define定义)时,程序段 1 被编译,而程序段 2 被删除;否则程序段 1 被删除,而程序段 2 被编译。其中#else部分可以没有,即

```
#ifdef      标识符
            程序段 1
#endif
```

(3) #ifndef…#else…#endif 命令

一般形式为:

```
#ifndef 标识符
        程序段 1
#else
        程序段 2
#endif
```

该条件编译语句的作用是:当标识符未定义时,编译程序段 1,否则编译程序段 2。

(4) #if…#elif…#endif 命令

当进行多项选择条件编译时,使用#elif。例如,有一个软件需要在多处运行,因此需要为每个编译的位置指定一个代码。每次安装都需要一组预定义值。具体实现方式见程序 E-1。

【程序 E-1】 多项选择条件编译。

```
#define Denver 0
#define Phoenix 0
#define SanJose 1
#define Seattle 0
…
#if (Denver)
    /* Denver unique initialization */
    #include "Denver.h"
#elif (Phoenix)
    /* Phoenix unique initialization */
```

```
        # include ˝Phoenix.h˝
# elif (SanJose)
        / * San Jose unique initialization * /
        # include ˝SanJose.h˝
# else
        / * Seattle unique iniitalization * /
# include ˝Seattle.h˝
# endif
```

# 附录 F 命令窗口

命令窗口是用户与计算机之间通过命令进行交互的地方,在 Windows 操作系统出现之前,人们使用计算机就是通过各种命令进行的。下面以 Windows xp 操作系统为例简单介绍命令窗口的使用方法。

### 1.打开命令窗口

(1)单击"开始"按钮,打开开始菜单,选择"运行…"命令打开运行窗口,如图 F-1 所示。

（a）开始菜单　　　　　　（b）运行窗口

图 F-1　打开运行窗口

(2)在运行窗口中间的输入框内输入 cmd,然后单击"确定"按钮或直接回车即可打开命令窗口,如图 F-2 所示。

（a）运行窗口　　　　　　　　（b）命令窗口

图 F-2　打开命令窗口

使用组合键 Alt+Enter 可以使命令窗口在满屏和正常窗口之间进行切换。

### 2. 使用命令窗口

命令窗口中光标闪动的位置就是命令行,在命令行上输入命令名及相关参数后回车就可以执行命令,参数与参数之间需要用空格分开。

(1)执行 windows 内部的命令

在图 F-3 中,如果不计算空白行,那么第 1 行和第 2 行信息是打开命令窗口时系统自动生成的有关操作系统的版本信息。第 3 行～11 行中没有汉字的行都是命令行,有汉字的两个行是命令执行后系统给出的提示信息。在每个命令行中,以符号"＞"为界,左边的部分是当前路径,右边的部分是要执行的命令及其参数。路径是从磁盘的根目录开始,后跟用反斜线"\"隔开的多个目录(在 windows 下叫文件夹)的名字组成的字符序列,目录与目录之间是包含的关系,反斜线"\"右边的目录包含在其左边的目录中。拿第 3 行来说,当前的路径是:c:\Documents and Settings\Administrator,这就是说当前操作所针对的位置是 C:盘中 Documents and Settings 目录中的 Administrator 子目录。

第 3 行中的命令是 cd\,作用是回到磁盘的根目录,第 4 行中的命令是 d:,作用是改变磁盘盘符(由 C:盘变为 D:盘),它们后面都没有参数。第 5 行、第 6 行中的命令都是 cd,后面跟了 1 个参数,作用是进入下一级子目录。对第 5 行来说就是从 D:盘的根目录进入到它的子目录 appendixF 中,第 6 行是由目录 appendixF 进入到它的子目录 my1 中。第 7 行中的命令是 copy,后跟两个参数,是两个文件名 exam1.doc 和 exam2.doc。该命令行实现的作用是把当前目录下的文件 exam1.doc 复制生成一个副本 exam2.doc。第 8 行是第 7 行执行后系统给出的提示信息。第 9 行中的命令也是 copy,后面同样跟了两个参数,所不同的是第二个参数 d:\appendixF\my2\exam2.doc 中包含了路径。实现的作用是把当前目录下的文件 exam1.doc 复制一个副本 exam2.doc,存储到子目录 my2 中。

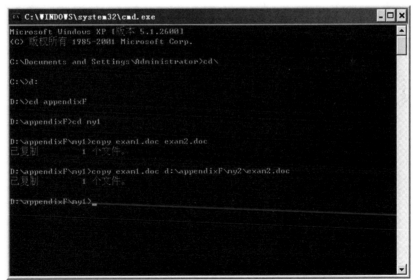

图 F-3　在命令窗口中输入和执行命令

(2)执行 main 函数带参数的 C 程序

对于 main 函数带参数的 C 程序,必须在命令窗口用执行命令的方式来执行它。具体步骤如下：

①按照编写一般程序的方法完成编辑、编译和连接过程，确保每一步都没有错误。

②打开命令窗口，按照上面的方法把路径设置为".exe"文件所在的位置，然后按照以下的格式输入命令后回车即可执行。

　　　　　可执行文件名 参数1　　参数2 … 参数n

拿教材第250页【程序8-6】为例，若链接后生成的可执行文件 sum. exe 所在的位置是 D:\cyyPrg\Debug，如图 F-4 所示，图 F-5 给出了在命令窗口执行程序的过程。

图 F-4　可执行文件 sum. exe 所在的位置

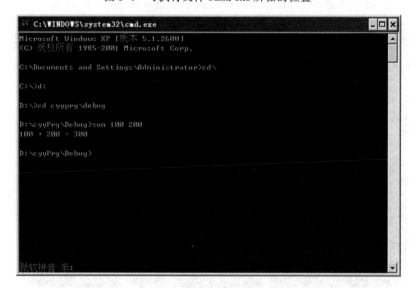

图 F-5　执行 sum. exe 的过程

# 参 考 文 献

［1］ Behrouz A. Frouzan，Richard F. Gliberg. A Structured Programming Approach Using C. Second Edition. 2001 by Brooks/Cole.

［2］ Stephen G. Kochan. Programming In C. Third Edition. 北京：人民邮电出版社，2006.

［3］ Brian W. Kernighan，Dennis M. Ritchie. SECOND EDITION THE C PROGRAMMING LANGUAGE. 北京：机械工业出版社，2006.

［4］ 谭浩强. C 程序设计. 3 版. 北京：清华大学出版社，2005.

［5］ 孙宏昌，王燕来. C 语言程序设计. 北京：高等教育出版社，1999.

［6］ 钱能. C＋＋程序设计教程. 北京：清华大学出版社，2004.

［7］ 高福成，李军，尚丽娜，等. C 语言程序设计. 北京：清华大学出版社，北方交通大学出版社，2004.

［8］ 中国机械工业教育协会组. C 语言程序设计. 北京：机械工业出版社，2002.

［9］ 徐孝凯. C＋＋语言基础教程. 北京：清华大学出版社，2001.

［10］ 张择虹. C 语言程序设计. 北京：电子工业出版社，2007.

［11］ 全国计算机等级考试网. 二级 C 语言程序设计题库. 北京：电子工业出版社，2007.